数字签名理论及应用

贾志娟　编著

科学出版社

北　京

内 容 简 介

随着计算机网络的快速发展和新兴应用的不断涌现，网络安全问题日益严重。数字签名可以用来鉴别用户的身份和数据的完整性，在信息安全领域发挥着非常重要的作用。本书详细介绍当前数字签名方案的基础理论知识和最新应用成果。

本书共 13 章，内容包括数字签名概述、数字签名的基础知识、数字签名的应用领域、基于身份认证的门限群签名、基于区块链的量子签名、基于区块链的门限签名、基于秘密共享的门限签名、基于秘密共享的门限代理重签名、基于辅助验证的部分盲代理重签名、基于门限群签名的跨域身份认证、具有强前向安全的动态签名、基于椭圆曲线的签密、多 KGC 的不需要安全通信信道的签密等。

本书可作为普通高等学校信息安全、密码科学与技术、网络空间安全和计算机科学与技术等相关专业本科生和研究生的教材，也可供从事相关领域工作的工程技术人员和研究人员参考使用。

图书在版编目（CIP）数据

数字签名理论及应用/ 贾志娟编著. —北京：科学出版社，2023.2
ISBN 978-7-03- 074915 -4

Ⅰ. ①数…　Ⅱ. ①贾…　Ⅲ. ①电子计算机–密码术–高等学校–教材　Ⅳ. ①TP309.7

中国国家版本馆 CIP 数据核字（2023）第 029279 号

责任编辑：于海云　张丽花 / 责任校对：王　瑞
责任印制：张　伟 / 封面设计：迷底书装

科 学 出 版 社 出版
北京东黄城根北街 16 号
邮政编码：100717
http://www.sciencep.com
北京虎彩文化传播有限公司 印刷
科学出版社发行　各地新华书店经销
*
2023 年 2 月第　一　版　开本：787×1092　1/16
2024 年 1 月第二次印刷　印张：11 1/2
字数：270 000
定价：59.00 元
（如有印装质量问题，我社负责调换）

前　　言

近年来，随着云计算、智慧城市、数字经济、5G、物联网等应用场景的不断涌现，数据成为继土地、劳动力、资本、技术之后的第五大生产要素，而数字化成为我国国民经济快速发展的新引擎，使我们的生活、工作、娱乐和学习方式都发生了巨大的变化。越来越多的业务开始在网络上开展，曾经在纸上签署并亲自交付的协议和交易现在正被完全数字化的文件和工作流程所取代。这不仅推动了社会生产力的发展，同时也给信息安全带来了严峻考验。

密码学是保证信息安全的核心和基础，能够有效解决网络通信安全问题和用户隐私安全问题，在信息安全领域占据非常重要的地位。数字签名作为密码学中的一个重要分支，有其独特的功能和较高的应用价值。与纸质签名相比，数字签名使得签署文件更加简单，可以在任何时间、任何地点、任何计算机或移动设备上完成。而且数字签名被嵌入文件中，我们可以根据文件的状态，确定它们是否被签名，并控制和跟踪数字签名文件。数字签名作为当今时代的一项伟大技术，已被许多行业用于保护其领域文件的真实性，如人寿保险、发票、租赁协议和雇佣合同等。所以，数字签名对我国数字化快速发展具有重要意义。

为了让读者更好地理解数字签名提供的安全保障，本书对数字签名的基础理论、基本数字签名、高级数字签名和最新应用成果进行完整描述和详细证明，以便读者对数字签名技术有一个清晰的认识，激发读者对密码学的兴趣。本书具有以下特点。

(1) 结构合理，层次清晰，内容完整。

(2) 适应面广，能够满足信息安全、密码科学与技术、网络空间安全和计算机科学与技术等相关专业的教学要求。

(3) 注重理论和实践相结合，力求每一理论知识都有应用场景，每一实践内容都有理论支撑点。

(4) 紧跟科技前沿发展趋势，便于读者获取最新的数字签名知识。

本书共 13 章。第 1 章数字签名概述，主要介绍数字签名的背景、概念和常见的数字签名方案；第 2 章数字签名的基础知识，介绍数字签名方案中所涉及的一些重要的数学基础知识和相关密码学知识；第 3 章数字签名的应用领域，给出数字签名方案常见的应用场景，包括电子商务、物联网、云计算、电子政务、电子病历和电子合同等；在第 4～13 章中，详细介绍不同应用场景中的各种数字签名方案，包括基于身份认证的门限群签名、基于区块链的量子签名、基于区块链的门限签名、基于秘密共享的门限签名、基于秘密共享的门限代理重签名、基于辅助验证的部分盲代理重签名、基于门限群签名的跨域身份认证、具有强前向安全的动态签名、基于椭圆曲线的签密和多 KGC 的不需要安全通信信道的签密，并给出方案的安全性证明和性能分析，便于读者思考并总结数字签名方案设计的一般思路和方法。

本书由贾志娟担任主编，参加编写的还有杨艳艳、何宇矗、程亚歌、王利朋、雷艳芳、崔文军、张家蕾、崔驰、张晓菲、靳梦璐、于刚、周春天等。武玉国教授对本书出版给予了大力支持与帮助，特此致谢。在本书编写过程中参考了大量的图书和文献，在此对其作者表示感谢。

由于编者水平有限，书中难免存在不妥和疏漏之处，恳请专家和读者批评指正。

编　者

2022年11月

目　　录

第1章　数字签名概述

在信息安全领域，数字签名是一种非常重要的技术手段，它能够为许多应用提供身份认证、数据完整性保护、数据不可否认性及匿名性等服务，因此数字签名是健全信息安全机制不可缺少的重要手段。本章首先简单介绍数字签名的背景；其次详细描述数字签名的原理、形式化定义和分类；最后对本书的结构安排进行介绍。

1.1　背景简介

1.1.1　信息安全

在古代，人们往往通过飞鸽传书、驿马送信、烽火狼烟和孔明灯等方式传递信息，具有速度缓慢、易受外界因素影响、信息保密性不强等缺点，例如，陆游《渔家傲·寄仲高》中的“东望山阴何处是？往来一万三千里。写得家书空满纸。流清泪，书回已是明年事。”就充分体现了古代信息传递的弊端。随着社会的发展，近现代传递信息的方式越来越多，如写信、打电话、发电子邮件、网上聊天和卫星传播等。其中互联网就是当今社会普遍使用的信息交流技术，在人们日常生活和工作中具有举足轻重的作用。它打破了时间和空间的限制，让人们可以在任何时间、任何地点和世界上任何角落的人进行沟通交流，从而呈现出“海内存知己，天涯若比邻”的情景，充分体现了人类社会发展的巨大进步。但是在人们享受互联网带来的更多便捷服务的同时，也面临着许多各种各样的、复杂的网络攻击，这给信息安全带来严峻考验。这主要是由于信息在存储、传输和处理阶段都是在开放的互联网上进行的，因而更易受到窃听、截取、修改、伪造和重放等攻击手段的威胁，例如，不法分子利用网络系统的漏洞肆意进行攻击、传播病毒、伪造信息和盗取机密等，给政府、企业造成巨大经济损失。因此，随着网络信息的不断扩大和网络环境的日益复杂，信息安全成为当前信息技术快速发展过程中亟待解决的重要问题，只有解决了信息安全问题，信息技术才能更加可靠地发展。

根据信息安全发展的一些重要特征，得出信息安全主要包括以下几点性质。

(1) 机密性：保证信息安全最基本的性质，要求只有信息拥有者才能看到和使用信息且信息不能泄露给其他人。加密技术是保证信息机密性的一种重要手段，就像生活中邮寄信件一样，只有将信件密封在信封中，才能放心地将信件发送出去，这个过程实质上也是信息的加密过程。

(2) 完整性：为了保证信息的真实性。信息在存储、传输过程中不能进行非法篡改、删减、伪造等操作。

(3) 可用性：为了保证信息能够被其他人正常使用。提高系统的准确性、增加备份处理、抵抗非法操作等方法是保证信息可用性的常见手段。

(4) 可控制性：为了有效控制信息的流向，从而进一步确保网络活动能够安全有序的进行。

(5) 不可否认性：信息发送者不能否认自己发出的信息，信息接收者也不能否认接收到的信息。该特性能够约束网络用户在使用网络通信时的行为规范，是保证信息安全的基本性质。

总之，信息安全是促进我国经济发展和社会发展、保障国家安全的重要技术手段。在信息化社会里，没有信息安全的保障，就没有国家的可持续发展。信息安全研究网络环境下数据的机密性、完整性、可用性，网络服务的可靠性理论、技术和方法，确保网络系统的硬件、软件及其系统中的数据受到保护，不因偶然的或者恶意的原因而遭到破坏、更改、泄露，系统能够连续、可靠、正常地运行，网络服务不中断。

不同组织和机构对信息安全的定义也有所不同，其中，国际标准化组织(ISO)将信息安全定义为：为数据处理系统建立和采用的技术、管理上的安全保护，为的是保护计算机硬件、软件、数据不因偶然和恶意的原因而遭到破坏、更改和泄露。

美国《联邦信息安全管理法案》(Federal Information Security Management Act, FISMA)中，信息安全定义为：保护信息和信息系统以避免未授权的访问、使用、泄露、破坏、修改或者销毁，以确保信息的完整性、保密性和可用性。

另外，信息安全的定义也有狭义和广义之分。①狭义：信息安全是指为实现电子信息的完整性、机密性、可用性和可控性，以及信息网络的软件、硬件及其系统中的数据不因恶意的或偶然的原因而遭到泄露、更改、破坏，为信息处理系统采取的管理上和技术上的安全措施。②广义：指网络安全领域的相关管理和技术的一切研究，包括网络上信息的完整性、可用性、机密性、可控性和真实性等研究。

信息安全是一项复杂的信息系统工程，涉及很多方面的因素，需要综合运用数学、计算机、信息论、编码学、密码学、通信技术、管理技术等各种学科和技术的研究成果，并且需要在实践中不断提高和探索。其中密码学是解决各种信息安全问题的关键技术，可以提供信息的机密性、完整性、可用性、可控制性以及不可否认性，因此可以说，信息安全离不开密码学，离开了密码学，信息安全就无从谈起。

1.1.2 密码学

密码学是信息安全的核心技术之一，包括密码编码学和密码分析学两部分，其中密码编码学主要研究如何对信息进行编码以实现信息隐蔽，密码分析学主要研究如何通过密文获取对应的明文信息。密码编码学与密码分析学既相互对立又相互依存，从而推动了密码学自身的快速发展。

通常，密码学分为对称密码学与非对称密码学，非对称密码体制往往又称为公钥密码学。图 1-1 给出了密码学的基本模型。

在图 1-1 中，信息发送者首先从密钥源获得密钥，然后通过加密算法对信息进行加密得到密文，信息接收者在收到密文之后，先利用从密钥源得到的密钥，再通过解密算法解密密文，从而获得原始信息。这里值得说明的是，在对称密码学中，一对加密或解密算法使用的密钥相同；在公钥密码学中，加密或解密算法使用的密钥不同且难以从公钥推导出私钥。

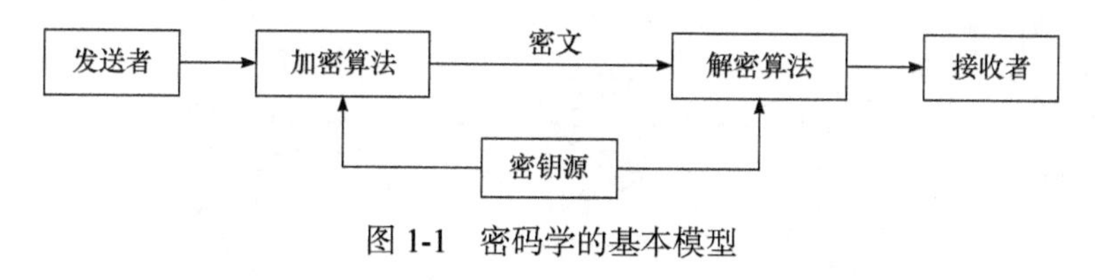

图 1-1　密码学的基本模型

1.2　数字签名的概念

随着信息技术的快速发展，最初的信息加密已经不能满足当今网络通信的安全需求，在实际应用中，人们不仅关心信息的保密性，更加重视信息的真实性和完整性，为了解决这一问题，提出了数字签名的思想。在现实生活中，人们通常在文件上进行手写签名，以证明该文件来源的真实性和对文件内容的认可，这是由于手写签名是很难伪造的。数字签名技术基于此而发展起来，与手写签名类似，其模拟生活中印章和签字的功能，对网络中的电子文档进行签名，从而解决网络通信中信息伪造和否认等问题，保证了网络中信息传输的真实性、可追溯性、不可否认性。

1.2.1　数字签名的基本原理

数字签名是一段无法被伪造的数字串，这段数字串只能由信息发送者产生并且能够有效证明信息发送者发送信息的真实性。在数字签名中，由于公钥加密算法要求加密密钥(私钥)和解密密钥(公钥)两者中不能由一个推导出另一个，因此这类算法得到广泛应用，是数字签名的重要基础和理论保证，能够直接影响数字签名的安全性和实用性。理论上，公钥的公开不会对私钥的安全性构成任何威胁，因此公钥可以按需求发送给多个信息接收者，而私钥则必须被安全存储。目前主要是基于公钥加密算法构建数字签名。

1.2.2　数字签名的定义

数字签名是对现实生活中手写签名和印章的电子模拟，通过利用签名者(信息发送者)的私钥对所要签署的信息进行加密从而产生数字签名。由于签名者的公钥是公开的，所以验证者(信息接收者)可以利用其公钥对签名进行验证，以确认签名者的身份。

数字签名的主要过程如下。

首先签名者用私钥对信息的摘要进行签名，并把签名和信息一起传送给验证者。验证者在收到签名和信息后同样用哈希（Hash）函数计算信息的摘要，并使用签名者的公钥验证收到的签名是否是这个摘要的有效签名，如果是，则说明信息没有被修改；否则说明信息在传输过程中被修改过。数字签名的过程如图 1-2 所示。

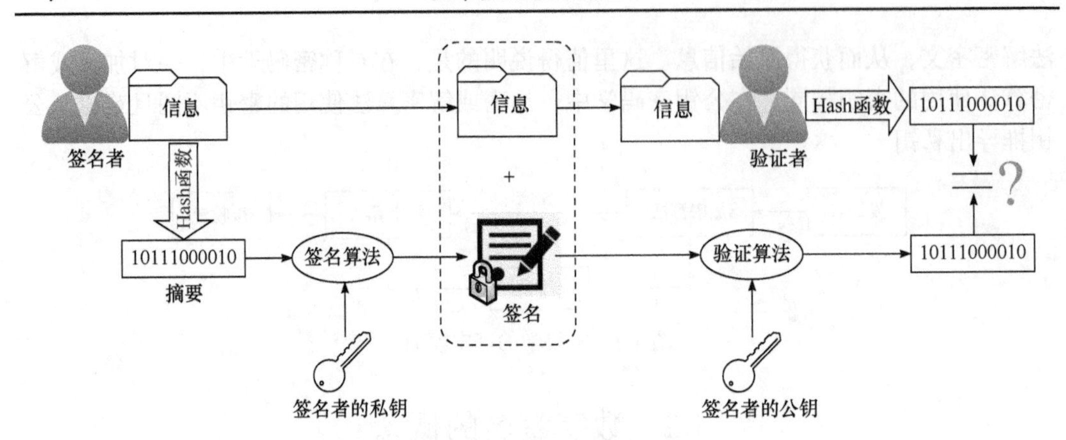

图 1-2 数字签名的过程

一般而言，数字签名方案主要由以下三种算法组成。

(1) 密钥生成算法 KeyGen：输入安全参数λ，输出系统公共参数PP和签名者的公私钥对(pk,sk)，即$\text{KeyGen}(1^{\lambda}) \rightarrow (\text{PP}, \text{pk}, \text{sk})$。

(2) 数字签名生成算法 Sign：输入系统公共参数PP、消息m和签名者的私钥sk，输出一个有效的签名s，即$\text{Sign}(m, \text{sk}, \text{PP}) \rightarrow s$。

(3) 数字签名验证算法 Verify：输入系统公共参数PP、消息m、签名s和签名者的公钥pk，输出 True 或者 False，即$\text{Verify}(m, s, \text{pk}, \text{PP}) \rightarrow \{\text{True}, \text{False}\}$。这里，如果算法 Verify 输出 True，则表示签名s是有效的数字签名；输出 False，则表示签名s是无效的数字签名。

数字签名方案的正确性：正确性是数字签名方案必须要满足的一个基本性质。简单地说，数字签名方案的正确性是指，如果数字签名方案的各个参与方都是诚实的，并且都能够完整地执行协议，那么数字签名验证算法 Verify 总是能够以不可忽略的概率输出 True，数字签名方案正确性的正式表述如下：

如果$\text{KeyGen}(1^{\lambda}) \rightarrow (\text{PP}, \text{pk}, \text{sk})$，并且$\text{Sign}(m, \text{sk}, \text{PP}) \rightarrow s$，那么算法$\text{Verify}(m, s, \text{pk}, \text{PP})$将以不可忽略的概率输出 True。

1.2.3 数字签名的特点

一个有效的数字签名必须要具备以下基本特点。

(1) 完整性：数字签名可以有效验证信息的完整性，任何对信息细微的修改都将导致该信息的数字签名无法通过验证，因此完整性可防止信息被恶意篡改，此外由于哈希函数具有抗碰撞的特点，签名者可对信息的哈希函数值进行签名以提高数字签名的效率。

(2) 身份认证：在信息传输过程中，数字签名可以对信息发送者的身份进行确认。例如，当用户A向用户B发送一条消息M时，只要用户B验证该消息数字签名的真实性，就可以确认这条消息是否是用户A发送的。

(3) 不可伪造性：在签名者私钥安全的前提下，任何攻击者都不能伪造一个合法有效的数字签名，只有掌握了签名私钥的签名者才能产生有效的数字签名。不可伪造性是数字签名最基本、最重要的性质之一。

(4) 不可否认性：数字签名者身份认证的基础，能够让签名者不能否认信息是由他签发的。对于一个数字签名，由于签名者的公钥是公开的，因此任何人都能够验证其有效性，并能通过公钥证书和验证结果确认签名者的身份，且签名者不能否认其签名。不可否认性使得签名者和验证者对签名真伪发生争议时，第三方能很容易地解决双方的争执。例如，在一个网络购物系统中，顾客通过网络向商家发送订单订购商品，如果顾客随意否认他的订单，就会造成电子商务交易的混乱，使得商家的利益受损，那么此时若在订单上使用数字签名就可以防止顾客的这种抵赖行为。如果顾客否认了他的订单，商家可以将带有数字签名的订单提供给认证方。由于顾客的公钥是公开的，认证方可以通过顾客的公钥去验证签名的有效性。如果签名有效，则说明此订单确实是顾客所发，从而顾客不能否认。

目前主要的数字签名算法都是建立在公钥密码学的基础上，已经成为公钥密码学的一个重要研究分支，在网络身份认证、密钥管理、多方安全计算、电子商务、电子政务及可信网络等领域都得到广泛应用，是确保网络中信息真实性、可靠性和完整性的重要工具，几乎所有网络安全协议的实现都离不开数字签名的支持，可以说没有数字签名就没有真正的网络安全。

1.2.4 数字签名的安全性分析

针对数字签名安全性的研究，即鉴定签名方案是否满足完整性、身份认证、不可伪造性和不可否认性等安全性质，一直是促进该项技术发展的重要因素之一。

数字签名方案安全性的主要研究方法是从理论上进行分析，主要有以下三种分析方法。

(1) 安全性评估：在数字签名方案设计过程中，设计者对所设计的方案进行相关的密码分析，尽可能保证其在所能考虑范围内的安全性。由于一般情况下，方案设计者无法穷举所有可能出现的情况，因此这种分析不是安全性证明，只是一种对签名方案安全性的评估，可以在一定程度上使用户对方案拥有信心。

(2) 安全性证明：在数字签名方案设计过程中，设计者通过证明所设计的数字签名方案被密码攻击者破译的难度相当于破解一个公认的世界难题，来证明方案的安全性。目前主要的安全性证明方法有两类——基于随机预言机模型的安全性证明与基于标准模型的安全性证明。前者假设 Hash 函数是一个对所有请求都会做出随机响应的黑盒，相同的请求得到的响应完全相同，然而实际上，Hash 函数并不满足这个假设，所以基于随机预言机模型的证明并不完全可靠。后者是指在不需要不合理假设的情况下，证明方案是安全的，标准模型本质上并不是一个具体的模型，而是针对随机应答模型而言的。

(3) 攻击：这类技术研究数字签名方案的安全缺陷，主要针对的是目前已知的数字签名方案。分析人员从攻击者的角度进行演绎与推理，尝试通过不同的手段获取在方案安全性规定下不应该或者不能够获取的信息。如果成功地获取到了这样的信息，就找出了已知方案所存在的安全性缺陷，然后分析整个推理过程。针对攻击的分析中，恶意分析者称为攻击者，方案分析人员演绎与推理的过程称为一种攻击方法。攻击分析促使人们对存在安全性缺陷的方案进行改进或者直接淘汰，从客观上提升了数字签名的安全性。

1. 数字签名的攻击模型

攻击模型，就是攻击方(一般称为敌方)采取攻击方案时能够最大限度地获得有用信息。目前数字签名的攻击模型一般有两种：唯密钥攻击(Key Only Attack)和已知消息攻击(Known Message Attack)。唯密钥攻击称为无消息攻击(No Message Attack)，仅知道签名者的公钥，其他一概不知。而在已知消息攻击中，除了知道签名者的公钥，还可以获得一些消息对应的签名。根据敌方的攻击能力，一般将消息攻击分为以下三类。

(1) 已知消息攻击：拥有一些消息对应的签名，但这些消息是已知的，不是由敌方自己决定的。

(2) 选择消息攻击(Chosen Message Attack)：在选定攻击对象之前，可以选择一些消息请求签名服务，并能获得对应的有效签名。这种攻击类似于对加密方案的选择密文攻击。

(3) 自适应选择消息攻击(Adaptively Chosen Message Attack)：可以选择一些消息请求签名服务，并能获得对应的有效签名。随后可以根据之前的签名结果再选择一些消息请求签名服务，并获得有效签名。

可以看出，上述攻击模型的攻击性是逐渐增强的。因此我们在设计方案时一般都应考虑最强的攻击模型，即自适应选择消息的攻击模型。

2. 数字签名的伪造

数字签名的伪造根据攻击的结果一般分为完全攻击(Total Break)、一般性伪造(Universe Forgery)和存在性伪造(Existential Forgery)。

(1) 完全攻击：如果伪造者能够获得签名者的私钥，则称为完全攻击。这里伪造者能对任何信息进行有效签名，是最严重的攻击。

(2) 一般性伪造：如果伪造者能够构造一种有效的算法，该算法可以对任何信息都进行有效签名，则称为一般性伪造。

(3) 存在性伪造：如果伪造者能够对某个消息提供有效签名，称为存在性伪造。

可以看出，上述伪造对数字签名的攻击性是逐渐减弱的。在很多情况下，存在性伪造的攻击是没有威胁性的，因为这样对输出的信息可能是无意义的，但我们在设计方案时一般都要考虑抵抗此类伪造攻击。

3. 数字签名的安全性

如果数字签名方案在自适应选择消息的攻击模型下存在不可伪造性，那么可以说该签名方案是安全的。

1.3　数字签名的分类

数字签名对信息安全的影响非常大，它一出现就引起了国际密码学界的高度重视。目前关于数字签名的研究主要集中在签名算法的设计、带有特殊性质功能的数字签名方案设计、签名算法实施效率及应用环境和安全性证明技术等方面的研究。1976 年，Diffie-Hellman 基于公钥密码学首次提出了数字签名的概念，但仅提出了用公钥密码学实现数字签名方法，并没有给出详细的数字签名方案。1978 年，麻省理工学院的三名密码学者 Rivest、Shamir 和 Adleman 基于大整数分解难题给出了第一个数字签名方案——RSA 签名方案。在此之后，数字签名得到了广泛的关注和快速的发展。基于不同的计算复杂性假设，许多公钥密码体制的数字签名方案被提出。

目前常用的数字签名方案包括 RSA 签名方案、Rabin 签名方案、ElGamal 签名方案、Schnorr 签名方案以及 DSS 签名方案等，这些方案虽然属于最基本的数字签名方案，但它们却是数字签名理论和技术发展的基础，很多复杂的和带特殊性质的签名方案都是以这些方案为基础而设计出来的，另外，由于这些方案的安全性经受了理论和实践的长期考验，因此它们在数字签名方案的可证安全方面有着很高的理论价值，许多学者将自己提出的方案的安全性通过某种安全模型规约到这些常见方案的安全性，从而使新提出的签名方案的安全性得以证明。

总体来说，数字签名方案可以分为两大类。

(1) 基于大整数因子分解问题的签名方案，如 RSA 签名方案、Rabin 签名方案等。

(2) 基于离散对数问题的签名方案，如 ElGamal 签名方案、Schnorr 签名方案和 DSS 签名方案等。

1.3.1　常规的数字签名方案

数字签名算法从本质上讲可以分为两大部分：签名生成和签名验证。无论构造何种数字签名方案，这两部分都是其构建的核心。下面将介绍五种常规的也是较为经典的数字签名。

1. RSA 数字签名方案

1978 年，Rivest-Shamir-Adleman 提出 RSA 公钥密码体制，其安全性基于大整数因子分解的困难性，即已知两个大数的乘积，分解它的因子是十分困难的，这个困难性问题属于 NP 问题。

RSA 数字签名具体步骤如下。

1) 初始化

任意选取两个大素数 p、q，计算 $n = pq$ 和欧拉函数 $\varphi(n) = (p-1)(q-1)$，然后随机选取整数 $e(1 < e < \varphi(n))$，使其满足 $\gcd(e,\varphi(n)) = 1$，计算整数 d，使其满足 $ed = 1 \bmod \varphi(n)$，则签名者的公钥为 (n,e)，私钥为 d。这里，p、q 和 $\varphi(n)$ 是秘密参

数，需要保密。

2) 签名

对于消息 $m(m<n)$，签名者计算

$$s = m^d \bmod n$$

则签名为 (m,s)，然后发送给接收者。

3) 验证

接收者收到签名 (m,s) 后，利用签名者的公钥 (n,e)，计算

$$m' = s^e \bmod n$$

验证 $m'=m$ 是否成立，若等式成立，则签名正确，反之，签名不正确。

正确性证明：如果该签名正是由签名者所签，一定有

$$m' = s^e \bmod n = (m^d)^e \bmod n = m^{ed} \bmod n = m$$

$$m'=m$$

事实上，在 RSA 签名方案中，任何人都可以用签名者的公钥解密，因此 RSA 签名方案并不具备加密功能，只是起到鉴别签名者身份的作用。

如果 $m>n$，可通过哈希函数 h 进行压缩处理，将 m 当作 $h(m)$ 处理，即签名者计算

$$s = (h(m))^d \bmod n$$

接收者收到 (m,s) 后，先计算

$$m' = s^e \bmod n$$

再通过检查等式 $m' = h(m)$ 是否成立来鉴别签名的正确性。如果 m 中包含重要的信息，还需要结合加密操作进行处理。

2. Rabin 数字签名方案

Rabin 数字签名体制利用 Rabin 公钥密码算法构造而成。由于 Rabin 公钥密码算法与 RSA 公钥密码算法的相似性，Rabin 签名算法与 RSA 签名算法也具有类似的相似性。

Rabin 数字签名具体步骤如下。

1) 初始化

随机选取两个大素数 p、q，计算

$$n = pq$$

其中，n 为公钥；p、q 则需要保密。

2) 签名

对消息 m 签名，首先要确保 m 既是 p 的平方剩余，又是 q 的平方剩余。如果 m 不能满足这一条件，可先对 m 做一个变换，使其符合要求。这里计算

$$s = \sqrt{m} \bmod n$$

则签名为 (m,s)，然后发送给接收者。

3) 验证

接收者收到签名 (m,s) 后，利用签名者的公钥 n，计算

$$m' = s^2 \bmod n$$

验证 $m'=m$ 是否成立，若等式成立，则签名正确，反之，签名不正确。

Rabin 签名正确性的证明是显而易见的。

Rabin 算法是一种基于平方剩余的公钥体制，已经证明这种体制的安全性等价于大整数因子分解的困难性，即求解和数模的平方根是困难的，除非能够对数模进行素因子分解。

3. ElGamal 数字签名方案

1985 年，ElGamal 提出了 ElGamal 密码算法，并给出 ElGamal 数字签名方案，该方案的安全性基于有限域上的离散对数问题的困难性。

ElGamal 数字签名方案的步骤如下。

1) 初始化

设 p 是一个大素数，g 是 Z_p^* 的一个生成元，随机选取一个整数 $x(1<x<p-1)$，计算 $y=g^x \bmod p$，则 x 是用户的私钥，y 是对应的公钥。p、g 均为公开的参数。

2) 签名

设 m 为待签名的消息，签名者随机选取 $k(1<k<p-1)$，计算

$$r = g^k \bmod p$$

$$s = (m - xr)k^{-1} \bmod (p-1)$$

则 (r,s) 是消息 m 的签名。

3) 验证

接收者利用已知的 p、g、y，计算

$$g^m \equiv y^r r^s \bmod p$$

如果等式成立，那么签名正确；否则，签名不正确。

正确性证明：由于 $s=(m-xr)k^{-1} \bmod (p-1) \Leftrightarrow xr+ks=m \bmod (p-1)$，因此，如果 (r,s) 是消息 m 的正确签名，则一定有 $g^m \equiv g^{xr+ks} \equiv g^{xr}g^{ks} \equiv y^r r^s \bmod p$。

4. Schnorr 数字签名方案

1989 年，Schnorr 提出了 Schnorr 数字签名方案，该方案具有签名速度较快、签名长度较短等特点。

Schnorr 数字签名方案的具体步骤如下。

1) 初始化

首先选择两个大素数 p、q，且 q 是 $p-1$ 的大素数因子，然后选择一个生成元 $g \in Z_p^*$，且 $g^q \equiv 1 \bmod p$，$g \neq 1$，最后选择随机数 $x(1<x<q)$，计算 $y=g^x \bmod p$，则公钥为 (p,q,g,y)，私钥为 x。

2) 签名

签名者随机选择 $k(1 \leqslant k \leqslant q-1)$，计算

$$r = g^k \bmod p$$
$$e = h(m,r)$$
$$s = (xe + k) \bmod q$$

得到的签名为(e,s)，其中，h为安全的哈希函数：$h:\{0,1\}^* \to Z_p$。

3) 验证

接收者在收到消息m和签名(e,s)后，计算

$$r' = g^s y^{-e} \bmod p$$

然后，验证等式$e = h(m,r')$是否相等，如果等式成立，则签名有效，否则签名无效。

正确性证明：由于

$$r = g^k \bmod p$$
$$e = h(m,r)$$
$$s = (xe + k) \bmod q$$

故

$$r' = g^s y^{-e} \bmod p = g^s g^{-xe} \bmod p = g^{s-xe} \bmod p$$
$$= g^{xe+k-xe} \bmod p = g^k \bmod p = r$$

因此

$$h(m,r') = h(m,r) = e$$

5. DSS 数字签名方案

1991年，美国国家标准与技术研究所(NIST)定义了DSS数字签名的标准，该标准于1994年被采纳。与ElGamal方案不同的是，该签名方案采用的是压缩签名的长度和哈希函数的方法，它实质上是ElGamal签名方案的一种变形。

DSS数字签名方案的具体步骤如下。

1) 初始化

签名者随机选择一个大素数p，那么$p-1$一定有大素数因子q，另外随机选取g、x，计算

$$y = g^x \bmod p$$

将参数(p,q,g)公开，x、y分别是签名者的私钥和公钥，并选择一个通用的哈希函数h。

2) 签名

签名者将待签名的信息m映射成$h(m)$，随机选择k，计算k^{-1}，使得

$$k^{-1}k = 1 \bmod q$$

然后计算

$$r = (g^k \bmod p) \bmod q$$
$$s = k^{-1}(h(m) + xr) \bmod q$$

将(r,s)作为消息m的签名发送至接收者。

3) 验证

接收者收到消息 m 和签名 (r,s) 后，计算

$$u=(h(m)s^{-1})\bmod q$$
$$v=rs^{-1}\bmod q$$

验证等式

$$r=(g^u y^v \bmod p)\bmod q$$

是否成立。若该等式成立，则签名正确；反之，签名不正确。

正确性证明：根据以上等式，可以推出

$$\begin{aligned}(g^u y^v \bmod p)\bmod q &= (g^u (g^x)^v \bmod p)\bmod q\\ &= (g^{u+xv} \bmod p)\bmod q\\ &= (g^{h(m)s^{-1}+xrs^{-1}} \bmod p)\bmod q\\ &= (g^{(h(m)+xr)s^{-1}} \bmod p)\bmod q\\ &= (g^{sks^{-1}} \bmod p)\bmod q\\ &= (g^k \bmod p)\bmod q\\ &= r\end{aligned}$$

1.3.2　特殊的数字签名方案

经过几十年的发展，数字签名方案已经成为密码学研究领域最为重要的一个分支，并广泛地应用于电子商务、电子政务或软件安全中，成为许多应用的基石。随着应用需求的不断增加，数字签名仅仅作为手写签名的替代品来实现认证功能是远远不够的。一些特殊的应用中，如电子投票、电子现金和电子合同等，要求数字签名方案必须具备一些额外的性质。抽象地说，为了满足某些应用场景的安全需求，需要允许在数字签名上做某些运算。目前，这些具有特殊性的数字签名方案已经逐渐成为数字签名领域的研究热点，并且随着日常业务和事务处理逐步地计算机化和网络化，这些方案的重要性和经济价值将在未来得到进一步体现和增长。本节针对几类用途最广泛的数字签名方案以及它们的应用进行了研究，包括代理签名、盲签名、群签名、环签名、门限签名等。

1. 代理签名

代理签名(Proxy Signature)是指在一个数字签名方案里，原始签名人的签名权利将会转交至代理签名人，由代理签名人(也可称为第三方)替代自己生成有效的数字签名。自从代理签名的概念被提出以后，代理签名方案就成为信息安全领域研究的热点，密码学研究人员相继提出了各种各样的代理签名方案，如门限代理签名、代理盲签名、多代理签名和匿名代理签名等。

1996 年，Mambo、Usuda 和 Okamoto 在 ACM CCS96 会议上首次提出该签名算法，并将代理签名分为部分代理签名、完全代理签名和含证书的代理签名等三类代理签名。但总体来说，每种方案都包括初始化系统、授权过程、生成代理签名和验证代理签名四

部分，具体如下。

(1) 初始化系统：指定签名过程中的参数、用户的公私钥等。

(2) 授权过程：签名权利由原始签名人委托给代理签名人。

(3) 生成代理签名：代理签名人行使原始签名人的权利，进行签名操作，生成数字签名。

(4) 验证代理签名：签名验证人对该代理签名是否有效进行验证。

代理签名的形式化定义如下。

设 A 是原始签名人，B 是 A 的代理签名人，他们的公私钥对分别为 $(\mathrm{pk}_A,\mathrm{sk}_A)$ 和 $(\mathrm{pk}_B,\mathrm{sk}_B)$，$m$ 是待签名消息，s 是签名，KeyGen 是密钥生成算法，Sign 是签名算法，Verify 是验证算法。

具体签名步骤如下。

(1) A 利用自己的私钥 sk_A 计算出一个数字 δ，将 δ 秘密发送至 B。

(2) B 利用私钥 sk_B 和 δ，生成一个新的转换密钥 δ_{AB}。

(3) B 利用新密钥 δ_{AB} 进行代理签名 $s = \mathrm{Sign}_{AB}(\delta_{AB},m)$。

(4) 使用公开验证算法 $\mathrm{Verify}_{AB}(\mathrm{pk}_A,s,m)$，如果等式成立，则接收 m，如果不成立，则输出 $\perp$。

代理签名需要满足的基本要求有以下四点。

(1) 可验证性：验证者能够相信，虽然签名由代理签名人生成，但是原始签名人是认同该签名的。

(2) 可区分性：任何人都能够区分某一签名是代理签名人生成的还是原始签名人生成的。

(3) 不可伪造性：代理签名人由原始签名人指定，除此之外的其他任何人不可伪造该签名。

(4) 不可否认性：签名由代理签名人生成后，他便不能再否认该签名。

代理签名的关键技术有以下三点。

(1) 授权方式：原始签名人在授权时必须使代理签名人能够相信自己是合法的授权人，所以授权证书中需包含原始签名人的身份、授权等信息，另外还需要规定代理签名人的权利范围，确保他不能肆意使用该代理签名去签署文件。

(2) 私钥信息：代理签名的私钥应该含有签名双方的身份信息和授权信息。

(3) 安全信道：在数字签名方案中一般需要一个安全的信道来传输变量，确保变量不能被攻击者获取，虽然理论上设计方案比较容易，但实际应用中确保有一个安全信道是非常难的，因为一个绝对安全的通信信道是不可能达到的。

2. 盲签名

试想一个场景：如果你想让别人为你签署一份文件，但是又不想被人看到这份文件的内容，该怎么办？盲签名(Blind Signature)就可以很好地解决这类问题。盲签名是指在签名时被盲化。由于签名方不知道签署消息的内容，因此这样的方式可以保护所签署的消息不被泄露，具体过程如下。

首先发送者对消息进行盲化处理之后发送给签名者，此时签名者看不到消息的真实内容，接着签名者对消息进行签名，最后验证者对签名进行最终的验证。这里签名者虽然看不到消息的真实内容，但是他不能否认签署了该消息。由于盲签名是在签名验证者要求原始签名者不能知道消息真实内容的情况下所采用的一种技术手段，因此盲签名不仅需要具有一般签名的特性，还需要满足消息盲化性和消息不可区分性。盲签名在电子现金支付、电子拍卖和电子选举等许多需要匿名性和认证性的应用场景中起到关键作用，因此关于盲签名方案的研究得到了很多研究者的关注，目前主要研究如何提高盲签名方案的效率和实用性。

1983 年，Chaum 首次构造了一种盲签名方案。该盲签名方案的设计思想是：首先发送者将消息 m 盲化成消息 m'，然后将 m' 发送至签名者；签名者用自己的私钥对该盲消息 m' 进行签名并发送至验证者；验证者对收到的签名进行脱盲处理，并利用签名者的公钥进行验证，如果验证正确，则验证者就得到 m 的一个有效签名。

下面给出基于 RSA 公钥密码系统的 Chaum 盲签名方案。假设 n 为公开模数，签名者的公私钥对为 (e,d)，其具体步骤如下。

1) 初始化

随机选取大素数 p、q，令 $n=pq$，随机选取 $e(1<e<\varphi(n))$ 且 $\gcd(e,n)=1$，计算 $d(1<d<\varphi(n))$，使 $d\times e\equiv 1 \bmod \varphi(n)$。这里，$(n,e)$ 是签名者的公钥，(p,q,d) 是签名者的私钥。

2) 签名

(1) 随机选择一个数 $k(1<k<n)$ 且 $\gcd(k,n)=1$，计算

$$m' = mk^e \bmod n$$

并将盲消息 m' 发送给签名者。

(2) 签名者对 m' 进行签名：

$$s' = m'^d \bmod n$$

(3) 验证者进行脱盲计算

$$s = s'/k \bmod n$$

从而得到签名 s。

3) 验证

验证者计算

$$m = s^e \bmod n$$

如果等式成立，则接收签名，否则拒绝。

盲签名在满足数字签名特点的基础上，还要满足以下两个条件：

(1) 签名者不能看到消息的内容，即他对消息是“盲”的。

(2) 验证者能将签名转化成普通的签名，签名者不可把签名的信息与所签的消息相互联系。

3. 群签名

1991 年，Chaum 和 Heyst 提出了群签名(Group Signature)的概念，其基本思想是一群

人中的任何一个人都可以通过匿名的方式来代表这个签名群体对消息进行签名。外界可验证其合法性，即此签名的确为此群体中的某一个人生成，但不能确定到底是他们当中哪一人签的，在发生争议的情况下，可由一具有特权的群管理员“打开”争议的签名，找出真正的签名者。

群签名方案一般由五种算法组成：Setup、Join、Sign、Judge 和 Open。具体过程如下。

(1) 初始化(Setup)：以安全参数作为输入，并输出系统中每个实体(群管理者、追踪者和群成员)的公钥/私钥对。

(2) 加入(Join)：要加入的用户与群管理员之间的交互式协议。输入群公钥、群管理员的私钥和群成员公钥，输出与输入群成员的公钥相对应的群证书。

(3) 签名(Sign)：输入群公钥、一个要签名的消息、签名者的签名密钥和成员证书，输出对该消息的签名。

(4) 验证(Judge)：输入群公钥、一个消息和对该消息的群签名，判定输入的签名是否有效。

(5) 开启(Open)：输入一个群签名及追踪者私钥，确定群签名的签名者身份。

此外，群签名方案应该满足以下三种安全属性：不可伪造性、匿名性和可追踪性。其中，不可伪造性可以确保只有群成员代表群生成签名；匿名性可以确保除了追踪者外没有人能揭露其签名者的身份；可追踪性可以确保对于所有有效的签名，追踪者可以追踪签名者的身份。

4. 环签名

2001 年，Rivest、Shamir 及 Tauman 在 Asiacrypt 会议上首次提出环签名(Ring Signature)的概念，它是从群签名发展而来的一种签名方式，也称为一种特殊的群签名。在环签名方案中，签名系统不需要可信的第三方作为代理中心，同时在签名产生后，签名者对于验证者来说是匿名的，即验证者只知道签名者在这个签名环中，但不知道具体是哪一个。因此，环签名具有的最大特点是保证签名者的隐匿性，为签名者提供了一条发布消息但不暴露自己身份的途径，同时对于验证者来说，这条带有合法签名的消息绝对是可靠的，只是无法知道这条消息到底是环中的哪个用户签发的。由于环签名很好地提供了一种泄露机密但不暴露自己身份的机制，因此环签名在商业领域有着许多潜在的用途。下面简单介绍环签名的一般模型：环签名生成和环签名验证。

1) 环签名生成

设 m 为待签名的消息，$L=\{\mathrm{pk}_i\}(i=1,2,\cdots,r)$ 为形成环的公钥集合，sk_s 为签名者的私钥。

(1) 利用消息 m 产生对称密钥 $k=h(m)$ 或 $k=h(m,\mathrm{pk}_1,\mathrm{pk}_2,\cdots,\mathrm{pk}_r)$。

(2) 签名者随机选择初始值 $v\in\{0,1\}^b$，其中 b 表示消息的比特长度。

(3) 对每一个 $i(1\leqslant i\leqslant r,i\neq s)$，随机选择 $x_i\in\{0,1\}^b$，计算 $y_i=g_i(x_i)$。

(4) 从环方程 $c_{k,v}(y_1,y_2,\cdots,y_r)=v$ 中求出 y_s。

(5) 利用签名者的私钥 sk_s，求逆解出 $x_s = g_s^{-1}(y_s)$。

(6) 输出环签名 $\sigma = (\mathrm{pk}_1, \mathrm{pk}_2, \cdots, \mathrm{pk}_r, v, x_1, x_2, \cdots, x_r)$。

2) 环签名验证

对 (m,σ)，验证者执行以下步骤。

(1) 签名验证者计算：$y_i = g_i(x_i)$，$k = h(m)$ 或 $k=h(m, \mathrm{pk}_1, \mathrm{pk}_2, \cdots, \mathrm{pk}_r)$。

(2) 验证以下等式：

$$c_{k,v}(y_1, y_2, \cdots, y_r) = v$$

是否成立。如果等式成立，则签名有效；如果不成立，则签名无效。

在数字签名的基础上，环签名还需要满足以下三点要求。

(1) 公开验证性：对于该环签名的有效与否，任何人都可以公开验证。

(2) 完全匿名性：如果真正的签名者自己不承认，任何人都无法知道他的身份。

(3) 不可伪造性：对于该环签名，除非是真实的签名者，其他任何人不能伪造。

5. 门限签名

门限签名(Threshold Signature)是一种基于秘密共享构建的签名方案，最初由 Desmedt 等引进。(t,n) 门限签名机制允许 n 个签名者中的任意 t 个签名者对消息 m 生成签名，但少于 t 个签名者参与则无法生成有效签名。因此门限签名可以构建强健的签名系统，防止部分签名者的不法行为。

根据子密钥分发方式的不同，门限签名方案可分为由可信中心分发子密钥的门限签名方案和无可信中心分发子密钥的门限签名方案。具体设计思想如下。

(1) 可信中心分发子密钥的门限签名方案。

可信中心通过门限密钥生成算法生成一对公私钥 $(\mathrm{pk},\mathrm{sk})$，并且将私钥 sk 分为 n 个不同的成员私钥分量，分别分发给 n 个成员，且成员之间的私钥分量相互保密，群中任意 t 个成员能够计算出私钥，任意少于 t 个群成员合谋都无法计算出该私钥。

(2) 无可信中心分发子密钥的门限签名方案。

在无可信中心的门限系统中，n 个群成员通过协商方式能够一起生成一对公私钥 $(\mathrm{pk},\mathrm{sk})$，同时各个参与者获得自己的私钥分量。与可信中心分发子密钥的门限签名方案一样，群中任意 t 个成员可以计算出私钥，任意少于 t 个群成员合谋都无法计算出该私钥。

随着电子商务和电子政务的发展，为适应新应用的需要，门限签名与其他数字签名结合产生新的签名方案，如门限代理签名、门限盲签名、门限环签名和门限群签名等。当前门限签名研究的重点任务之一是门限签名的抗合谋攻击性研究。

【扩展阅读】

签密的概念最早是由 Zheng 于 1997 年首次提出，是用来在通信过程中同时提供机密性和完整性保护的密码学原语，其基本思想为：将公钥加密和数字签名同时进行，使得签密后的消息同时具有机密性和完整性，且对比于传统的公钥加密和数字签名的简单组合，具有计算效率更高、产生的密文更短，以及安全保障更强等优势，因此签密也得到了人们的广泛研究。

一种签密方案主要包含以下四种基本算法：Setup、KeyGen、SignCrypt 和 UnsignCrypt。其具体步骤如下。

(1) $\mathrm{Setup}(1^k)$：初始化算法。由系统中公共可信实体执行，输入安全参数1^k，输出公共参数PP，且公共参数被所有用户共享。

(2) $\mathrm{KeyGen}(1^k,\mathrm{PP})$：密钥生成算法。由系统中的每个用户执行，分别生成自己的公私钥对。输入安全参数1^k和公共参数PP，输出公私钥对$(\mathrm{pk},\mathrm{sk})$，并公开公钥 pk，秘密保存私钥 sk。这里为了叙述方便，用$\mathrm{pk_S}$、$\mathrm{sk_S}$分别表示发送者的公私钥对，用$\mathrm{pk_R}$、$\mathrm{sk_R}$表示接收者的公私钥对。

(3) $\mathrm{SignCrypt}(m,\mathrm{pk_R},\mathrm{sk_R},\mathrm{pk_S})$：签密算法。当发送者想要发送一个消息给某个接收者的时候，执行该算法。输入消息m，接收者的公钥$\mathrm{pk_R}$，发送者的公私钥$(\mathrm{pk_S},\mathrm{sk_S})$，输出签密的密文$c$。

(4) $\mathrm{UnsignCrypt}(c,\mathrm{pk_R},\mathrm{sk_R},\mathrm{pk_S})$：解签密算法，由接收者执行。输入密文$c$，接收者的公私钥$(\mathrm{pk_R},\mathrm{sk_R})$和发送者的公钥$\mathrm{pk_S}$，输出明文$m$或者无效标志$\perp$。

下面详细介绍 Zheng 的签密方案的构建过程，值得说明的是，Zheng 的签密方案的发送方使用一个模指数运算将认证和加密结合到一起，从而明显地提高了运算效率，但该方案有一个固有缺陷，就是方案的接收方没有一种安全且高效的方法使第三方确认发送方是消息的实际来源。具体构造过程如下。

(1) $\mathrm{Setup}(1^k)$：选择大素数p和k比特素数$q,q\mid(p-1)$，g是Z_p^*中的一个q阶元素，选择一个对称密码机制$\mathrm{SE}=(\mathrm{Enc},\mathrm{Dec})$，密钥空间$K$，密文空间$C$，选择 Hash 函数：

$G:\{0,1\}^* \to K$

$H:\{0,1\}^* \to Z_q$

$\mathrm{param} \leftarrow (p,q,g,\mathrm{SE},G,H)$

返回param。

(2) $\mathrm{KeyGen}(\mathrm{param})$：

计算$x_\mathrm{S} \xleftarrow{R} Z_q$；$y_\mathrm{S} \leftarrow g^{X_\mathrm{S}}$，这里$\mathrm{sk_S} \leftarrow (x_\mathrm{S},y_\mathrm{S})$；$\mathrm{pk_S} \leftarrow y_\mathrm{S}$，返回$(\mathrm{pk_S},\mathrm{sk_S})$。

计算$x_\mathrm{R} \xleftarrow{R} Z_q$；$y_\mathrm{R} \leftarrow g^{X_\mathrm{R}}$，这里$\mathrm{sk_R} \leftarrow (x_\mathrm{R},y_\mathrm{R})$；$\mathrm{pk_R} \leftarrow y_\mathrm{R}$，返回$(\mathrm{pk_R},\mathrm{sk_R})$。

(3) $\mathrm{SignCrypt}(\mathrm{param},\mathrm{sk_S},\mathrm{pk_R},m)$：将$\mathrm{sk_S}$解析为$(x_\mathrm{S},y_\mathrm{S})$，$\mathrm{pk_R}$解析为$y_\mathrm{R}$。如果$y_\mathrm{R} \notin \langle g \rangle \backslash \{1\}$，则返回$\perp$；否则，计算：

$$x \xleftarrow{R} Z_q;\ K \leftarrow y_\mathrm{R}^x;\ \tau \leftarrow G(k)$$

$$\mathrm{bind} \leftarrow \mathrm{pk_S} \,\|\, \mathrm{pk_R};\ r \leftarrow H(m \,\|\, \mathrm{bind} \,\|\, K)$$

$$\theta \leftarrow \mathrm{Enc}_\tau(m)$$

这里如果$r + x_\mathrm{S} = 0$，则返回$\perp$。计算：

$$s \leftarrow x/(r + x_\mathrm{S})$$

$$c \leftarrow (\theta,r,s)$$

返回c。

(4) $\mathrm{UnsignCrypt}(\mathrm{param},\mathrm{pk_S},\mathrm{sk_R},c)$：将 $\mathrm{sk_R}$ 解析为 $(x_\mathrm{R},y_\mathrm{R})$，$\mathrm{pk_S}$ 解析为 y_S。如果 $y_\mathrm{S}\notin <g>\backslash\{1\}$，则返回⊥。将 c 解析为 (θ,r,s)，如果 $r\notin Z_q$ 或 $s\notin Z_q$ 或 $\theta\notin c$，则返回⊥。否则，计算 $w\leftarrow(y_\mathrm{S}g^r)^s;K\leftarrow w^{x^R};\mathrm{bind}\leftarrow \mathrm{pk_S}\,\|\,\mathrm{pk_R};\tau\leftarrow G(K);m\leftarrow \mathrm{Dec}_\tau(\theta)$，如果 $H(m\,\|\,\mathrm{bind}\,\|\,K)=r$，则返回 m；否则返回⊥。

Zheng 的签密方案的正式安全性证明于 2002 年提出，读者可以查阅相关文献。

1.4　本 章 小 结

本章主要介绍了数字签名产生的背景、概念和分类等。在本书的后续章节中，会进一步介绍数字签名的应用场景和一些数学基础知识。除此之外，还会详细介绍一些经典的数字签名算法和作者设计的一些数字签名方案，剖析数字签名方案的设计思路，讨论方案的详细设计流程和安全性，为读者理解各类数字签名提供帮助。

习　　题

1. 数字签名的主要过程是什么？
2. 数字签名的分类有哪些？简述其工作原理吗？
3. 比较 ElGamal 数字签名方案、Schnorr 数字签名方案和 DSS 数字签名方案的区别，并分别用一个具体的案例举例描述。
4. 描述代理签名、盲签名、群签名、环签名和门限签名的设计思想。

第2章　数字签名的基础知识

本章主要对密码学中需要具备的基础知识进行简要介绍，首先介绍一些基本数学难题、双线性对和椭圆曲线等基本数学知识；其次对可证明安全进行详细描述，并给出一些相关安全证明案例；最后介绍秘密共享技术的背景、发展、应用、算法模型和一些典型的算法。

2.1　数字签名基础

2.1.1　基本数学难题

1. 大整数因数分解问题

(1) 给定两个素数 p、q，计算乘积 $pq=n$ 很容易。

(2) 给定大整数 n，求 n 的素因数 p、q，使得 $n=pq$ 非常困难。

2. 离散对数问题

(1) 已知有限循环群 $G=(g^k \mid k=0,1,2,\cdots)$ 及其生成元 g 和阶 $n=|G|$，给定整数 a，计算元素 $g^a=h$ 很容易。

(2) 给定元素 h，计算整数 $x(0\leqslant x\leqslant n)$，使得 $g^x=h$ 非常困难。

3. CDH 问题

(1) 对于任意未知数 $x,y\in Z_q^*$，已知 $(g,g^x,g^y)\in G^3$，可以计算 $g^{xy}\in G$。

(2) 群 G 中的 CDH(Computational Diffie-Hellman)问题大概率可以在多项式时间内得到解决，满足上述条件的算法不存在。

4. 椭圆曲线离散对数问题

已知有限域 F_p 上的椭圆曲线点群 $E(F_p)=\{(x,y)\in F_p\times F_p \mid y^2=x^3+ax+b,a,b\in F_p\}\cup\{O\}$，点 $P=(x,y)$ 的阶为一个大素数。

(1) 给定整数 x，计算点 Q，使得 $xP=Q$ 很容易。

(2) 给定点 Q，计算整数 x，使得 $xP=Q$ 非常困难。

2.1.2　基于双线性对的密码学

在一个较小的数学结构上构建一个较大的数学结构称为映射。例如，通过将椭圆曲线上的每个点映射到有限域中的一个点，一个大的椭圆曲线就可以映射到对应的大型有限域中。现在将超越这个映射：将椭圆曲线上一对阶同为素数 r 的子群映射到有限域中阶数同为素数 r 的子群。本节主要讨论这种结构，并将这种结构运用到密码学中。

1. 双线性对

设 G_1、G_2 分别是加法循环群和乘法循环群，且拥有相同的素数阶 q。设 P 是群 G_1 的一个生成元。如果表达式 $e: G_1 \times G_1 \to G_2$ 满足下列三个条件，则称其为双线性对。

(1) 双线性：对于任意两个点 $Q,R \in G_1$ 和任意两个随机数 $a,b \in Z_q^*$，存在 $e(aQ,bR) = e(Q,R)^{ab}$。

(2) 非退化性：对于任意生成元 $P \in G_1$，$e(P,P) \neq 1$。

(3) 可计算性：对于任意两个点 $Q,R \in G_1$，$e(Q,R)$ 是易计算的。

2. 基于配对的密码学

基于双线性对的密码学是密码学的一个分支，使用双线性对的数学结构，将椭圆曲线上的一对点映射到一个有限域中，从而增加了安全通信的各种问题。基于双线性对的方法可用于三方密钥交换、短签名和基于身份的加密中。下面将解决双线性对如何应用于各种加密的问题。

1) 基于配对的密钥交换

椭圆曲线上的 Diffie-Hellman 密钥交换是基于曲线的一个公共点 P，随机选择两个整数 a 和 b，计算两个公开的点 aP 和 bP。该 Diffie-Hellman 密钥交换可以使用双线性对重新定义。双线性对的应用提供了一次传输的三方密钥交换，即 Diffie-Hellman 密钥交换的特征，而传统的 Diffie-Hellman 协议为了一次三方密钥交换必须传输三个消息，这意味着每一方必须传输三次。通过使用双线性对，每一方只需要传输一次。

假设现在有三方(A、B 和 C)，在一个公开的网络中创建一个密钥。使用传统 Diffie-Hellman 密钥交换协议通过多次传输来实现，如图 2-1 所示。每一方首先随机选取一个随机整数，分别记为 a、b 或 c，然后每一方计算 α^a、α^b 和 α^c。在第一次传输中，每一方分别广播 α^a、α^b 和 α^c。A 方收到 α^b 和 α^c，计算 $(\alpha^b)^a$ 和 $(\alpha^c)^a$，然后将 α^{ab} 传送给 C 方，α^{ac} 传送给 B 方，同时其他两方做着相同的操作。结果是，A 方收到 α^{bc} 计算 α^{abc}，B 方收到 α^{ac} 计算 α^{abc}，以及 C 方收到 α^{ab} 计算 α^{abc}，通过三次传输后，三方都有 α^{abc}。在此过程中，有三次传输是多余的，可以通过非对称的过程简化它们。

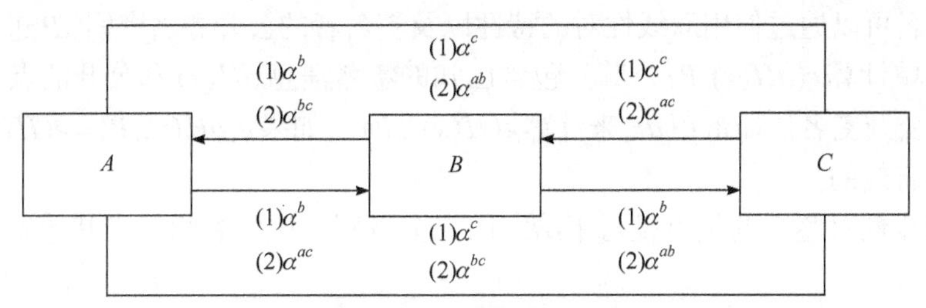

图 2-1　三方传输密钥交换

任意的双线性对都能用于可替换的三方密钥交换，如图 2-2 所示，这种交换在每个节点只进行一次交换。三方 A、B 和 C 分别选取整数 a、b 和 c，并且分别计算和广播点 aP、bP 和 cP。A 方收到 bP 和 cP 计算 $e(bP,cP)^a = e(P,P)^{abc}$，$B$ 方收到 aP 和 cP 计算 $e(aP,cP)^b = e(P,P)^{abc}$。$C$ 方收到 aP 和 bP 计算 $e(aP,bP)^c = e(P,P)^{abc}$。这样，三方都拥有了公钥 $e(P,P)^{abc}$，它是域 F_{q^k} 中的一个元素，被三方用作一个公共密钥。

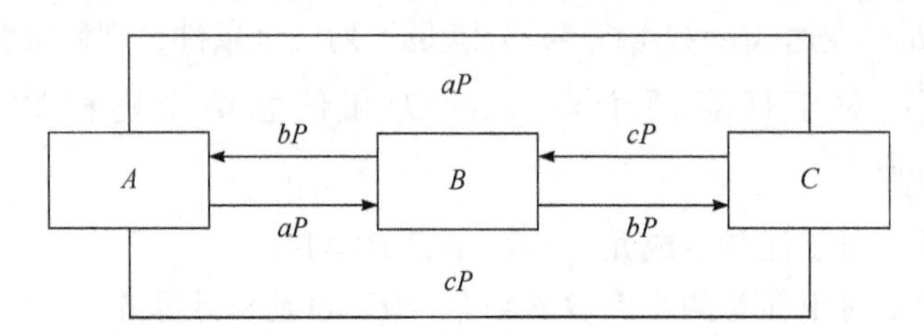

图 2-2　一次传输密钥交换

密码攻击者可以获取到 aP、bP 和 cP，并且可以通过获取到的 aP、bP 和 cP 尝试计算 $e(P,P)^{abc}$ 来攻击这个协议。显然，如果 $\alpha = e(P,P)$。密码攻击者可以很容易地计算域元素 α^{ab} 和 α^{ac}。因此这种攻击可以视为企图通过域元素 α^{ab}、α^{bc} 和 α^{ac} 来计算 α^{abc} 的攻击。我们认为这和用 α^a 及 α^b 来计算 α^c 是同样困难的。

2) 基于配对的签名

双线性对可以作为一种得到数字签名的方法，此方法在短签名的应用中很有吸引力。该方法利用公开已知的加密哈希函数将任意长度的二进制字符串映射为一个摘要，其中包含加法群 G_1 的非零元素，例如，椭圆曲线的一个点，选择的群 G_1 要足够大，使得对该群求解离散对数问题是难解的。

通常在签名协议中，安全加密哈希函数用于将任意长度的二进制字符串化简为一个固定长度的摘要。在这种情况下，摘要必须用加法群 G_1 的一个非单位元 P 来作为双线性对的输入。假设群 G_1 是椭圆曲线群的一个子群，那么哈希函数具有下述形式：

$$H:\{0,1\}^* \Rightarrow G_1 \setminus \{0\}$$

签名者随机选择比 G_1 小的任意非零整数 a，公布该用户的公开签名认证密钥 aP，为了对消息 x 签名，签名者需要计算 $H(x) = \text{Hash}(x)$ 和点 $aH(x) \in G_1$。

签名的消息是 $(x, aH(x))$。由 G_1 确定签名的长度。为了从签名消息计算得到 a，其中包含对离散对数问题的计算，因此这个计算的逆过程是难解的。

这种签名可以通过使用双线性对的特性以及签名者的公开签名密钥 aP 进行有效的验证，只要简单计算 $e(aH(x),P)$，其只包含已知的签名消息 $aH(x)$ 和公开的点 P。然后通过消息 x 及公开签名认证密钥 aP 来计算 $e(H(x),aP)$。如果 $e(aH(x),P) = e(H(x),aP)$，那么签名就是有效的。

基于双线性对签名的优点是对于给定的安全级别，该签名相较于其他签名方法得到的签名更短。

2.1.3 基于椭圆曲线的密码学

1. 椭圆曲线

椭圆曲线并非椭圆，是因为它的曲线方程与计算椭圆周长的方程类似。通常，椭圆曲线的曲线方程是以下形式的三次方程：

$$y^2 = x^3 + ax + b(a,b \in GF(p), 4a^3 + 27b^2 \neq 0) \tag{2-1}$$

其中，a、b 是满足条件的实数。定义中包括一个称为无穷远点的元素，记为 O。图 2-3 是椭圆曲线的两个例子。

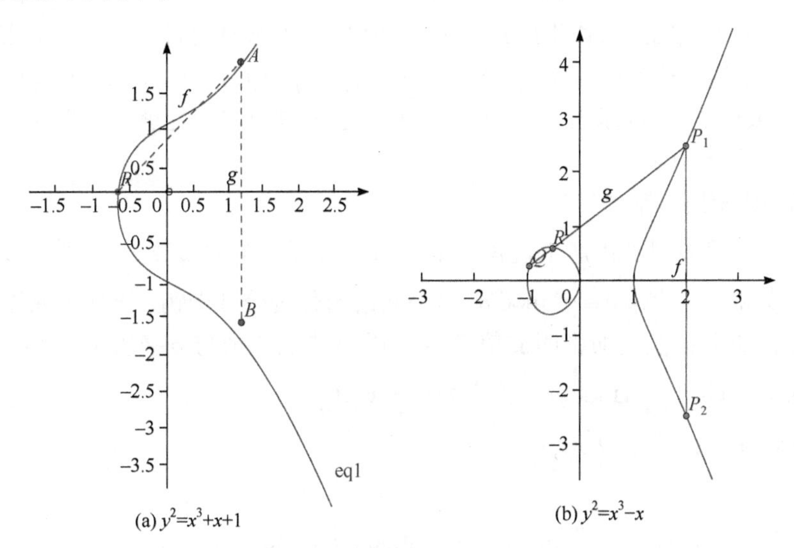

图 2-3　椭圆曲线的两个例子

从图 2-3 可见，椭圆曲线关于 x 轴对称。

椭圆曲线上的加法运算定义如下：如果其上的 3 个点位于同一直线上，那么它们的和为 O。进一步可定义椭圆曲线上的加法律如下。

O 为加法单位元，即对椭圆曲线上任一点 P，有 $P+O=P$。

设 $P_1=(x,y)$ 是椭圆曲线上的一点，它的加法逆元定义为 $P_2=-P_1=(x,-y)$。

这是因为 P_1、P_2 的连线延长到无穷远时，得到椭圆曲线上的另一点 O，即椭圆曲线上的三点 P_1、P_2、O 共线，所以 $P_1+P_2+O=O$，$P_1+P_2=O$，即 $P_2=-P_1$。

设 Q 和 R 是椭圆曲线上 x 坐标不同的两点，$Q+R$ 的定义如下：画一条通过 Q、R 的直线，与椭圆曲线交于点 P_1。由 $Q+R+P_1=O$，得 $Q+R=-P_1$。

点 Q 的倍数定义如下：在 Q 点做椭圆曲线的一条切线，设切线与椭圆曲线交于点 S，定义 $2Q=Q+Q=-S$。类似地，可定义 $3Q=Q+Q+Q$ 等。

以上定义的加法具有加法运算的一般性质，如交换律、结合律等。

2. 椭圆曲线上的密码学

使用椭圆曲线构造密码体制，是将椭圆曲线离散对数问题应用于公钥密码体制中。

Diffie-Hellman 密钥交换和 ElGamal 密码体制是基于有限域上离散对数问题的公钥体制，本节说明如何用椭圆曲线来实现这两种密码体制。

1) Diffie-Hellman 密钥交换

选取一个大素数 $p \approx 2^{200}$ 和两个符合条件的参数 a、b，代入方程(2-1)得到椭圆曲线及其上面的点构成的 Abel 群 $E_p(a,b)$。然后，取 $E_p(a,b)$ 的一个阶为大素数的生成元 $G(x_1,y_1)$，G 的阶为满足 $nG=O$ 的最小正整数 n。$E_p(a,b)$ 和 G 作为公开参数。

用户 A 和 B 之间进行密钥交换，流程如下。

A 随机选取一个小于 n 的整数 n_A，作为私钥，并计算 $P_A=n_AG$ 产生 $E_p(a,b)$ 上的一点作为公钥，B 做相同的操作生成 n_B、P_B。用户 A、B 分别通过 $K=n_AP_B$ 和 $K=n_BP_A$ 产生双方共享的密钥。这是因为 $K=n_AP_B=n_A(n_BG)=n_B(n_AG)=n_BP_A$。攻击者只能通过 P_A 和 G 求解 n_A 或由 P_B 和 G 求解 n_B 才能获取 K，这要求攻击者能够求解椭圆曲线上的离散问题，因此是困难的。

2) ElGamal 密码体制

ElGamal 密码体制密钥产生过程如下：首先选择一个大素数 $p \approx 2^{200}$ 以及两个小于 p 的随机数 g 和 x，计算 $y \equiv g^x \bmod p$。以 (y,g,p) 作为公开密钥，x 作为秘密密钥。

加密过程如下：设欲加密明文信息 m，随机选取一个与 $p-1$ 互质的整数 k，计算 $C_1 \equiv g^x \bmod p$，$C_2 \equiv y^k m \bmod p$，密文为 $C=(C_1,C_2)$。

解密过程如下：$m=\dfrac{C_2}{C_1^x} \bmod p$。

这是因为 $\dfrac{C_2}{C_1^x} \bmod p=\dfrac{y^k m}{g^{kx}} \bmod p=\dfrac{y^k m}{y^k} \bmod p=m \bmod p$。

下面讨论利用椭圆曲线实现 ElGamal 密码体制。

首先，选取一条符合条件的椭圆曲线，并得到 $E_p(a,b)$，将明文消息 m 嵌入曲线上得到点 P_m，然后对点 P_m 进行加密交换。

第一步：取 $E_p(a,b)$ 上一个生成元 G 并和 $E_p(a,b)$ 一起作为公开参数。

第二步：用户 A 选取私钥 n_A，并计算 $P_A=n_AG$ 作为公钥，用户 B 向用户 A 发送消息 P_m，选取随机正整数 k，计算密文：

$$C_m=\{kG, P_m+kP_A\} \tag{2-2}$$

第三步：A 解密，用密文中的第二个点减去自己的私钥和一个点的倍乘的结果，即 $P_m+kP_A-n_AkG=P_m+k(n_AG)-n_AkG=P_m$。

攻击者可通过已知的点 G 和 kG 求解得到 k，从而计算得到 P_m，但这意味着必须求椭圆曲线上的离散对数，因此是困难的。

2.1.4 复杂性理论

复杂性理论是理论计算机科学和数学的一个分支，它将可计算问题根据其本身的复杂性进行分类并将这些分类相互联系起来。可计算问题是指原则上可以用计算机解决的问题，可计算问题可以用一系列特定的数学步骤解决。

复杂性理论主要研究哪些工作可以用计算机完成，哪些工作无法使用计算机完成。具体是指，随着输入数据的变化，解决对应问题所需的步骤会如何变化。复杂性理论通过引入数学计算模型来研究和定量和减少问题所需的成本，主要是运行时间和存储空间的成本。如果一个问题的解决需要相当高昂的成本，我们就认为它是难解的。当然，根据应用场景和实际需求的不同，成本也可能是通信量、电路量以及 CPU 的数量。复杂性理论正式地定义了解决问题的资源成本，确定一个问题能不能被计算机算法解决的实际限制。

与复杂性理论相关的概念还有算法分析和可计算性理论。算法分析是指分析用特定的算法来解决一个问题时所需的成本，可计算性理论则是针对一个问题研究所有可能解决问题的算法，判断是否可以在指定的资源条件下解决问题。

在计算机科学与工程领域中，时间复杂度和空间复杂度都是衡量一种算法优劣的重要参数。一般来说，时间复杂度越小，说明该算法效率越高，则该算法越有价值。空间复杂度越小，算法越好。

复杂性理论所研究的资源中最常见的是时间(要通过多少步演算才能解决问题)和空间(在解决问题时需要多少内存)。其他资源亦可考虑，例如，在并行计算中，需要多少并行处理器才能解决问题。

复杂度理论和可计算性理论不同，可计算性理论的重心在于问题能否解决，不管需要多少资源。而复杂性理论作为计算理论的分支，某种程度上被认为和算法理论是一种“矛”与“盾”的关系，即算法理论专注于设计有效的算法，而复杂性理论专注于理解为什么对于某类问题，不存在有效的算法。

2.2 可证明安全理论

2.2.1 语义安全的公钥密码体制

一种公钥加密方案由下面的密钥生成算法 $\mathrm{KeyGen}(1^\lambda)$、加密算法 $\mathrm{Enc}(\mathrm{pk},m)$ 及解密算法 $\mathrm{Dec}(\mathrm{sk},\psi,\mathrm{pk})$ 组成。

(1) $\mathrm{KeyGen}(1^\lambda)$：以安全参数 1^λ 为输入，输出公私钥对 $(\mathrm{sk},\mathrm{pk})$，同时也定义了明文空间和密文空间。

(2) $\mathrm{Enc}(\mathrm{pk},m)$：输入明文空间中的明文 m 和公钥 pk，输出密文 ψ。

(3) $\mathrm{Dec}(\mathrm{sk},\psi,\mathrm{pk})$：将私钥 sk、密文 ψ 以及公钥 pk 输入，输出明文 m 或者无效符号 $\perp$。

公钥加密方案的正确性是指：如果 $(\mathrm{sk},\mathrm{pk})\leftarrow\mathrm{KeyGen}(1^\lambda),\psi\leftarrow\mathrm{Enc}(\mathrm{pk},m)$，那么 $\mathrm{Dec}(\mathrm{sk},\psi,\mathrm{pk})=m$。

加密方案的语义安全的概念由不可区分性游戏(简称 IND 游戏)来描述。在这个游戏中，包括两个角色：一个挑战者和一个敌手。挑战者创建系统，敌手对系统发起挑战，挑战者接受挑战。加密方案的语义安全性主要包括选择明文攻击下的不可区分性、选择密文攻击下的不可区分性、适应性选择密文攻击下的不可区分性。

1. 选择明文攻击下的不可区分性

定义 2-1 公钥加密方案在选择明文攻击(Chosen Plaintext Attack，CPA)下的 IND 游戏(称为 IND-CPA 游戏)如下。

(1) 初始化：挑战者创建系统 Π，敌手(表示为 $\mathcal{A}$)获得系统的公钥。敌手生成明文消息，得到系统加密后的密文。

(2) 挑战：敌手 $\mathcal{A}$ 输出两个长度相同的消息 (m_0,m_1) 。挑战者随机选择 $\beta \leftarrow_R \{0,1\}$，将 m_β 加密，并将密文 C^* (称为目标密文)给敌手。

(3) 猜测：敌手输出 β'，如果 $\beta'=\beta$，则敌手攻击成功。

敌手的优势可定义为参数 $\mathcal{K}$ 的函数：

$$\mathrm{Adv}_{\Pi,\mathcal{A}}^{\mathrm{CPA}}(\mathcal{K}) = \left|\Pr[\beta' = \beta] - \frac{1}{2}\right| \tag{2-3}$$

其中，$\mathcal{K}$ 是安全参数，用来确定加密方案密钥的长度。因为任意一个不作为的敌手 $\mathcal{A}$，都能通过对 β 做随机猜测，而以 $\frac{1}{2}$ 的概率赢得 IND-CPA 游戏。而 $\left|\Pr[\beta' = \beta] - \frac{1}{2}\right|$ 是敌手通过努力得到的，故称为敌手的优势。

【扩展阅读】

1. 群上的离散对数问题

GroupGen 的离散对数问题是困难的，如果对于所有的 PPT 算法 $\mathcal{A}$，下式是可忽略的：

$$\Pr[(G,g) \leftarrow \mathrm{GroupGen}(\mathcal{K}); h \leftarrow_R G; x \leftarrow \mathcal{A}(G,g,h) \text{使得} g^x = h]$$

如果 GroupGen 的离散对数问题是困难的，且 G 是一个由 GroupGen 输出的群，则称离散对数问题在 G 中是困难的。

2. 判定性 Diffie-Hellman 假设

判定性 Diffie-Hellman(Decisional Diffie-Hellman，DDH) 假设指的是区分元组 (g,g^x,g^y,g^{xy}) 和 (g,g^x,g^y,g^z) 是困难的，其中 g 是生成元，x、y、z 是随机的。

判定性 Diffie-Hellman 假设：设 G 是阶为大素数 q 的群，g 为 G 的生成元，$x,y,z \leftarrow {}_R Z_q$。则以下两个分布：

(1) 随机四元组 $R=(g,g^x,g^y,g^z)\in G^4$。

(2) 四元组 $D=(g,g^x,g^y,g^{xy})\in G^4$。

是计算上不可区分的，称为 DDH 假设。

具体地说，对任一敌手$\mathcal{A}$，$\mathcal{A}$区分R和D的优势$\mathrm{Adv}_{\mathcal{A}}^{\mathrm{DDH}}(\mathcal{K})=|\Pr[\mathcal{A}(R)=1]-\Pr[\mathcal{A}(D)=1]|$是可忽略的。

定理 2-1　在 DDH 假设下，EIGanal 加密方案是 IND-CPA 安全的。

2. 选择密文攻击下的不可区分性

IND-CPA 安全仅保证敌手是完全被动情况时(即仅做监听)的安全，不能保证敌手主动情况时(如向网络中注入消息)的安全。

定义 2-2　如果对任何多项式时间的敌手$\mathcal{A}$，存在一个可忽略的函数$\epsilon(\mathcal{K})$，使得$\mathrm{Adv}_{\Pi,\mathcal{A}}^{\mathrm{CPA}}(\mathcal{K})\leqslant\epsilon(\mathcal{K})$，那么就称这种加密算法$\Pi$在选择密文攻击下具有不可区分性，或者称为 IDN-CCA 安全。

3. 适应性选择密文攻击下的不可区分性

公钥加密方案在适应性选择密文攻击下的 IND 游戏。

对任意 CPA 安全的公钥加密方案$\Pi=(\mathrm{KeyGen},\varepsilon,\mathcal{D})$，存在一个适应性安全的非交互式零知识证明系统$(\mathcal{P}',\mathcal{V}')$，使得按 Noar 和 Yung 方式构造出来的方案$\Pi^*=(\mathrm{KeyGen}^*,\varepsilon^*,\mathcal{D}^*)$不是 IND-CCA2 安全的。

一种签名方案(SigGen, Sign, Verify)称为一次性强签名方案，如果对任何多项式有限时间的敌手$\mathcal{A}$在后续实验中的优势是可以忽略的，则一种签名方案(SigGen, Sign, Verify)称为一次性强签名方案。

设$\Pi=(\mathrm{KeyGen},\varepsilon,\mathcal{D})$是 IND-CPA 安全的加密方案，$\Sigma=(\mathcal{P},\mathcal{V})$是适应性安全的非交互式零知识证明系统，Sig=(SigGen, Sign, Verify)是一次性强签名方案，则 DDH 方案$\Pi'=(\mathrm{KeyGen}',\varepsilon',\mathcal{D}')$是 IND-CCA2 安全的。

如果存在语义安全的公钥加密方案和适应性安全的零知识证明系统，那么存在 CCA2 安全的加密方案。

如果存在陷门置换，那么存在适应性安全的零知识证明系统。

推论：如果存在陷门置换，那么存在 CCA2 安全的加密方案。

2.2.2　随机预言机模型

计算复杂性安全模型相较于信息论安全模型更加实用，但仍然存在许多方案无法在标准模型下给出证明，导致其实际应用中无法推广，在长期的应用实践中，这些方案有效抵御了实际攻击者的攻击，但是在标准模型下为这些方案设计一个安全证明十分困难，无法形成一套有效的方法论，结果造成了密码学理论和实践之间的鸿沟。这种状况直到 Bellare 和 Rogaway 在 1993 年提出了随机预言机(Random Oracle)模型后，才得到突破。

1. 随机预言机模型的定义

随机预言机是一种可公开访问的确定性随机均匀分布函数。对于任何长度的输入，在输出字段中随机选择特定长度的值作为与输入相对应的输出。在标准模型的基础上添加一个公共随机预言机构成了随机预言机模型。通常的方案所使用的哈希函数为理想的随机预言机。在模型中，攻击者只能通过随机预言机来获取想要的哈希值，而挑战者通过将攻击者的行为归约到破解某个困难问题上。在大多数方案的实际应用中，使用安全哈希函数(如 SHA-1、SHA-256 等)来代替随机预言机。而方案的安全性基于可证明安全的归约结果以及哈希函数本身与随机预言机之间的可区分性。相较于标准模型，随机预言机的计算开销会大大降低，但随机预言机模型仍然是基于计算复杂性理论的。因此，在安全证明模型下不使用随机预言机的模型称为标准模型。

在随机预言机模型下，设计一个实用、高效的安全证明不再是十分困难的问题，许多广泛应用的方案都是基于随机预言机模型的，如数字签名方案 PSS、公钥加密方案 RSA-OAEP、密钥分配协议。随机预言机模型已经成为密码方案可证安全性和实用性的重要模型。

2. 随机预言机模型下可证明安全过程

在随机预言机模型下，证明过程将会设计成一个游戏。在游戏中，除了随机预言机，还有一个仿真者，仿真者会对敌手的提问进行回答，这一过程称为训练。在游戏结束时，仿真者会给出事先确定的挑战，如果敌手完成挑战，则敌手赢得游戏。仿真者会将方案所使用的困难问题嵌入挑战中，如果敌手的胜率是不可忽略的，那么方案所使用的困难问题在给定的条件下将不再是困难的，这与现实环境下已知的困难问题的不可计算性相矛盾，因此该假设是不存在的，方案在随机预言机模型下是安全的，图 2-4 给出了仿真游戏的过程。

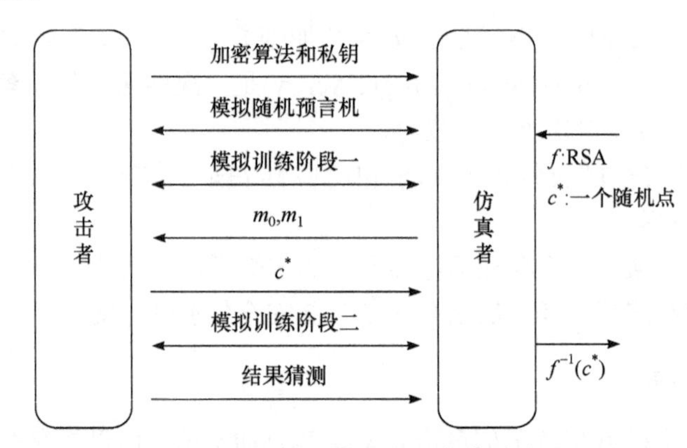

图 2-4　随机预言机模型下的仿真游戏过程

3. 随机预言机的类型

在基于随机预言机模型下的证明当中，使用随机预言机的方法也有多种，主要分为以下三种类型。

(1) 无控制型：仿真者无法获取敌手提出的询问，也不能控制随机预言机的输出，该模式下的随机预言机与哈希函数几乎一致。

(2) 部分控制型：模拟者可以获取敌手提出的询问，但不能控制随机预言机的输出，该模式下仿真者可以窃听敌手行为，在现实中为仿真者对获取敌手的通信完全可知，在大多数的内网环境或存在后门程序的情况下，具有合理性。

(3) 完全控制型：仿真者对随机预言机完全控制，对于敌手的询问，仿真者可以按照一定规则返回输出值给敌手，该模式下的随机预言机无法由实际中的任何哈希函数代替。

2.3 秘密共享技术

秘密共享是现代密码学领域中一个非常重要的领域，可以有效解决数据安全存储与访问控制方面的问题，具有非常重要的理论意义和广泛的应用价值。本章将介绍秘密共享技术的产生背景、研究现状及其潜在的应用等。

2.3.1 秘密共享的产生背景

随着计算机技术的快速发展，人们目前主要通过网络进行信息和资源共享，这些电子数据是现代社会发展所需的重要资源，具有重大的经济价值和物质利益。然而，由于信息在公共网络上进行存储、传递和处理等操作，所以经常受到窃听、篡改、伪造和重放等各种攻击。

密码学是信息安全方面的主要技术之一，由数据加密算法、数字签名技术和身份认证技术等构成，主要用来进行信息加密和身份认证，从而保证数据的完整性和不可否认性。但是，如果用户密钥丢失或出错，就会导致信息无法提取，也会出现信息被窃取、篡改等情况。另外，电子设备很容易被毁坏或丢失。实际上，电子数据并没有纸质数据的可靠性高，因此只依靠加密、签名、认证等密码技术并不能完全解决信息安全问题。

为了解决上述问题，人们提出了秘密共享技术。秘密共享技术将所共享的秘密分成若干子秘密，并分发给每个参与者保存，同时规定需要哪些子秘密才可以正确恢复所共享的秘密，采用其他方式均不能得到所共享的秘密的任何信息。秘密共享技术具有如下优点。

(1) 为秘密创建了备份，有效解决了保存信息量过大易泄露、过小易丢失的问题。

(2) 避免权力中心化而引起问题。

(3) 保证了秘密的安全性和完整性。

敌手只能通过获得足够多的子秘密来恢复出所要共享的秘密，而这通常是非常困难的，另外，当少量的子秘密被窃取或破坏时，剩下的子秘密也能恢复出多共享的秘密。

目前，秘密共享技术是信息安全方面的重要研究内容，是信息安全和数据保密领域中的重要技术。

2.3.2 秘密共享的发展与现状

很久之前，重要的信息经常被分解为多个部分，由不同的人进行保管，只有足够多的部分合并后，才能获得相关的信息；现代社会中的重要产品配方，会由不同工厂分别生产不同的组成部分，再按照一定的方案组成生产的产品等。尽管当时并没有秘密共享的理论，但是它们都体现了秘密共享的思想。

直到1979年，秘密共享概念才被Shamir和Blakley正式提出。秘密共享方案最重要的两个组成部分是秘密分发算法和秘密重构算法。其中，在秘密分发算法中，秘密分发者将秘密分割为多个子秘密并分发给每个参与者；在秘密重构算法中，合法的参与者可以共同恢复出正确的秘密，而其他的非合法的参与者将无法恢复出正确的秘密。所有合法的参与者构成的集合通常称为访问结构，用Γ表示。

Shamir和Blakley给出了第一个(t,n)门限秘密共享算法。然而，门限秘密共享只有在所有共享者具有完全平等地位的情况下才能实现。一般访问结构的秘密共享方案的方法及其相关技术直到1987年才得以实现。

秘密共享通常使用在门限秘密共享和访问结构上，近年来，有许多新型的秘密共享概念被提出，如多阶段秘密共享、多重秘密共享、多秘密共享、可验证秘密共享、无秘密分发者的秘密共享、可阻止恢复秘密的秘密共享、可视秘密共享方案、基于多分辨滤波的秘密共享、量子秘密共享、基于广义自缩序列的秘密共享等，当然，除此之外，还有许多其他相关研究，如秘密共享信息率、理性秘密共享等。

2.3.3　秘密共享的应用

秘密共享是保护隐私信息的重要技术，目前，秘密共享技术的典型应用场景主要有以下几个方面。

1. 门限数字签名

门限数字签名技术是一种数字签名体制，主要建立在秘密共享基础上。在(t,n)门限群签名方案中，利用门限技术给多个参与者分发签名密钥，由参与者各自管理，只有当大于或等于t个参与者共同参与时，才能生成有效的签名，而少于t个参与者则不能生成有效的签名。门限签名实现了两个目标：第一，它增加了签名的易得性，通过分割签名的方法，使得多个合法参与者可合成有效签名；第二，增加敌手获取签名私钥来伪造签名的困难性，敌手只有获取超过t个参与者的私钥才能生成合法的签名。

2. 安全多方计算

安全多方计算是密码理论的基础，可解决几乎所有的密码学问题，可实现安全多方计算的工具有秘密共享技术。安全多方计算可以解决一组互相不信任的参与者希望通过网络来计算某个约定好的函数的问题，每个参与者会为函数提供一个对其他参与者保密的输入值。

3. 密钥协商

分布式的密钥生成技术是门限密码系统及分布式密码计算的重要组成部分。它允许多个参与者合作生成一个密码系统的公钥和私钥，使公钥以公开形式输出，而私钥被参与者按照某一秘密共享方案所共享，从而用于面向群体的密码系统。

4. 电子商务

秘密共享方案在电子商务中有着重要应用，主要体现在电子现金、电子拍卖、公平交换等方面。电子现金系统利用秘密共享技术实现可撤销匿名性；目前提出的电子拍卖方案中大多数都采用了基于秘密共享技术的VSS技术。公平交换也是电子商务中的一个重要部分，目前多数实用的公平交换协议都使用了秘密共享技术。

除了以上提到的应用外，秘密共享技术在密钥托管、可验证签名共享、电子选举、安全组播，甚至在生物特征识别与加密方面也有着重要的应用。

2.3.4　秘密共享算法模型

通常，一个秘密共享系统包括秘密分发者、一个由多个参与者组成的集合、访问结构、秘密空间、秘密份额空间、秘密分发算法和秘密重构算法。在秘密分发过程中，参与者有秘密分发者和共享组，秘密分发者将秘密通过秘密分发算法分割成一些不暴露私钥的子份额并分发给参与者；在秘密重构过程中，参与者有参与者和秘密重构者，秘密重构者收取参与者的子份额计算出所共享的秘密并发送给参与秘密恢复的用户。典型的秘密共享系统如图2-5所示。

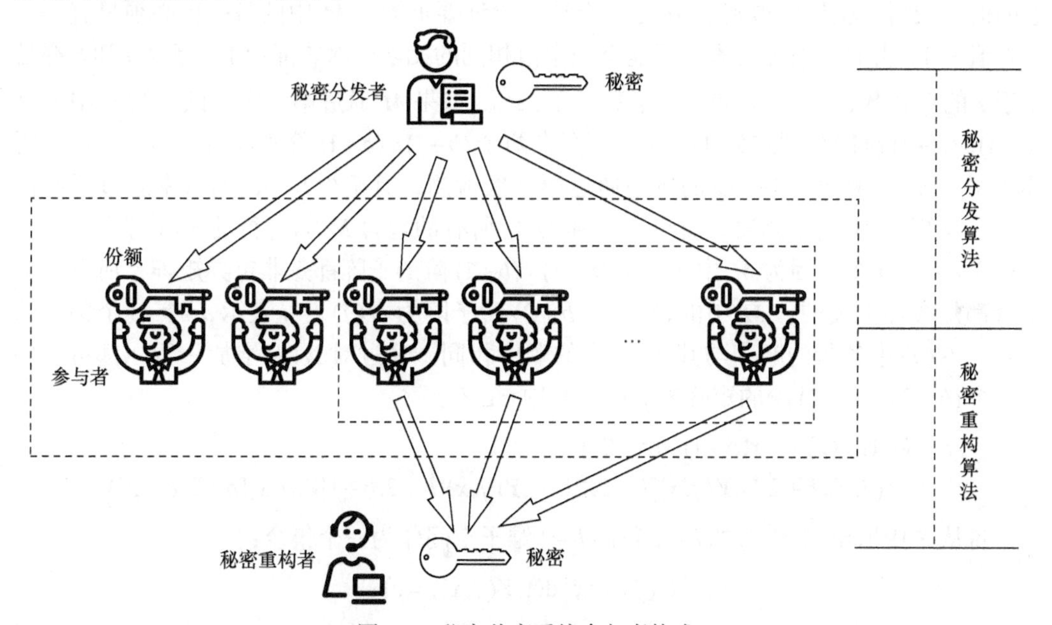

图2-5　秘密共享系统参与者构成

在秘密共享系统中，秘密分发者可由秘密拥有者或可信第三方担任，这样可保证秘密的安全性。秘密重构者是由参与者选举产生的，这样能够确保秘密不被泄露，但无法保证公平性。例如，秘密重构者计算出秘密后，将一个假的秘密分发给其他参与者。因此，可让可信的第三方担任秘密重构者。在Shamir和Blakley提出的门限方案中，所有参与者有着相同的权限和地位，但在实际应用中，无法做到所有参与者的地位与权利相同，因此需要更加复杂和灵活的访问控制机制。

2.3.5 Blakley 方案和 Shamir 方案

1. Blakley 密钥管理方案

选定一个正整数k为密钥，有限个密钥的集合为K，其中，K中值最大密钥为B。选择正整数z、a和b，其中$z<100$，$a<z$，$b<z$。令p为略小于B的素数。设F为模p的整数域，F上的$b+2$维向量空间为V。设G为$a+b+1$个安全元素的集合，在向量空间V中为G中每一个元素g定义一个$b+1$维的向量子空间$V(g)$。用通过坐标原点的一组直线来表示密钥k。当用户需要把k委托给安全元素时，从中选择一条线，称其为$L(k)$。当b个安全元素对应的向量子空间$V(g)$求交集时，其交集将为二维以上，但是，当$b+1$个安全元素对应的向量子空间$V(g)$求交集时，将得到直线$L(k)$，这个结果与所选择的$b+1$个安全元素无关。此时，$L(k)$将对应$b+2$个可能的密钥。

接下来将验证并且重新生成密钥。首先，选择正整数Q、z、a、b和素数p，其中$z<100$，$a<z$，$b<z$。之后，构造一个大小为$(a+b+2)\times(b+2)$的矩阵$\boldsymbol{M}$，$\boldsymbol{M}$中的每一行都选择一个元素等于 1，并在F中随机选择一个元素作为$\boldsymbol{M}$中的第一行随机一个元素的值k；然后，从F中随机选取元素作为$\boldsymbol{M}$中剩下的$(a+b+2)\times(b+2)-1$个元素的值。最后，验证所得到的$\boldsymbol{M}$是否合法。验证要求为：$\boldsymbol{M}$中的每一行必须只有一个元素值为 1，并且没有零元素；不能有两个值相同的元素，除非都为 1。因为a和b都是小于z的正整数，所以$\boldsymbol{M}$的元素个数少于$3z^2$。如果$\boldsymbol{M}$通过第二次测试，则F中没有$(b+1)\times(b+1)$阶的行列式为 0；并且不存在两个$(b+1)\times(b+1)$阶的行列式相等。前面所述表明，$\boldsymbol{M}$将有至少$1-2Q$的概率通过第二次检测，有至少$1-4Q$的概率通过两次检测。一旦矩阵$\boldsymbol{M}$通过测试，就可以得到$\boldsymbol{M}$中所有的包含$\boldsymbol{M}$第一行的$b+1$行集合，一共存在$a+b+1$个。因为$\boldsymbol{M}$中每一个$(b+1)\times(b+1)$阶的子阵都是非奇异矩阵，所以每个集合都是线性无关的。$\boldsymbol{M}$中的$(b+1)\times(b+2)$阶子阵为$\boldsymbol{N}(j)$，j表示$a+b+1$个集合的序号。$\boldsymbol{N}(j)$中各行的顺序与其在$\boldsymbol{M}$中的顺序相同。通过对$\boldsymbol{N}(j)$增加一行，都可以构造一个$(b+2)\times(b+2)$阶的矩阵$Y(j,x)$，其中$x\in V$。

$$
\begin{aligned}
x &= (x(1),x(2),\cdots,x(b+1),x(b+2)) \\
&= (\boldsymbol{Y}(j,x)[b+2,1],\boldsymbol{Y}(j,x)[b+2,2],\cdots,\boldsymbol{Y}(j,x)[b+2,b+1]\boldsymbol{Y}(j,x)[b+2,b+2])
\end{aligned}
$$

将从F中取出的$\boldsymbol{N}(j)$的$b+2$行的$b+1$维子空间作为一个集合：

$$U(j)=\{x\mid \det(\boldsymbol{Y}(j,x))=0\}$$

因为$\boldsymbol{Y}(j,f)$中第一行和最后一行都等于f，则$\boldsymbol{M}$中的第一行f属于$U(j)$。所以，当$b+1$个$b+1$维向量的交集是通过原点的一条直线时，等式$\det(\boldsymbol{Y}(j,x))=0$为如下形式：

$$\boldsymbol{c}(j,1)x(1)+\boldsymbol{c}(j,2)x(2)+\cdots+\boldsymbol{c}(j,b+1)x(b+1)+\boldsymbol{c}(j,b+2)x(b+2)=0$$

其中，$\boldsymbol{c}(j,t)$是$\boldsymbol{M}$中的$(b+1)\times(b+1)$阶子阵的非零且互不相等行列式。由上述可知，$\boldsymbol{c}(j,t)$是随机地从F中选出来的。

当b个$b+1$维向量的交集是二维空间的情况时，选择以下整数：

$$1 \leqslant j(1) \leqslant j(2) \leqslant \cdots \leqslant j(b) \leqslant a+b+1$$

并求解以下方程组：

$$\begin{cases} \det(\boldsymbol{Y}(j(1),x))=0 \\ \det(\boldsymbol{Y}(j(2),x))=0 \\ \quad\vdots \\ \det(\boldsymbol{Y}(j(b),x))=0 \end{cases}$$

利用高斯消元法，将得到所有 x 的解空间的由两个向量组成的一个基，这个二维向量空间包括 $\boldsymbol{M}$ 中的第一行。因为 $\boldsymbol{M}$ 中的元素是随机的，其遵循以下定义。

定义 2-3　若在二维向量空间中的所有向量中只有一个元素是 1，并且都是互不相等的非零元素，那么 $F\setminus\{0,1\}$ 中的任意两个元素出现的概率相等。

当上述定义 2-3 是正确的时，这个二维空间是无法恢复密钥的。仅当拥有 $b+1$ 个子空间的 $U(j)$ 时，恢复系统将求解如下方程组：

$$\begin{cases} \det(\boldsymbol{Y}(j(1),x))=0 \\ \quad\vdots \\ \det(\boldsymbol{Y}(j(b),x))=0 \end{cases}$$

如上所述，其解便是通过原点的一条直线，解的基是一个矢量 $\boldsymbol{g}=(\boldsymbol{g}(1),\boldsymbol{g}(2),\cdots,\boldsymbol{g}(b+1),\boldsymbol{g}(b+2))$，是 f 的非零倍数，密钥就是其中的一个元素，可以得到 $\boldsymbol{g}$，而无法确定 f。但是可以找到 $h(i)\in F$ 使 $g(i)h(i)\equiv 1\bmod(p)$，$g(i)$ 为 $\boldsymbol{g}$ 中的元素。这 $b+2$ 个向量是唯一解的倍数，并且都有一个元素为 1。

$$\begin{gathered} h(1)\boldsymbol{g} \\ h(2)\boldsymbol{g} \\ \vdots \\ h(b+2)\boldsymbol{g} \end{gathered}$$

密钥 k 在 f 的元素中，f 又在上述的 $(b+2)^2$ 个元素之中，因为密钥不等于 1，而 1 出现在每个向量的项中，所以验证 $(b+1)(b+2)\leqslant z(z+1)$ 种可能后，只有一个可以通过验证。

2. Shamir 门限方案

Shamir 门限方案是基于拉格朗日多项式插值的一种门限秘密共享方案。Shamir 门限方案描述如下。

1) 数学基础

已知二维平面上 t 个不同的点为 $(x_1,y_1),(x_2,y_2),\cdots,(x_t,y_t)$，并且坐标互不相同，这时有且只有一个 $t-1$ 次多项式 $f(x)$ 满足对所有的 i 有 $f(x)=y_i$ 成立。

2) 秘密分发

假定秘密 s 是一个数字。首先需要把秘密 s 分成 n 份，选择一个随机的 $t-1$ 次多项式 $f(x)=a_0+a_1x+\cdots+a_{t-1}x_{t-1}$，使 $a_0=s$。然后计算秘密份额：$s_1=f(1),s_2=f(2),\cdots,$

$s_n = f(n)$。

3) 秘密恢复

当获得t个秘密份额s_i时，可以通过拉格朗日多项式插值法计算出多项式$f(x)$的系数来重构多项式，之后，计算秘密$s = f(0)$。需要注意的是，只有$t-1$个秘密份额是无法计算秘密s的。

在密码学中，拉格朗日多项式插值法是在一个整数域上进行插值操作的。例如，选一个素数p，通过模p运算就生成了一个域，可以在这个域上进行插值操作。给定秘密s，选择一个素数p，$p > s, p > n$，从$[0, p)$中随机选择多项式系数$a_1, a_2, \cdots, a_n$，构造多项式$f(x)$。秘密份额$s_1, s_2, \cdots, s_n$的值也是在模p下计算的。当敌手获得了$t-1$份秘密份额时，由于s的值是未知的，敌手需要p次尝试来获取s的值。因此，通过$t-1$份秘密份额是无法获取有关秘密s的任何信息的。

Shamir门限方案还具有如下特性。

(1) 秘密份额的大小只会小于或等于秘密数据的大小。

(2) 当门限值t保持不变时，秘密份额的添加或删除不影响其他秘密份额。

(3) 改变多项式只会改变s_i的值，却不会改变秘密数据s，可以大大地提高系统安全性。

(4) 通过对秘密份额s_i再次进行门限操作，使门限方案更为灵活安全。

2.4　区块链技术

区块链本身是一种去中心化的分布式P2P网络，网络中用户节点可以相互通信和交换资源，区块链中决策由区块链节点通过一定策略来共同商定，节点地位对等，可以有效抵御针对中心节点的网络攻击行为。也就是说，区块链是一种无须第三方可信中心协助的分布式账本技术，区块链主要提供可信数据服务功能。一般情况下，区块链作为一种数据库来实现数据共享，但最初引入区块链的主要目的是实现数据的可信传输。在实际应用场景中往往是将有一定价值的资产进行数字化，并将其存储到区块链中，从而利用区块链的不可篡改、可信溯源等优良特性，实现低风险、低成本的数据安全服务方案。

目前，区块链技术凭借着其独特的特性广泛地应用在各个行业中。区块链技术集成了分布式数据存储技术、计算机网络技术、节点共识机制、数据加密签名算法等技术，并针对传统交易模式在执行交易过程中各参与主体可能出现的数据造假问题，构建了可信数据传输存储环境。近年来，基于区块链去中心化、信息透明、可追溯等特性在物流、供应链、数字版权、公共服务、数字金融、物联网等领域中实现了技术应用，充分体现了区块链技术在实际生活中应用的广阔前景。区块链技术解决了传统数据使用价值不高、隐私信息泄露等问题，提升了数据的使用效率。

2.4.1　区块链技术简介

2008年，中本聪首次提出比特币，以比特币为代表的区块链技术正式进入我们的生活之中。从此，区块链技术在我国飞速发展，各种创新产业在我国进一步落地。区块链底层基础设施涵盖了分布式存储、密码学、P2P 通信、共识机制等技术，其作为一种集成性创新技术体系，在各行各业都有着很好的应用场景，并且衍生出了许多“区块链+”的产业体系，被认为是继“互联网+”之后颠覆式创新技术体系，是优化事务乃至组织运作方式的突破性技术革命。

区块链实际上是一种去中心化的分布式数据库，通过密码学技术产生并关联数据块，每个区块内部含有该次交易的详细信息，例如，区块哈希值、交易时间戳等信息，这些信息可以用来验证区块和交易的有效性以及溯源交易时间。由于区块链采用分布式网络架构，区块链中的各个节点分布于世界各地，这些节点同步复制整个账本，同时对外公开持有的账本信息，从而保障账本信息难以被篡改。区块链技术目前已经广泛应用于数据审计、数据确权、知识产权保护、智慧城市建设等领域中。

区块链技术产生的目的就是要解决人与人之间的信任问题。区块链的核心和精髓是“代码即信任”，区块链技术主要通过在群体之间达成共识来实现群体信任。区块链技术的出现也在一定程度上体现了现实世界中人们对彼此之间的不信任，人们希望将代码作为一个可信的中间者，以此来构建一个彼此之间相互信任的虚拟世界。中本聪想要创造一个永不增发的货币体系，所以他创造出了比特币。区块链技术本质上解决的其实是信任问题，区块链技术通过解决技术性的问题，构建了一种基于代码的信任，实现了一种不可篡改的信任，区块链成功地在一种缺乏信任的环境下建立信任和传递信任。

目前的区块链技术经历了三个版本的演化，区块链技术的历史也是区块链价值演化的历史。第一代的区块链主要针对数字货币，是区块链技术的最初版本，典型代表就是比特币，利用区块链技术实现可编程加密货币。第二代的区块链技术为了应用于市场、政务和金融等多个领域，开发了智能合约技术，实现了可编程的金融。第三代的区块链技术的目标是实现可编程社会，应用范围进一步扩展，囊括了工业、文化、科学和艺术等领域，以期望以价值互联网为内核，使各个应用领域的水平和效率得到提高。

智能合约的出现弥补了区块链可编程性的缺失，使得区块链的适用场景进一步得到了扩充。智能合约是一套计算机程序，相比于传统意义上的合同，智能合约能够保证双方的约定在不需要第三方参与的情况下正确无误地执行。同时智能合约作为一段消除了歧义的计算机程序，只要合约的条件达成，就能自动判定对应情形，自动触发执行合约的每一步流程，在执行整个合约条款过程中不受第三方干扰。传统纸质合同在面对违约时，律师依据法律来进行辩护，促使合同条款正确执行。智能合约在面对违约时，不需要律师和法律的介入，就能够保证签订的双方不会对合同内容存在误解，同时谁都不能反悔。

区块链中的数字货币并不是传统意义上的货币。以比特币为代表的区块链数字货币体系，与传统意义上的货币体系是完全不同的。现有货币在完全电子化后是一串 01 字符串，而区块链数字货币，如比特币，不是一串 01 字符串，而是一段代码，是一段计算机程序。从物理形态上看，人们的货币首先采用金银，后来变成了纸币，再后来随着货币交易量的增多，出现了电子化货币，但这些只是物理形态上的变化。而区块链数字货币，在货币的根本性质上发生了变化，这种数字货币变成了一段计算机程序，所以它可以在上面编写代码，支持智能合约，这种货币可以按照编写程序的逻辑无歧义地执行，同时整个执行过程透明、可追踪并且不可篡改。

区块链分布式账本体系和传统意义上的金融账本体系也是不同的。银行的账户体系一般只记录资金状况，但是区块链账户体系不仅可以记录资金状况，而且身份的有关数据也可以记录在这个账本中。此外，区块链账本体系和金融账户体系运转流程完全不同。去银行开一个账户，银行要对开户人进行审查，辨别开户人信用等级，还需要对开户人信用状况进行分析预测，需要很高的成本。然而，区块链的账户体系，没有对开户主体的识别过程，同时因为不需要借助第三方认证，任何一个人都可以在区块链上开无数个账户。在后续的交易过程中，银行需要配备一整套的人员、设备、机构以及过程来支撑相关的金融服务请求。而区块链则没有这些东西，它只有一整套数学模型和程序算法，通过建立一套完整的交易规则，用户只需要按照这套规则执行即可完成交易。银行执行金融服务请求时，随着交易笔数的增加，对应的服务成本也飞速增加，但是基于区块链的账本体系，一个人和一万个人同时发起请求，区块链的边际成本不会增加多少。

但是，区块链技术也并不是万能的。区块链中去中心化的设计理念会影响其效率、成本与监管。区块链通过大量外部计算机接入并共同运行来实现去中心化，参与的计算机节点越多，需要全网广播、数据验证、分布式处理等操作的难度也就越大，挖矿与交易需要消耗的资源也越多，造成的环境污染问题也会越严重。此外，区块链数字货币交易平台处理程序相当繁杂，导致其效率很低并且成本很高。更重要的是，区块链数字货币能够规避国家的监管，导致法定货币流通失控，成为不法组织进行洗钱和逃避外汇管制的重要工具，严重影响国家的经济发展和社会治安稳定。因此，加强区块链数字货币监管，打造绿色区块链技术，是未来区块链技术发展的一个重要方向。

2.4.2 区块链技术原理

区块链本质上是由一系列信息区块组成的，具有不可篡改、公开透明、不可伪造、可追溯等特点的数据链，区块链网络架构模型如图 2-6 所示。区块链使用分布式账本技术，按照时间顺序将交易信息写入区块，利用密码学技术和链式结构保证不可篡改性。同时还具备点对点网络技术、激励机制、共识机制、链上脚本等。相比于集中认证，区块链技术没有中央机构，具有去中心化的特点。区块链中每个节点都具有相同的权限，并存储着所有历史交易的记录，即账本。在网络中的每笔交易，都需要大多数节点通过验证达成共识，并采用非对称加密算法保证交易记录的安全性。达成共识后，会产生一个新区块，并与历史区块链接。形成新的账本后，账本通过点对点网络技术发布到各个节点，保证各个节点存储的交易记录的一致性，区块链网络基本流程模型如图 2-7 所示。交易的哈希值通过 Merkle 树的形式存储在块中。生成的区块通过时间顺序形成链式数据结构，即区块链。通过生成哈希值和时间戳，可以在链式结构中快速找到区块并定位交易数据。由于后一个区块的哈希值是基于前一个区块的交易数据生成的，因此区块链具有不可篡改性。

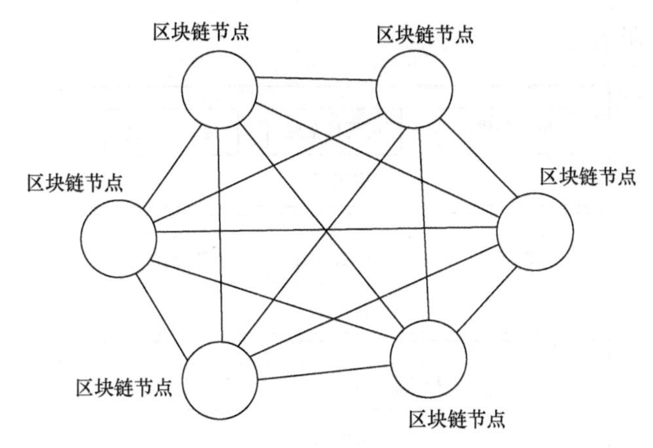

图 2-6　区块链网络架构模型

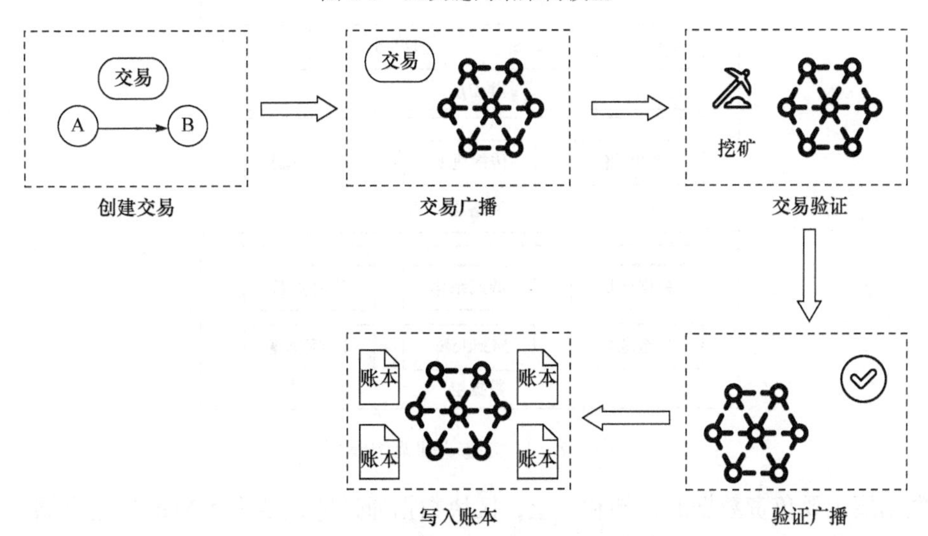

图 2-7　区块链网络基本流程模型

从技术架构的角度看，区块链通常可以分为以下三层。

第一层是位于区块链最底层的分布式网络架构。网络架构层主要包括负责区块链系统正常运行的操作系统、硬件设施等基础支撑设备。区块链也可以看作分布式网络设备之上的一种典型应用。网络架构层主要解决区块链中的点对点通信的问题，保证数据正确无误地传递给消息接收方。

第二层是分布式账本体系，其基于密码学技术构成。通过分布式技术整合海量节点的算力资源，以实现区块链中分布式账本的记录和验证，同时，使各个节点上的账本数据一致，确保分布式记账的一致性。该层主要是为参与记账的各个节点设计共识算法，通过适度的经济激励机制，保证共识节点在收益最大化原则的基础上，形成稳定的共识机制。

第三层是基于区块链构建的程序接口层。用户了解区块链的底层技术细节，只需要通过调用预先构建好的区块链程序接口，即可使用所需的功能。

区块链系统由数据层、网络层、共识层、激励层、合约层和应用层组成。它的基础架构模型如图 2-8 所示。

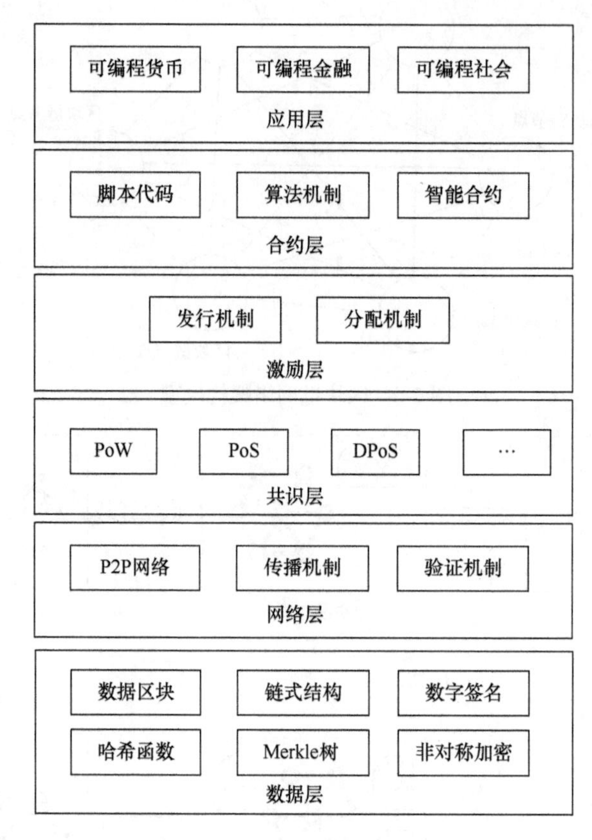

图 2-8　区块链基础架构模型

数据层主要负责数据的存储和安全，区块数据通过链式结构和Merkle树存储，数字签名、非对称加密、哈希函数等技术保证了数据的安全性；网络层主要决定区块使用的网络类型，规定了数据传播机制和验证机制；共识层主要解决因分布式存储带来的内容一致性问题，主要封装各种共识算法；激励层主要采用奖励机制奖励贡献节点，保证大部分节点的诚信；合约层主要封装各种脚本、算法和智能合约；应用层主要实现交易和记账功能，并提供各种脚本和虚拟机供开发者使用。基于此，用户可以开发各种类型的智能合约应用。

2.4.3　区块链数据结构

一个区块是由区块头和区块体组成的，图 2-9 展示了区块链的基本结构。区块头主要由上一个区块的哈希值、时间戳、难度、随机数和Merkle树根组成。区块之间通过区块的哈希值链接形成链条。同时，通过区块的哈希值链接也能保证区块的数据不被篡改，因为当区块发生变化时，会导致哈希值的变化，从而导致该区块之后的所有区块的变化。时间戳是指区块创建的时间。在比特币中，时间戳是指挖矿节点计算出结果并填充区块的时间。难度是指区块目标值的难度，用随机数来计算区块目标值。Merkle 树存储块数据，树的根节点存储在块的头部。在比特币中，区块的区块体包括多个订单交易信息。区块链的特殊结构保证数据不被篡改，而非对称加密、数字签名和哈希函数等保证了数据的安全。

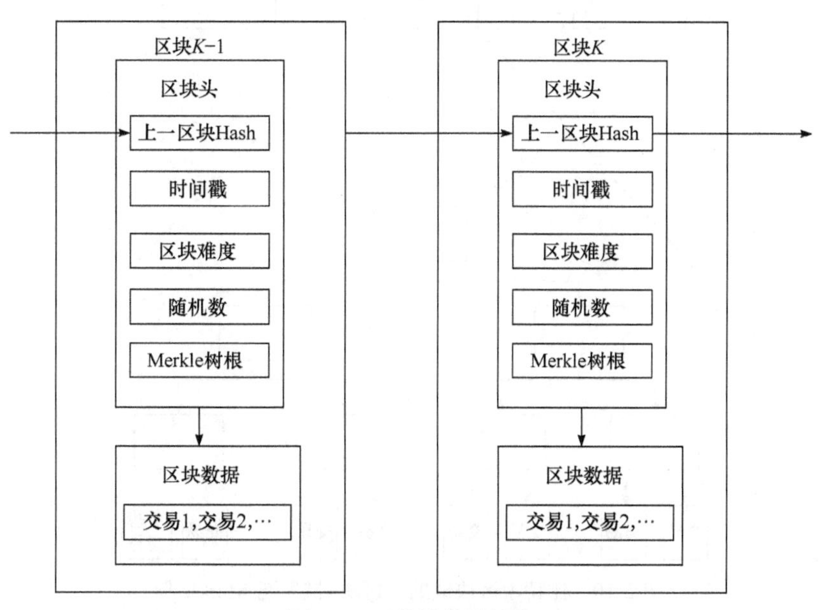

图 2-9　区块链数据结构

区块链数据以交易形式存储到区块中，各个区块以链式结构组合形成区块链。区块链中的各个节点都有权访问存储在各个区块中的数据信息，但没有权限删除或修改区块里的数据。目前研究人员已经能够在确保数据安全性的同时实现区块链数据可信编辑功能。区块头中存储包括时间戳、随机数、哈希值等重要数据，其中，时间戳代表该区块的创建时间，而随机数则是在各个节点达成协议或共识时起作用。这些区块通过随机哈希函数依次链接起来，每个区块包含前一个区块的哈希值。

区块链是一种不需要借助第三方的分布式系统，通过节点之间的互相通信认证，利用密码学、数据备份等技术，实现了一种去中心化的可信数据服务。区块链中的用户通过发送交易的形式进行通信认证。用户首先将交易信息、时间戳等主要信息打包进区块，然后在区块链网络中广播区块。其他区块链节点收到该区块后，会校验该区块中的信息，如果校验通过，区块链中的节点就将该区块添加到自己的区块链中，之后该区块便不能被删除或修改；如果校验不通过，区块链节点则会拒绝添加该区块。存储到区块链中的区块及交易信息都经过了签名，可以防止恶意节点未经授权篡改区块数据。比特币区块链的数据结构具有防篡改的数据结构基础，是使用两种哈希指针实现的。一种是“区块+链”的链式数据结构，另一种是哈希指针的 Merkle 树，如图 2-10 所示。链式数据结构可以很容易地发现一个区块中数据的修改；Merkle 树的结构也起到了类似的作用，这使得任何交易数据的修改都容易被发现。

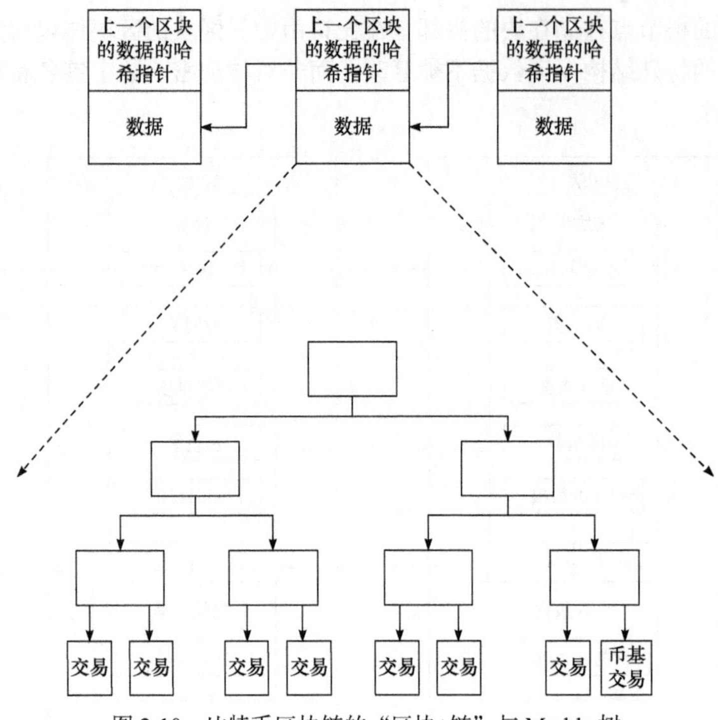

图 2-10　比特币区块链的“区块+链”与 Merkle 树

2.4.4　区块链与数字签名

在多重数字签名系统中，在每个时隙过程中都可以对多个文件进行签名。系统在每个时隙过程中收集当前需要签名的文件的哈希值，将哈希值记录在区块链中，分布式地存储在各个节点上。区块链的性质保证了数据不被篡改。系统发布记录根节点值的区块后，发送方将使用根节点值、时间戳等信息对相应文件进行签名。发送方将文件和文件对应的签名同时发送给接收方。接收方接收到文件和对应的签名后，对接收到的文件签名进行验证，提取签名中的节点值，进行哈希运算，建立 Merkle 树并计算根节点值。将根节点值与存储在区块链中的数据进行比较。若两者相同，则可验证文件的完整性，从而有效提高用户数据信息的安全性和隐私性。

2.5　本 章 小 结

本章主要对密码学中需要具备的一些基础知识进行简要介绍。首先，介绍了基本数学难题，如因数分解、离散对数、计算复杂度等问题，双线性对和椭圆曲线等基本数学知识，以及其在密码学中的应用；其次，对语义安全的公钥密码体制和随机预言机模型进行了详细描述，从选择明文攻击、选择密文攻击和适应性选择密文攻击等角度对不可区分性的证明给出了详细描述，并给出了一些相关安全证明案例；最后，介绍了秘密共享技术的背景、发展、应用、算法模型，以及一些典型的秘密共享算法。

习　题

1. 基于配对的密钥交换的主要过程是什么?

2. 基于 Diffie-Hellman 的密钥交换的主要过程是什么?

3. 简述公钥加密方案在选择明文攻击、选择密文攻击和适应性选择密文攻击下的不可区分性。

4. 简述秘密共享技术的优点和主要过程。

5. 比较 Blakley 方案和 Shamir 方案的区别，并分别描述其主要过程和优缺点。

6. 区块链的数据层主要负责数据的什么?

第 3 章　数字签名的应用领域

作为信息安全核心技术基础之一，数字签名能够提供认证信息来源，保证数据不被篡改等，有效地保障了信息的可靠性和安全性。因此数字签名技术应用广泛，本章将介绍目前常见的几种数字签名应用领域。

3.1　电 子 商 务

电子商务是以计算机网络为基础，以电子化和网络化等电子工具，在我国法律允许的范围内，进行信息、物品、服务交换等商务活动的过程。电子商务的去中心化思想改变了传统的商品交易及商务活动的模式，它的出现对人们的思维方式有很大的冲击，同时也推动了信息化社会的进程。

3.1.1　电子商务安全需求

网络的开放性和共享性严重影响了网络的安全性。在一个开放的互联网平台中，传统的犯罪和社会生活中的不道德行为将变得更加微妙和难以控制。人们通过网络进行面对面的交易和操作，消除了彼此见面的需要，也消除了边界和时间的限制。因此，它产生了更大的安全风险。电子商务的安全性已经成为制约电子商务发展的主要瓶颈。为了避免个人账户等信息被攻破导致失窃，电子商务系统就需要具备可靠性和安全性，安全性意味着要提供认证性、完整性和不可否认性，这也用于满足可靠性，但是两者并不对等，可靠协议位于服务器上，它对授权用户和攻击者都能提供可靠服务，如何确保互联网数据传输的安全性和各交易方的身份是电子商务发展的关键。电子商务安全性至关重要，要求能够完全控制信息，下面就讨论在电子商务中安全性的要求。

(1) 建立安全支付机构，支付信息的传递和处理是安全支付机构来处理的，如银行卡、信用卡、数字货币等。另外还要提供三方保密数据分配。

(2) 商业交易中数据的不可否认性，如果要保证交易双方不可随意更改否认，需要对各消息源的认证和数字签名技术来实现。

(3) 确保经网络传递的数据是完整的，这样才可以进行电子商务交易过程，其实现主要靠数据完整性和保密性。

(4) 增加基础设施建设特别是可信赖机构，如数字签名认证。

以上这些要求的实现依赖于数据的安全保密技术，其中常见的有认证性、完整性和不可否认性等。

3.1.2　电子商务与数字签名

在电子商务中，数字签名可以解决电子交易过程中的数据是否完整、交易双方身份确认和交易中的抵赖行为等问题，是保障电子商务安全交易的关键技术之一。

(1) 验证交易的数据完整性：根据数字签名算法将发送方和接收方的数据信息摘要进行对比来验证数据是否完全一致，也就判断了交易信息在传输过程中是否被篡改。

(2) 验证交易双方的身份：根据数字签名中使用的公开密钥加密算法来确认交易双方的身份信息，判断是否有冒充者，因为使用私钥，所以加密只有持有私钥的人能对数据进行签名，以此来肯定该数据是用户签发的，也能够验证发送方和接收方的身份。

(3) 防止交易中的抵赖行为：信息接收方可以将加了数字签名的信息提供给认证方，认证方通过使用信息发送方的公钥对信息接收方提供的信息进行解密，以此作为判断条件，看信息发送方是否发生抵赖行为。

3.2　物　联　网

物联网(IoT)是万物互联设备的集合，在跨领域的信息交互和数据共享方面应用广泛，所有物品都可以通过射频识别(RFID)和无线传感器网络(WSN)等技术加持下的信息传感设备与互联网连接起来，但是物联网和传统互联网系统面临着同样的安全问题，也影响了物联网的发展及使用者的隐私安全。

3.2.1　物联网安全需求

设备的异构性、计算和通信资源的限制导致物联网存在不同的安全问题，其基本安全需求包括物联网络系统中的机密性、完整性、可用性、可认证性等。结构性挑战和安全性挑战是物联网面临的主要安全挑战，物联网的异构性和泛在性会带来结构性挑战，系统的原理和功能则会带来安全性挑战，解决结构性挑战通常需要考虑无线通信、可扩展性、能量和分布结构，解决安全挑战则需要考虑身份认证、保密、端到端的安全、完整性等问题。安全需求决定了物联网安全机制需要贯穿从系统开发到运行的整个阶段。

物联网的常见安全需求包括运行在所有物联网设备上的应用或软件必须经过授权；在物联网设备进行数据接收和发送之前要进行身份验证；物联网设备需要使用防火墙网络过滤定向到设备的数据包来减轻物联网设备的计算和存储资源压力；在物联网设备更新时尽量不增加额外的带宽消耗。

物联网的出现和应用反映了信息社会发展的需要和方向，说明互联网有了“感知基因”；在信息安全特性方面，无处不在的传感器和无线网络为各种网络攻击的滋生提供了条件。信息安全和隐私保护成为物联网必须关注的问题。在物联网中，不仅要解决传统互联网中的假冒攻击、数据驱动攻击、恶意代码攻击、拒绝服务攻击等安全问题，还需要从各个方面综合分析存在的安全风险。确保信息的机密性、完整性、可用性、可控性和不可抵赖性。

为了保护接入物联网系统中的智能设备，防止系统被恶意攻击，就需要引入安全认证机制，其中，身份认证和消息认证是物联网的主要认证方式，身份认证主要是证明设备或者用户为合法实体，通常以密码学的方式来证明。消息认证主要是确保信息的完整性和安全性，是一种基于通信双方的认证方法。按照加密方式来区分，安全认证技术可以分为对称技术和非对称技术。基于对称技术的认证需要共享密钥来完成，对于非对称密钥系统的认证主要分为基于颁发机构(CA)的认证、基于身份的认证和无证书的认证。

(1) 在基于 CA 的认证系统中，只需要判断 CA 颁发的数字证书是否真实即可识别节点公钥有没有和身份对应上，以此来完成身份认证。

(2) 在基于身份的认证系统中，节点的公钥是其自身唯一的身份信息，私钥由私钥生成中心生成，然后通过安全通道传输给对应的节点。

(3) 基于无证书的认证系统中，公钥密码体制将私钥分为两部分：部分私钥和秘密值。因此，节点的公钥也分为两部分：一是由节点的身份标识生成，二是通过秘密值生成。

3.2.2 物联网与数字签名

在物联网信息的认证、授权和不可抵赖性中，一个基本的密码要素是数字签名。数字签名可以实现身份认证、数据完整性和不可抵赖性等功能。它是信息完整性和认证的关键技术之一。数字签名技术可以基于公钥密码体制和私钥密码体制来获得数字签名，主要基于公钥密码体制。现有的物联网安全协议主要是针对 RFID 安全研究的，其方法大多基于单向哈希函数应用。这种机制会带来新的安全危机，即容易被异步攻击。同时，仅使用哈希函数完成身份认证和消息加密方案的安全性远不及采用公钥密码身份认证体制的方案。因此，数字签名在物联网中应用广泛。

3.3 云计算

云计算指的是在互联网环境下，增加、应用和交付网络服务的一种模式，通常指一种分布式计算，动态的、易于扩展的虚拟资源是云计算主要应用的资源，方便、快捷是云计算的特点，按照使用量计费，网络资源可以低成本地快速提供给有需要的用户。在云计算环境下想要实现信息、数据、资源共享，更改和删除信息数据需要经用户授权确认才可以实现。

3.3.1 云计算安全需求

网络安全是云计算环境下最重要的安全需求，各种信息安全漏洞随着信息网络应用的普及频繁出现，在实践中，人们总结并探索相应的网络安全对策，这些可以在一定程度上提高云计算环境下信息的安全性。云计算信息安全问题主要包括以下几方面。

1. 数据的存储安全

云计算的特性决定了用户在上传数据到云服务器后会丧失对数据的完全控制权，此时，用户的数据存在隐私泄露、被篡改、删除等风险。

2. 数据的传输安全

云计算环境下的数据在传输过程中可能会受到多种攻击，包括黑客入侵、病毒等，这就使得信息在传输过程中有可能会被随意修改、删除。而且一旦用户的账号信息被破解，可能会导致一系列严重的经济损失。

3. 数据的访问安全

云计算环境下的数据访问存在权限问题，一旦出现越权访问就会有信息数据泄露等风险，必要的身份认证可以解决如身份管理、用户权限、访问控制等问题。

3.3.2 云计算与数字签名

随着云计算的飞速发展，安全问题也越来越多，如何对用户进行身份验证是一个重要的问题，而不是不必要地将用户的个人隐私信息泄露给云服务提供商。在之前的研究工作中，人们使用受信任的第三方作为访问控制服务器来帮助用户进行验证。在该方案中，用户必须与受信任的第三方共享大量信息，这在云计算中是相当危险的。还有通过身份管理来保护用户的隐私信息，但大部分方法仍然使用可信第三方，增加了系统开销，导致系统性能下降。因此，我们可以设计一种数字签名方案来代替可信第三方。但是数字签名尤其是涉及配对操作的签名方案，在签名生成和验证过程中计算量很大，低配置的终端设备虽然也能接受，但是如果次数太多，会消耗大量的时间，因此可以利用云服务器强大的计算能力以减少终端设备的计算量。因此数字签名是云计算的一个热门研究方向。

3.4 电子政务

电子政务是政府机构以云计算、物联网、大数据等现代科技手段，在现代信息和通信技术的基础之上，作用于政务管理和服务职能中，将管理和服务职能通过网络技术进行集成，在互联网上实现政府组织结构和工作流程的优化重组，超越时间和空间及部门之间的分隔限制，向社会提供优质和全方位的、规范而透明的、符合国际水准的管理和服务，是政府转变职能、提高行政效率的手段。通过电子政务平台，人们在网上进行个人联网信息查询、智能咨询、业务预约，甚至办理政务业务，体现出更加人性化的服务，减少跑腿，节省时间，而且大大提高了办事效率。政府部门也可以在其内部利用信息和通信技术实现办公信息共享化、内部管理系统化、政务决策人性化；真正做到服务于民、提质增效和政务公开。在电子政务环境下，信息传输和信息内容的安全是必须要得到保证的，对于成功实施电子政务应用系统，网络和信息安全是首要条件。

3.4.1 电子政务安全需求

在政府各部门进行电子政务办公时，文档收发、公文流转、审批流程环节众多，对于如何确保各文档和公文的安全流转管理，保障各部门之间文档文件的安全保密意义重大。

随着电子政务的信息化、自动化、智能化，更多的政务业务依赖于网络环境，网络安全变得至关重要，电子政务业务的不断增多和用户网络安全意识的缺乏形成矛盾，此时极易发生如仿冒服务端发起的网络攻击、信息泄露、财产损失等安全问题。这使得实施电子政务应用系统存在潜在的风险，互联网的飞速发展和网络结构的复杂多变性、网络终端的虚拟性让网络攻击途径变得多样，方式和手段也层出不穷，怎样做到电子政务应用系统服务中的信息安全攻防平衡成了网络安全需要解决的问题。

针对以上可能面临的安全风险分析，电子政务系统中文档收发、公文流转等涉及数据的真实性、完整性、机密性和不可否认性的内容是电子政务系统安全需求主要关注的重点。

1. 防止非法授权访问，保证真实完整

电子政务应用系统中数据是否真实完整并可靠，信息来源是否截获后伪造，信息在传输过程中是否被篡改，一致性和完整性能不能得到保证，这些都是电子政务应用系统中需要进行安全保障的重点，基于不同信息的不同敏感性、访问权限的差异性，对用户进行身份识别和认证是一种提高电子政务系统安全性的可行方式。

2. 防止冒充或抵赖，保证不可否认性

电子政务活动的特殊性决定了它必须保证信息发送者对其行为不可否认，如果出现冒充他人进行非法操作后抵赖的情况，会造成整个电子政务系统的混乱，因此，传输信息或文件的双方必须具有防抵赖的长效通信机制，往往通过责任划分、审计等技术手段来保证信息安全。

3. 防止信息泄露或破坏，保证机密性

电子政务信息和数据在传输过程中一旦被非法截获就会造成信息泄露，将带来不可逆的后果，特别是涉及机密信息及敏感信息的内容，因此必须采取多种手段防止信息泄露，保证电子政务信息流转过程中的安全。

3.4.2 电子政务与数字签名

随着区块链、云计算等网络技术的快速发展，我国的电子政务应用系统得到大力推进，政务办公也趋于网络化，要想实现政务文档和数据的真实性、完整性、机密性和不可否认性等安全需求，可以将数字签名技术应用在如通知发布、公文流转、文档审计等过程中来保证电子政务系统的安全性和有效性，实现文件高流转率、高到达率，保证发送方和接收方的安全，有研究者结合椭圆曲线、中国剩余定理及多重数字签名技术，提

出了适应电子政务系统的提案表决方案，使在生成最终的多重签名时，能有效地防止内部成员联合攻击和外部攻击。也有学者基于因数分解和二次剩余困难性假设，分别提出了新型按序多重数字签名方案和广播多重数字签名方案，适用于电子政务系统，具有通信量小、算法构造简易、计算和时间复杂度低等特点。总体来说，数字签名能够为通信双方提供如身份认证、完整性保护、加密通信、防抵赖等安全服务，再结合生物特征识别、实名认证等技术能够有效保证电子政务应用系统的网络业务安全性，为目前电子政务发展过程中的安全问题提供了可行的解决方案。

3.5 电 子 病 历

近年来，由于互联网、物联网等网络技术的迅速发展，各行各业的信息化都得到了长足的进步，医疗领域信息化也随着科技水平的提升得到了快速的发展，电子病历作为患者在治疗过程中产生的信息化医疗文书，逐渐成为医院日常诊疗过程中的重要组成部分。电子病历是指临床医生在诊疗过程中利用互联网设备保存、传输、管理的数字化医疗记录，电子病历系统对医生和患者都至关重要，医生的工作量和工作压力在很大程度上因电子病历的产生得到了减轻，患者也可以随时监控自己的静态病历信息及就医过程中医院和医生提供的相关服务。医疗文书电子化是随着医院管理的信息化而产生的，信息及网络技术在医疗领域应用也是医疗电子化发展的必然趋势，电子病历因数据的完整性在很大程度上也避免了医患纠纷，能够为医患双方提供完整而有效的证据支持。目前，电子病历已经成为医院数字认证的重要组成部分。

3.5.1 电子病历安全需求

在传统的医疗场景下，医生在日常工作中有很多医疗文书、病历处方等需要手写签名，患者和患者家属也需要逐份手签，这些场景存在病历易涂改、易丢失等弊端，给医患纠纷带来了巨大的隐患，作为医生和患者之间的重要纽带，医疗文书的安全性和有效性都无法得到保障。

在目前的电子病历系统中，不同权限下的医务工作人员可以对病历系统中的数据进行增删改查，看似相互独立，但又因为权限不同可以互相引用查询，虽然有操作日志，但是权限稍高一些的人员可以进行无痕修改，这就会导致病历安全性在传输过程中无法得到保证，那么病历信息就存在被窃取或者被篡改的可能性。可能出现的安全问题主要有以下几点。

1. 登录身份认证的问题

目前的电子病历系统并没有使用生物特征识别的方式进行登录和管理，大多数的管理员用户依旧是采用传统的账号和密码的方式进行身份认证，这就存在账号和密码被窥探或攻破盗取的风险，一旦出现这种事故，医患的电子病历数据就有可能失真或者泄露，真实性和完整性都无法得到保障。

2. 数据存储的安全问题

电子病历系统中的数据信息大多是存储在系统后台数据库中，而且多是以明文方式存储，而后台数据库存在隐患，容易被攻破而导致数据丢失或被窃取，更为可怕的后果是数据的录入也存在风险，当数据的来源安全无法得到保证时，就有可能给患者带来不可逆的后果，因此，数据存储必须有相应的安全机制来保证数据信息的完整性、不可否认性及相应的机密性。

3.5.2　电子病历与数字签名

电子病历因信息化的普及和医院系统的需求而变得愈发重要，但是存在的安全问题也不容忽视，要想使电子病历系统具备可信、不可伪造、不可复制和不可抵赖等特性，就需要对电子病历系统实施一些安全可控的约束，以免产生病历数据时出现如丢失、盗用、恶意删除等情况。因此，目前世界范围内普遍采用的保障电子病历安全性的手段多为数字签名技术，应用数字签名技术的电子病历会更加安全，如使用公钥加密领域的技术，基于此技术的方法，一种用于签名，另一种用于验证，这两种互补的运算能使得信息的发送者产生一段其他人无法复制或伪造的数字串，保证信息的接收者验证时信息的正确性，同时也有效证明发送者发送信息的真实性。

随着医疗领域数字化技术使用范围的扩大，其安全问题的解决方案也越来越多，这是目前医院提高核心竞争力的必然趋势，电子病历作为连接医生和患者的重要桥梁，必须要在技术层面上深度考虑它的安全性，数字签名技术的引入不仅能够将医生从纸质医疗文书书写工作中解放出来，还能够通过可靠的数字签名算法的应用让电子病历拥有纸质版医疗文书所不具备的完整性、保密性、不可抵赖性、内容不可篡改性等特性。

3.6　电 子 合 同

随着信息技术的飞速发展和办公方式的电子化、无纸化、自动化以及各种办公系统和软件的普及，电子合同应运而生，这种形式的合同替代了传统的纸质合同。电子合同是指合同订立双方通过网络以电子文件的形式达成的设立、变更、终止财产性民事权利义务关系的协议。因为电子商务的普及，越来越多的电子合同签订是以在线签约的方式进行的，这使得商务活动变得更加高效，工作效率有了显著的提高。

电子合同的签署双方可能是来自开放的网络上两个互不信任的主体，因此如何保证电子合同签署时用户双方的安全就显得至关重要，设计一种电子合同签署协议也相对比较复杂，除了要满足传统的信息安全方面的需求之外，还需要满足如保密性、完整性、公平性、不可抵赖性等多种安全特性。

3.6.1　电子合同安全需求

不管面对面签署纸质合同，还是在线签署电子合同，最值得注意的问题就是信息的安全问题，对于一项私密性较高的商务活动来说，电子合同在线上签署时，大量的信息数据需要进行传输，这些记录在计算机磁盘或者硬盘中的信息，如数据的增加、修改、删除、存储等过程，都是在计算机内部完成的，并且通过网络进行传输，如果这些信息没有经过加密处理，就容易被截取、篡改和伪造，所以必须要保证电子合同信息和数据的完整性、真实性、机密性和不可抵赖性，对于电子合同，可能出现的安全威胁主要有以下几点。

1. 身份验证的安全性

对于网络上互不信任的两方主体，要想保证身份真实并且具有访问权限，就需要对参与电子合同签署的双方进行身份认证和访问控制。

2. 合同签署的安全性

电子合同依托于互联网，存储于计算机上，信息数据的安全性是保证合同顺利签署的前提，只有通过严格实名身份认证，确保身份真实、意愿真实，通过数字签名、可信时间戳等安全技术来保证合同签署过程中各种信息的安全性、完整性和合法性。

3. 数据传输的安全性

电子合同签订双方在进行操作时，需要对合同进行数字签名，确保使用安全方式对合同进行加密传输，信息量大且复杂的电子合同数据尤其庞大，在传输过程中也要提前部署多种安全机制，从数据访问控制、数据分类保护、数据加密、数据完整性、数字签名机制等方面全面保证电子合同系统的安全性，以此来满足电子合同系统的高安全需求。

3.6.2　电子合同与数字签名

互联网电子商务活动发展迅速，线上实时交易越来越多，人们对网络商务活动的安全性需求也越来越高，数字签名技术的发展和广泛应用有效地保证了网络商务活动的安全性，大大降低了交易风险，把数字签名技术和数字加密技术应用到电子合同平台是一大趋势。

目前，安全可靠的电子合同平台设计以数字签名技术作为基础，电子合同应用范围广泛，尤其是商业、金融、军事、网络通信、电子商务、电子政务等方面，数字签名技术本就作用于这些领域，电子合同应用数字签名技术保障安全性也是一种主流解决方案。围绕电子合同签署过程中身份认证、签署、查询、存储等场景，采用数字签名技术和数字加密存储技术实现对电子合同签署者的身份认证，防止抵赖、篡改和伪造，提供如基于 PKI/CA 的结构及用户口令来保障电子合同内容的真实性、完整性、机密性，解决身份认证、访问控制、信息保密的安全问题，确保电子合同全流程的安全有效，保证交易各方的权益不受到损害。

3.7　本 章 小 结

本章主要对数字签名的相关应用领域进行了介绍，首先，介绍了电子商务领域目前所需要的安全性需求，讲解了如何利用数字签名来保障电子商务交易过程中数据的真实性、完整性及不可抵赖性；其次，介绍了目前互联网领域里物联网和云计算的相关知识，结合数字签名技术就如何在物联网和云计算领域发挥安全性作用提出了可能的应用场景和解决方案；最后，就电子政务、电子病历、电子合同分别探讨了数字签名技术在政务、医疗、商业等领域的具体安全应用。

习　题

1. 下列关于物联网安全技术说法正确的是(　　)。
   A. 物联网信息完整性是指信息只能被授权用户使用，不能泄露其特征
   B. 物联网信息加密需要保证信息的可靠性
   C. 物联网感知节点接入和用户接入不需要身份认证和访问控制技术
   D. 物联网安全控制要求信息具有不可抵赖性和不可控性
2. 以下不属于云计算技术的优点的是(　　)。
   A. 投资少，运行成本低
   B. 有灵活的扩展性
   C. 数据的安全得到保证
   D. 服务的可持续性
3. 在对物联网中信息的认证、授权和不可抵赖性中有一个基本的密码学要素是什么？
4. 目前，云计算面临的数据安全问题主要有哪些？
5. 数字签名技术主要用于电子政务安全需求的哪些方面？
6. 电子合同目前面临的安全威胁有哪些？

第 4 章　基于身份认证的门限群签名

在电子商务场景中，签名方案通常需要满足四个要求：公开验证性、完整性、可追溯性和效率指标。为了实现上述目标，本章介绍了一种基于身份认证的门限群签名方案，不仅可以简化密钥管理过程，而且还允许跟踪用户身份。为了保护用户隐私，该方案屏蔽用户身份并将其存储在区块链上以防止恶意成员篡改内容。安全性分析表明，该签名方案具有很高的匿名性，对其攻击难度相当于解决离散对数问题。通过计算复杂度分析表明，该方案计算量小、通信效率高，能有效地适应电子商务场景。

4.1　背 景 简 介

电子商务是一项在互联网上进行的商业活动，专注于商品交易技术。但是，电子商务的安全状况已经变得越来越糟。数十亿账户已被黑客窃取或控制，数以百万计的用户身份被泄露，甚至公开交易。因此，研究适用于电子商务场景的签名方案至关重要，用这种签名方案保护用户隐私和信息行为，防止伪造和抵赖信息，并且保证交易内容的完整性。

基于身份的签名方案可以验证信息内容，以确保该信息在传输过程中未被篡改。在电子商务场景中，可用的签名方案需要满足四个要求：公开验证性、完整性、可追溯性和效率指标。之前，用户身份是用户用于参与签名过程的化名信息，临时身份标签通常是通过匿名性的公钥加密算法生成的。对于基于身份的签名方案，用户可以选择身份证号、电子邮件、手机号作为他在事件发生后进行跟踪的身份，从而简化密钥管理过程。

区块链是一种可以记录交易的分布式数据库技术。它便于在资源不是集中可信的情况下对数据进行记录和追踪。它允许区块链网络节点依赖分布式节点，而不是单一的中心化节点，来进行数据通信和资源交换。这里的资源可以是有形的(如金钱、房屋、汽车、土地)或无形的(如版权、数字文档和知识产权等)。一般来说，任何有价值的信息都可以是在区块链网络上进行追踪，以降低其安全风险，并为所有相关人员节省安全监控成本。近年来，区块链技术引起了学术界的极大兴趣。区块链技术从一种加密货币开始，截至 2018 年 1 月已达到 1800 亿美元的资本化。它可以处理节点之间的不信任问题，并已广泛应用于电子货币、医疗保健、金融投资、物联网和云存储等领域，推动了数据资源的网络化研究。区块链技术的特征是去中心化、匿名化和不可篡改。综上所述，可以将签名和盲化处理的用户身份信息存储在区块链中，以保证签名的公开验证性，并防止第三方恶意篡改公开信息。

1994 年，Marsh 首次提出了可信计算的概念，并详细阐述了可信度量的规范表示。根据典型的数学问题，现有的门限群签名方案可以分为三类：基于大素数分解、基于离散对数问题、基于椭圆曲线的离散对数问题。根据密钥分配的方式，门限群签名方案主要分为两类：具有可信中心的方案、没有可信中心的方案。

2004 年，Tzer-Shyong 提出了一种基于椭圆曲线并且私钥较短的加密算法的签名方案。但是，它没有撤销操作，也无法跟踪用户身份。2018 年，王利朋等提出了一种门限群签名方案，该方案是通过成员之间协作生成份额签名并合成签名。以上门限群签名方案都是基于 Shamir 秘密共享方法的，其他秘密共享方法将在下一节中讨论。

2005 年，Sahai 和 Waters 首次提出了基于模糊身份的加密方案，通过引入属性的概念形成了基于属性的加密(Attribute-Based Encryption，ABE)体制。在这种加密体制中，用户的身份信息不再是简单的单个信息，而是由用户的多个生物属性的集合来标示。基于属性的加密体制实现了“一对多”的通信模式，即多个满足某个特定访问结构或者具有一定属性集的用户都可以对密文进行解密；同时该加密体制还可以实现对解密者身份信息的可匿名性，即加密者只要在掌握解密者一系列的描述属性的基础上通过定义访问结构就可以对消息进行加密，而不需要知道解密者详细的身份信息。因此，基于属性的加密体制提供了一种更为灵活的访问控制策略，得到了密码学研究者的广泛关注和深入研究。

程亚歌等提出了一种基于中国剩余定理的强前向安全性的门限签名方案。该方案定期更新私钥以提高安全级别，并去除可信中心以增加可用性。2020 年，程亚歌等提出了一种基于 Asmuth-Bloom 方案的方案，该方案适用于区块链投票场景，这种方案没有可信中心的参与，能够用份额签名合成最终签名，在此期间，敏感数据将被验证。

秘密共享的概念最早由 Shamir 和 Blakley 提出。其思想是将目标机密 S 分为 N 个副本，每个副本将发送给其相应的参与者。当需要重建秘密时，我们应该涉及一定数量的参与者，其人数应大于或等于指定阈值 t。本章提出了一种基于身份认证的门限群签名方案，该方案不仅可以简化密钥管理过程，还可以跟踪用户身份。为了保护用户的隐私，该方案盲化用户身份并将其存储在区块链上，以防止成员恶意篡改内容。

4.2 基于身份认证的门限群签名构建过程

4.2.1 系统架构

该方案的参与者包括用户(U)、可信中心(TC)、签名合成器(SC)和签名验证器(V)。提出的门限群签名方案包括：初始化、注册、生成份额签名、合成签名、签名验证、签名溯源和成员撤销七部分。

下面详细介绍门限群签名方案。为方便起见，符号定义见表 4-1。

表 4-1 门限群签名方案的符号定义

符号	描述	符号	描述
TC	可信中心	ID_i	用户 i 的身份信息
U_i	用户 i	d_i	用户 i 的私钥
g_s	组私钥	D_i	用户 i 的公钥

续表

符号	描述	符号	描述
g_p	组公钥	P	成员集合
T_s	可信中心私钥	ID	包含 t 个成员的身份集合
T_p	可信中心公钥	ID_{t1}	盲化身份信息
SC	签名合成者	ID_{t2}	二次身份盲化
V	签名验证者	UL	用户信息列表

4.2.2　系统详细设计

1. 系统初始化

可信中心 TC 初始化系统参数，主要完成两项任务：第一项是设置 (t,N) 门限群签名方案相关参数，构建系统公开参数；第二项是生成 TC 的密钥信息和哈希函数等。具体过程如下。

步骤 1：确定门限群签名方案中参与者 N 和门限值 t 的数值，其中 $t \leqslant N$ 。选定一个大素数 p ，F_p 代表有限域，选定生成元 g 。

步骤 2：可信中心 TC 根据上一步公开参数生成密钥信息等相关信息。首先 TC 选定私钥 $T_s = s$ ，$s \in Z_p^*$ ，其对应的公钥为 $T_p = g^s \bmod p$ 。然后选定 $t-1$ 次多项式 $f(x) = \sum_{i=1}^{t-1} a_i x^i + a_0 \bmod p$ ，$a_j \in [1, p-1]$ ，$j = 0,1,\cdots,t-1$ ，其中，$a_0 \in Z_p^*$ 为待共享的秘密，这里设定 $a_0 = g_s = f(0)$ 为组私钥，组公钥则为 $g_p = g^{g_s} \bmod p$ 。

步骤 3：选定某一单向哈希函数 $h:\{0,1\}^* \to F_p$ 。

步骤 4：$(s, g_s, f(x))$ 为 TC 的私密信息，而 (T_p, g_p, h, g, p) 为公知信息。

2. 用户注册

当用户 U_i 要加入群体时，要执行注册过程。首先 U_i 将自己的身份信息发送至 TC，TC 对其进行验证，验证通过后，对身份信息进行盲化处理，并发送给 U_i 。U_i 对身份信息进行校验并执行二次身份盲化，然后生成自己的部分密钥信息，并将上述信息发送给 TC 进行校验。TC 收到信息后，执行校验，然后将相关信息存储到区块链上，并为用户生成另一部分密钥信息，将其发送给 U_i 。用户 U_i 对其进行校验后，将自己生成的密钥信息和 TC 生成的密钥信息进行合成，生成属于自己的私钥和公钥信息。详细的步骤如下。

步骤 1：用户 U_i 将自己的身份信息 ID_i 发送给 TC。

步骤 2：TC 收到 ID_i 后，查找该用户是否已经注册过，如果该用户已经注册，则直接拒绝其请求。TC 随机生成 $u \in Z_p^*$ ，并计算得到

$$U = g^u \bmod p$$

$$\mathrm{ID}_{i1} = s \times h(\mathrm{ID}_i) + u$$

TC 将 (U, ID_{i1}) 发送给用户 U_i。

步骤 3：用户 U_i 收到 (U, ID_{i1}) 后，首先对内容进行校验：

$$g^{\mathrm{ID}_{i1}} \bmod p = (T_p^{\,h(\mathrm{ID}_i)} \times U) \bmod p$$

如果上式校验没有通过，说明数据在传输过程中被篡改，用户 U_i 要求 TC 重新发送上述数据。校验通过后，用户选定自己的部分私钥 $x_i \in Z_p^*$，并得到 $X_i = g^{x_i} \bmod p$。

用户 U_i 需要对身份信息执行二次身份盲化，以增加方案的安全性。首先用户 U_i 随机选择 $v_i \in Z_p^*$，并计算得到 $V_i = g^{v_i} \bmod p$，然后执行二次身份盲化：

$$\mathrm{ID}_{i2} = x_i \times h(\mathrm{ID}_{i1}) + v_i$$

用户将 $(X_i, V_i, \mathrm{ID}_{i1}, \mathrm{ID}_{i2})$ 发送至 TC。

步骤 4：TC 收到 $(X_i, V_i, \mathrm{ID}_{i1}, \mathrm{ID}_{i2})$ 后，首先进行校验：

$$g^{\mathrm{ID}_{i2}} \bmod p = (X_i^{\,h(\mathrm{ID}_{i1})} \times V_i) \bmod p$$

如果校验通过，表明此时用户已成功生成盲化身份信息，TC 将 $(X_i, \mathrm{ID}_i, \mathrm{ID}_{i2})$ 信息存储在用户信息列表 UL 中，便于进行审计时溯源身份信息。

此后 TC 为用户分配另一份私钥 y_i，其中：

$$y_i = f(\mathrm{ID}_{i2}) = \sum_{j=1}^{t-1} a_j (\mathrm{ID}_{i2})^j + a_0 \bmod p$$

为了防止第三方截取 y_i 信息，需要使用 U_i 的公钥信息 pk_{U_i} 加密 y_i。

步骤 5：用户收到 $\mathrm{pk}_{U_i}(y_i)$ 后，使用私钥 sk_{U_i} 解密该信息，进而获取 y_i 信息。然后用户 U_i 便可以生成自己的私钥 $d_i = x_i + y_i$，其对应的公钥信息为 $D_i = g^{d_i} \bmod p$，至此，用户的注册过程结束。

3. 生成份额签名

对于 (t, N) 门限群签名方案，此时参与成员的集合为 $U' = \{U_1, U_2, \cdots, U_N\}$，只需要 $t \leqslant N$ 个成员的份额签名，便可以生成最终的合法签名。为了方便论述，下面仅考虑其中 t 组用户，即参与的用户集合为 $U = \{U_1, U_2, \cdots, U_t\}$。在用户成功注册后，系统中用户首先生成消息对应的份额签名，然后交付签名合成者进行签名合成，最后由签名验证者对合成签名进行校验，并将校验成功后的相关信息存储到区块链中。

对于用户 U_i，在生成份额签名时，首先生成随机数 $k_i \in Z_p^*$，并得到 $r_i = g^{k_i} \bmod p$。然后对消息 m 求解其对应的哈希值 $z = h(m)$，并计算得到份额签名 $s_i = k_i - z d_i I_i$，其中，$I_i = \prod_{j=1, i \neq j}^{t} \dfrac{\mathrm{ID}_{j2}}{\mathrm{ID}_{j2} - \mathrm{ID}_{i2}} \bmod p$，$1 \leqslant i \leqslant t$。由于 I_i 的信息并不需要保密，因此可以预先计算并公布出来，以简化计算复杂度。最后用户 U_i 将生成的份额签名 (r_i, s_i)、消息 m 和对应的身份信息 ID_{i2} 发送至签名合成者 SC。

4. 合成签名

签名合成者 SC 收到大于或等于t份份额签名后，便可以合成最终签名。这一步首先要对接收到的签名信息进行校验，然后执行签名合成操作，为了便于后续溯源需要，同时预防第三者篡改上述签名信息，需要将相关签名信息存储到区块链上。

在签名合成者 SC 对收到的(r_i, s_i)和ID_{i2}进行消息校验时，首先对m求解对应的哈希值$z = h(m)$，然后执行校验，公式为

$$g^{s_i} D_i^{zI_i} = r_i \bmod p$$

如果校验成立，则可以执行后续的签名合成操作，否则，签名合成者拒绝接收该份额签名消息。

在进行签名合成时，从中选择t份校验成功的消息，首先计算$R = \prod_{i=1}^{t} r_i$，$S = \sum_{i=1}^{t} s_i$，(R, S)即为最终的合成签名信息。为了对合成签名信息进行校验，需要生成$W = \prod_{i=1}^{t} X_i^{I_i} \bmod p$。然后签名合成者将合成签名$(R, S)$、消息$m$和$W$发送至签名验证者$V$进行最终签名校验。

5. 签名验证

签名验证者V收到合成的最终签名等其他消息后，需要对签名信息进行校验。首先签名验证者 V 对接收到的消息m执行哈希计算，得到$z = h(m)$，然后校验签名的合法性，校验公式如下：

$$R = g^S \times (g_p W)^z$$

校验成立后，签名验证者将用户参与的签名信息$(\mathrm{ID}_{i2}, r_i, s_i)$和合成的最终签名信息$(R, S)$存储到区块链网络中，以便于溯源，同时增加信息的安全性。

6. 打开签名

当发生纠纷时，需要通过访问区块链和可信中心 TC，以便从签名信息中溯源其对应的用户身份信息。在此过程中，并不需要签名合成者 SC 和签名验证者V的参与，同时利用了区块链不可篡改数据的特性，不仅增加了系统的安全性，同时通过减少与这些角色交互的次数提升了系统效率。

对于签名信息(R, S)，在对其进行溯源时，需要访问区块链。当访问区块链时，需要通过(R, S)搜寻到其对应的$(\mathrm{ID}_{i2}, r_i, s_i)$列表信息，需要注意的是，$\mathrm{ID}_{i2}$是二次盲化后的身份信息，第三方并不能从中推断出用户的真实身份信息。然后访问可信中心 TC，需要根据盲化身份信息ID_{i2}搜寻到$(X_i, \mathrm{ID}_i, \mathrm{ID}_{i2})$信息，进而获得用户的真实身份信息$\mathrm{ID}_i$。

7. 撤销成员

当某一成员 U_i 撤离签名群体时，只需要可信中心 TC 执行大部分计算任务，只需要将撤销消息及附加消息向其他用户广播一次，其他用户只需要执行少量的计算任务，便可以完成成员撤销操作。

首先 TC 需要重新选定 $t-1$ 次多项式 $f(x)$，然后为每个成员 ID_{i2} 重新计算新的部分密钥信息 $y_i = f(\mathrm{ID}_{i2})$，并将成员撤销消息连同加密后的 $\mathrm{PK}_{U_i}(y_i)$ 发送给其他用户，其他用户只需要更新私钥信息 $d_i = x_i + y_i$，以及其对应的公钥信息 $D_i = g^{d_i} \bmod p$。通过这两步，可信中心 TC 就可以删除指定成员 ID_{i2}。

4.3 安全性分析

4.3.1 正确性分析

定理 4-1 用户注册时两次身份验证等式 $g^{\mathrm{ID}_{i1}} \bmod p = (T_p^{h(\mathrm{ID}_i)} \times U) \bmod p$ 和 $g^{\mathrm{ID}_{i2}} \bmod p = (X_i^{h(\mathrm{ID}_{i1})} \times V_i) \bmod p$ 成立。

证明： 用户在向可信中心 TC 注册信息时，需要用户 U_i 与可信中心 TC 执行双向身份验证，对应的验证公式为

$$g^{\mathrm{ID}_{i1}} \bmod p = (T_p^{h(\mathrm{ID}_i)} \times U) \bmod p \tag{4-1}$$

$$g^{\mathrm{ID}_{i2}} \bmod p = (X_i^{h(\mathrm{ID}_{i1})} \times V_i) \bmod p \tag{4-2}$$

由于 $\mathrm{ID}_{i1} = s \times h(\mathrm{ID}_i) + u$，故可以得到

$$g^{\mathrm{ID}_{i1}} \bmod p = g^{(s \times h(\mathrm{ID}_i) + u)} \bmod p = (g^s)^{h(\mathrm{ID}_i)} g^u \bmod p$$

由于 $U = g^u \bmod p$，且 $T_p = g^s \bmod p$，故可知 $g^{\mathrm{ID}_{i1}} \bmod p = (g^s)^{h(\mathrm{ID}_i)} g^u \bmod p = (T_p^{h(\mathrm{ID}_i)} \times U) \bmod p$，故等式(4-1)得证。

由于 $\mathrm{ID}_{i2} = x_i \times h(\mathrm{ID}_{i1}) + v_i$，故可得到

$$g^{\mathrm{ID}_{i2}} \bmod p = g^{(x_i \times h(\mathrm{ID}_{i1}) + v_i)} \bmod p = (g^{x_i})^{h(\mathrm{ID}_{i1})} g^{v_i} \bmod p$$

由于 $X_i = g^{x_i} \bmod p$，且 $V_i = g^{v_i} \bmod p$，故可以得到

$$g^{\mathrm{ID}_{i2}} \bmod p = (g^{x_i})^{h(\mathrm{ID}_{i1})} g^{v_i} \bmod p = (X_i^{h(\mathrm{ID}_{i1})} \times V_i) \bmod p$$

故等式(4-2)得证。

定理 4-2 合成签名时，签名合成者校验份额签名的等式 $r_i = g^{s_i} D_i^{zI_i} \bmod p$ 成立。

证明： 用户 U_i 会对信息 m 进行签名，生成份额签名并发送至签名合成者进行签名合成，签名合成者收到上述消息后，要对消息进行校验，以确保消息未被第三方恶意篡改，其校验公式为 $r_i = g^{s_i} D_i^{zI_i} \bmod p$。

由于 $s_i = k_i - z d_i I_i$，故可得

$$g^{s_i} = g^{k_i - z d_i I_i} = g^{k_i} (g^{d_i})^{-zI_i} \bmod p$$

由于$r_i = g^{k_i} \bmod p$，$D_i = g^{d_i} \bmod p$，故可得$g^{s_i} = r_i (D_i)^{-zI_i} \bmod p$，进而得到$g^{s_i} D_i^{zI_i} = r_i \bmod p$，原式得证。

定理 4-3　合成签名后，签名验证者校验最终签名的等式$R = g^S \times (g_p W)^z$成立。

证明：签名合成者将份额签名合成之后，会将最终签名信息发送至签名验证者进行签名验证，签名验证等式为$R = g^S \times (g_p W)^z$。

由于$s_i = k_i - zd_i I_i$，$S = \sum_{i=1}^{t} s_i$，故可知

$$g^S = g^{\sum_{i=1}^{t} s_i} = g^{\sum_{i=1}^{t}(k_i - zd_i I_i)} = g^{\sum_{i=1}^{t} k_i} g^{-\sum_{i=1}^{t}(zd_i I_i)} = \prod_{i=1}^{t} g^{k_i} \prod_{i=1}^{t} g^{-zd_i I_i}$$

由于$d_i = x_i + y_i$，$r_i = g^{k_i} \bmod p$，$R = \prod_{i=1}^{t} r_i$，故可知

$$g^S = \prod_{i=1}^{t} g^{k_i} \prod_{i=1}^{t} g^{-zd_i I_i} = \prod_{i=1}^{t} r_i \prod_{i=1}^{t} g^{-z(x_i + y_i) I_i} = R \prod_{i=1}^{t} g^{-z(x_i + y_i) I_i}$$

故又可知

$$g^S \prod_{i=1}^{t} g^{z(x_i + y_i) I_i} = R = g^S \prod_{i=1}^{t} (g^{zx_i I_i} g^{zy_i I_i}) = g^S g^{z\sum_{i=1}^{t} f(\mathrm{ID}_{i2}) I_i} \prod_{i=1}^{t} g^{zx_i I_i}$$

由拉格朗日定理可知$z\sum_{i=1}^{t} f(\mathrm{ID}_{i2}) I_i = z\sum_{i=1}^{t} f(\mathrm{ID}_{i2}) \prod_{j=1, i \neq j}^{t} \frac{\mathrm{ID}_{j2}}{\mathrm{ID}_{j2} - \mathrm{ID}_{i2}} = za_0 = zg_s$，故可得

$$R = g^S g^{zg_s} \prod_{i=1}^{t} g^{zx_i I_i}$$

因为$g_p = g^{g_s} \bmod p$，且$X_i = g^{x_i} \bmod p$，故可得

$$R = g^S g^{zg_s} \prod_{i=1}^{t} g^{zx_i I_i} = g^S g_p{}^z \prod_{i=1}^{t} g^{zx_i I_i} = g^S \left(g_p \prod_{i=1}^{t} X_i{}^{I_i} \right)^z$$

又因为$W = \prod_{i=1}^{t} X_i{}^{I_i} \bmod p$，故可得$R = g^S \times (g_p W)^z$，原式得证。

4.3.2　门限安全性分析

该方案的门限特征意味着对于(t,n)门限签名方案，秘密被分散到由n个成员组成的组中，不少于t个成员的子集可以使用其各自的份额来产生最终签名。另外，少于t个成员的任何子集都无法恢复秘密以获得正确结果。

获得门限群签名的过程包括生成份额签名和合成签名。对于参与者，在生成份额签名时，每个用户都使用其自己的私钥$k_i \in Z_p^*$对消息进行签名，并使用公式$s_i = k_i - zd_i I_i$生成份额签名。当可信中心接收到参与者的份额签名$\{(r_i, s_i) | t \leqslant i \leqslant n\}$后，可信中心将执行$R = \prod_{i=1}^{t} r_i$和$S = \sum_{i=1}^{t} s_i$的合成操作。$(R,S)$是需要用公式$R = g^S \times (g_p W)^z$验证的最终合

成签名。

份额签名至少需要 t 个节点来合成。当合成少于 t 个份额签名时，合成将失败。当获得最终签名时，内容必须经过 $R = g^S \times (g_p W)^z$ 验证。根据拉格朗日中值定理，我们可以得到 $z\sum_{i=1}^{t} f(\mathrm{ID}_{i2})I_i = za_0 = zg_s$。如果恶意的第三方想要获得组私钥 g_s，他至少需要 t 个参与者合作才能成功。

如果攻击者已经获得了公钥 g_p 和 g，并想通过 $g_p = g^{g_s} \bmod p$ 计算得到私人组秘钥 g_s，那么操作难度降低到离散对数问题，以上分析表明，该方案是安全的。

4.3.3 匿名性分析

门限签名方案的匿名性意味着对于给定的群签名，除了 TC 或其自身，没有其他人能够知道参与者的真实身份。

当用户 U_i 想加入群组时，他首先将自己的身份 ID_i 发送给 TC，TC 将检查其重复性，然后用 $\mathrm{ID}_{i1} = s \times h(\mathrm{ID}_i) + u,\ u \in Z_p^*$ 以及他的私钥 s 去盲化用户身份。ID_{i1} 将被发送给用户并由用户检查其完整性。然后，用户 U_i 将使用其部分私钥 $x_i \in Z_p^*$ 和一个随机值 $v_i \in Z_p^*$ 对其身份进行二次盲化。

ID_{i1} 和 ID_{i2} 分别由用户和 TC 生成，并且二者是公开的，而用户身份 ID_i 是私密的。如果不知道 s 、u 、x_i 和 v_i 的值，其他未经授权的节点将无法获得用户的真实身份。即使攻击者获得了这些值，他仍然很难通过单向哈希函数 $h(x)$ 来检索身份。ID_{i1} 和 ID_{i2} 被存储于区块链中，而区块链具有不可篡改性，基于以上分析，用户身份可以实现较高的匿名性，可以防止恶意第三方篡改用户敏感信息。

4.3.4 不可伪造性分析

不可伪造性意味着任何参与者都不能假冒另一人来产生合法签名。在现实生活中，可信中心 TC 和用户可能会互相模仿，用另一个身份对给定信息进行签名。攻击场景可分为两种情况。

情况 1：TC 伪装成用户 U_i，并以 U_i 的身份标识对信息 m 进行签名。

情况 2：用户 U_j 伪装成用户 U_i，并以 U_i 的身份对信息 m 进行签名。

对于第一种情况，TC 假冒用户 U_i。身份集合 $\{\mathrm{ID}_{i1}, \mathrm{ID}_{i2}, \cdots, \mathrm{ID}_{it}\}$ 是公共的，并且 TC 可以知道 $t-1$ 次多项式 $f(x) = \sum_{i=1}^{t-1} a_i x^i + a_0 \bmod p$ 的值。可信中心随机选择 $u_i' \in Z_p^*$ 生成 (U', ID_{i1}') 并选择 $x_i' \in Z_p^*$ 作为用户 U_i 的部分私钥去计算 $X_i' = g^{x_i'} \bmod p$。TC 通过随机选择 $v_i' \in Z_p^*$ 计算 $V_i' = g^{v_i'} \bmod p$，对用户身份进行二次盲化，用 $\mathrm{ID}_{i2}' = x_i' \times h(\mathrm{ID}_{i1}') + v_i'$ 执行二次盲化处理。然后，TC 将 $(X_i', \mathrm{ID}_i', \mathrm{ID}_{i2}')$ 存储在信息列表中，生成最终签名。最后，TC 在区块链中存储 $(\mathrm{ID}_{i2}', r_i', s_i')$ 和合成签名 (R', S')。然而，用户 U_i 可以从区块链和 TC

中获取数据集$(\mathrm{ID}'_{i2},r'_i,s'_i,R',S')$，从 TC 和$X_i$中获取$(X'_i,\mathrm{ID}'_i,\mathrm{ID}'_{i2})$。如果 TC 要通过验证，必须生成值$X'_i$保证$X'_i=X_i$，这意味着 TC 必须从$X_i=X'_i=g^{x_i} \bmod p$得到$x_i \in Z_p^*$。该问题被简化为离散对数问题，这种运算在计算上是不可行的。

对于第二种情况，用户U_j冒充用户U_i去签名信息m。此时，用户U_j只知道用户U_i的ID_{i2}。用户U_j随机选择$u'_i \in Z_p^*$，并选择$x'_i \in Z_p^*$作为用户U_i的部分私钥去计算$X'_i=g^{x'_i} \bmod p$。然后，用户U_j将执行二次身份盲化处理来生成$(X'_i,\mathrm{ID}'_i,\mathrm{ID}'_{i2})$。最后，TC 将结合份额签名以生成最终签名$(R',S')$，将其发送给 SC 进行验证$R'=g^{S'}\times(g_pW)^z$。如果用户$U_j$想要通过验证，则必须保证以下等式成立：$z\sum_{i=1}^{t} f(\mathrm{ID}_{i2})I_i=za_0=zg_s=z\sum_{i=1}^{t} f'(\mathrm{ID}_{i2})I_i$。其中，$I_i$是公开的，用户$U_j$可以从信息$m$中获取$z=h(m)$，因此用户$U_j$应获得$f'(\mathrm{ID}_{i2})$满足$f(\mathrm{ID}_{i2})=f'(\mathrm{ID}_{i2})$。因为$f(x)=\sum_{i=1}^{t-1} a_i x^i+a_0 \bmod p$，用户$U_j$需要猜测$a_i$($0\leqslant i\leqslant t-1$)的值，概率为$\Pr=\dfrac{1}{(p-1)^t}$。由于$p$是一个大素数，所以对手成功的概率极小。

4.4 性能分析

4.4.1 功能比较

在这一节中，我们将提议的方案与其他相关方案进行功能比较，如表 4-2 所示。我们主要关注以下五个安全属性：公开可验证性、敏感信息隐藏、成员可撤销、可追溯性和抗合谋攻击。

表 4-2　方案的功能比较

方案	公开可验证性	敏感信息隐藏	成员可撤销	可追溯性	抗合谋攻击
程亚歌等(2020)方案	是	是	是	否	否
Wang 等(2018)方案	是	是	是	否	否
Shen 等(2019)方案	是	是	否	是	是
本章方案	是	是	是	是	是

公开可验证性是指最终签名可以由 SV 以外的其他人进行验证。敏感信息隐藏表示其他任何人都不能从公共信息中获取用户身份。成员可撤销允许参与者选择退出，特别是在移动网络环境下。可追溯性是指监督者可以通过事后分析从合成签名中跟踪签名者的身份信息，主要用于审计场景。抗合谋攻击是指任何一个参与者都不能冒充他人来生成合法的签名。与其他的相关算法相比，本章所提出的方案对这五个属性都支持。

4.4.2 性能比较

我们定义了几种符号来表示所提方案中的运算，如表 4-3 所示。

表 4-3　为计算复杂度定义的符号

符号	描述
T_{mul}	模乘运算
T_{exp}	模幂运算
T_{inv}	模逆运算
T_{h}	哈希运算
T_{add}	模加运算
T_{sub}	模减运算

本章方案主要考虑生成份额签名、合成签名和签名验证三个步骤。不考虑用户注册，这是因为当用户尝试加入组时，只需要执行一次注册，系统的耗时操作主要是合成签名和签名验证。计算开销比较如表 4-4 所示。

表 4-4　计算开销比较

方案	生成份额签名	合成签名	签名验证
程亚歌等(2020)方案	$tT_{\text{exp}}+(6t-1)T_{\text{mul}}+tT_{\text{add}}+tT_{\text{inv}}$	$(t-1)T_{\text{add}}$	$2T_{\text{exp}}+T_{\text{mul}}$
Wang 等(2018)方案	$(2t-1)T_{\text{add}}+(6t-1)T_{\text{mul}}+tT_{\text{inv}}$	$(t-1)T_{\text{add}}$	$2T_{\text{exp}}+2T_{\text{mul}}$
Shen 等(2019)方案	$32tT_{\text{mul}}+tT_{\text{h}}+tT_{\text{sub}}$	$34tT_{\text{mul}}+(3t-2)T_{\text{add}}$	$30T_{\text{mul}}+T_{\text{h}}+2T_{\text{add}}$
本章方案	$tT_{\text{exp}}+tT_{\text{h}}+tT_{\text{sub}}+2tT_{\text{mul}}$	$tT_{\text{h}}+(4t-2)T_{\text{mul}}+3tT_{\text{exp}}+(t-1)T_{\text{add}}$	$2T_{\text{exp}}+2T_{\text{mul}}+T_{\text{h}}$

通常 T_{exp} 是最耗时的操作，其次是 T_{inv}。操作执行时间排名为

$$T_{\text{exp}} > T_{\text{inv}} > T_{\text{mul}} > T_{\text{add}} > T_{\text{sub}} \tag{4-3}$$

虽然在合成签名和签名验证两个阶段，程亚歌等方案花费更少的时间。但对于份额签名的生成，本章方案比程亚歌等方案消耗更少的时间。Shen 等方案主要包含模乘运算和模加运算，而没有模幂运算，这似乎比本章所提出的方案更有效，但在用户注册过程及后续步骤中，Shen 等方案涉及双线性对操作，所需时间较长。因为双线性对运算通常约等于 50 次求幂运算。本章方案在合成签名和最终签名验证中的性能不如 Wang 等方案。但在注册时可以输入用户身份，从而简化了用户的密钥管理过程。

在实际场景中，本章方案的有效性取决于表达式的执行时间和通信开销。根据该算法的描述，通信开销主要来自用户注册、份额签名生成、份额签名合并和签名验证。简化来说，将份额签名生成和份额签名合并看作一个步骤，称为签名生成。在用户注册过程中，假设 Z_p^* 中一个元素的大小为 $|\varsigma|$，信息 m 的大小为 $|\Gamma|$，用户标识的大小为 $|\eta|$，

$E_{\mathrm{PK}_{U_i}}(y_i)$ 的长度为$|\varsigma|$，则本章方案的通信开销如表 4-5 所示。

表 4-5　本章方案的通信开销

签名长度	注册	签名生成	签名验证
$3\|\varsigma\|$	$\|\eta\|+7\|\varsigma\|$	$t(3\|\varsigma\|+\|\Gamma\|)$	$8\|\varsigma\|+\|\Gamma\|$

4.5 本 章 小 结

本章提出了一种基于身份认证的门限群签名方案，该方案不仅简化了密钥管理过程，而且还允许跟踪用户身份。为了保护用户隐私，该方案会屏蔽用户身份并将其存储在区块链上，以防止恶意成员篡改内容。安全性分析表明，该签名方案具有较高的匿名性，能够抵抗模拟攻击，其难度相当于解决离散对数问题。计算复杂度分析表明，该方法计算量小，通信效率高，能够有效地适应电子商务的应用场景。

习　　题

1. 简述群签名和环签名的相同点和差异点。

2. 证明本章中基于区块链的门限群签名方案在合成签名时，签名合成者校验份额签名的等式 $r_i=g^{s_i}D_i^{zI_i} \bmod p$ 成立。

3. 证明本章中基于身份认证的门限群签名在对合成后最终签名校验时，签名验证者校验最终签名的等式 $R=g^S\times(g_pW)^z$ 成立。

第5章　基于区块链的量子签名

近年来，随着因特网的快速发展，电子商务也日渐成熟，广泛应用在生活中的方方面面。而安全可靠的电子支付方案在电子交易中是至关重要的。电子支付自从20世纪80年代诞生以来，已得到了长足的发展，而量子签名和区块链等新技术的兴起，又为电子支付的安全性能提供了更为强大的保障。本章主要介绍一种基于区块链的量子签名，该签名在保护用户匿名性的同时，可实现传统支付系统不具备的无条件安全性。

5.1　背景简介

电子支付的起源最早可追溯至美国密码学家 David Chaum 于 1983 年提出的电子现金(E-Cash)。该方案利用盲签名技术实现匿名性，同时具有离线可转移性。自此以后，许多与电子支付相关的研究相继开展，诞生了各种电子货币与电子支付系统。

为确保支付方案的无条件安全性，量子签名技术被广泛应用于电子支付的实现中。量子签名是量子密码学和数字签名技术相结合，可弥补普通数字签名在安全性方面的不足。与传统密码学相比，量子密码学融入了量子力学的理论，可达到无条件安全。因此，量子密码学在电子支付系统中的应用目前也受到了越来越多的关注。2010年，Wen等提出了一个基于量子盲群签名的电子支付系统，并在此基础上，进一步实现了基于量子代理盲签名的跨银行的电子支付协议。然而，Cai等的研究表明，在该协议中，不诚实的交易商可成功更改客户的购买信息。Zhou等则基于量子密码通信提出了线上银行系统。

另外，近年来兴起的区块链技术可用来提高电子支付协议的安全性。区块链概念最早由中本聪在2008年提出，由于其具有去中心化、去信任化、难以篡改和可追溯性等特点，区块链目前在电子货币领域具有较广泛的应用，如著名的比特币和以太坊等。

鉴于量子签名和区块链的特点，在电子支付协议中同时应用这两种技术，可显著提升电子支付系统的安全性。量子代理盲签名的特点可有效保护系统的匿名性，同时量子密钥分发和一次性密码的应用可确保系统的无条件安全性。区块链技术则可有效避免接收方的不诚实行为。因此，基于区块链的量子签名具有良好的应用价值。

5.2　量子密码学基础

量子密码学是量子力学与经典密码学的结合，利用量子力学的特性来进行加密。量子密钥分发是量子密码学中最著名的应用，其提供了一种通信两方安全传递密钥的方法，且具备信息论安全性，即攻击者即使通过无限的计算能力也无法进行破解。随着量子计算技术的发展，传统密码学面临严峻的安全性威胁，一些经典的密钥加密与数字签名算法都会在短时间内被破解。而量子密码学融合了一些量子力学的特性，可达成传统密码学无法企及的效果。量子密钥分发一个最重要的特性是：通信双方能够检测任何试图窃听密钥信息的第三方。这种特性基于量子力学的一个基本原理：对量子系统进行测量都会干扰到系统，造成量子态的改变。而第三方在对密钥进行窃听时，必须要以某种方式对其进行测量，从而造成可被检测到的异常。此时，通信双方会发现通信已被窃听，并放弃此次通信。与传统密码学中安全性基于数学上的计算复杂度不同，量子密钥分发的安全性则是基于量子力学的基本原理，具备可证明的信息论安全性和前向保密性。

量子密码学中的第一个量子密钥分发协议是由 Charles H. Bennett 和 Gilles Brassard 于 1984 年提出的 BB84 协议。该协议使用组成两组基的 4 个量子态，分别是光子偏振的直线基(+)：0°（$|\rightarrow\rangle$)和 90°（$|\uparrow\rangle$)，以及对角基(×)：45°（$|\nearrow\rangle$)和 135°（$|\searrow\rangle$)。在 BB84 协议中，假设 Alice 要给 Bob 发送一个私钥，Alice 和 Bob 之间采用量子信道来传输量子态。如果使用光子作为量子态的载体，则对应的量子信道可以是光纤等。另外，还需要一条公共经典信道，如无线电或因特网等。

BB84 协议的第一个步骤是量子传输。Alice 首先随机产生一个比特(0 或 1)，然后随机从两组基中选取一个(+或×)，并根据比特值和所选基来准备光子偏振态，如表 5-1 所示。0 和 1 在直线基(+)中分别被编码为$|\rightarrow\rangle$和$|\uparrow\rangle$状态，而在对角基(×)中则分别为$|\nearrow\rangle$和$|\searrow\rangle$状态。在光子偏振态编码完成后，Alice 使用量子信道将光子传输给 Bob。这个过程将重复多次，并由 Alice 记录每个光子的量子态、基和时间。

表 5-1　BB84 协议中量子态与比特和基的对应关系

基	0	1
+	$|\rightarrow\rangle$	$|\uparrow\rangle$
×	$|\nearrow\rangle$	$|\searrow\rangle$

Bob 在接收到 Alice 传输的光子后，由于其并不知道 Alice 在编码量子态时选择的哪种基，因此 Bob 将随机从直线基（+）和对角基（×）中选择一种基对接收到的每一个光子进行测量，并记录所选择的基和测量结果。当 Bob 对所有光子进行测量后，他与 Alice 通过公共经典信道进行联系。此时，Alice 公布每个光子在编码量子态时所选用的基，Bob 则公布他在测量每个光子时选用的基，进行比较后，双方选择不同基的比特(平均来说在一半左右)将被舍弃，剩余的比特将成为他们共享的密钥。

5.3　可控量子隐形传态模型

可控量子隐形传态是量子代理盲签名的基础，式(5-1)给出了可作为量子信道的一种六粒子纠缠态：

$$|\xi\rangle_{123456}=\frac{1}{4}[(|0000\rangle+|1111\rangle)|\phi^{-}\rangle+(|0011\rangle+|1100\rangle)|\phi^{+}\rangle \\ +(|0110\rangle+|1001\rangle)|\psi^{-}\rangle+(|0101\rangle+|1010\rangle)|\psi^{+}\rangle]_{123456} \tag{5-1}$$

在这里，信息的发送者 Alice 拥有粒子 (2,5)，控制者 Bob 拥有粒子 (1,3)，Charlie 持有粒子 6，验证者 David 则持有粒子 4。假设 Alice 手中拥有携带消息的粒子 M，其量子态由式(5-2)给出：

$$|\varphi\rangle_M=\frac{1}{\sqrt{2}}(|0\rangle+b|1\rangle)_M \tag{5-2}$$

在量子力学中，一个量子系统的量子态表示量子测量结果的概率分布，为希尔伯特空间中的态矢量，可用狄拉克符号以右矢量的形式表示(如式(5-2)中的$|\varphi\rangle_M$)，等同于 $N\times 1$ 阶矩阵的表现形式。

在式(5-2)中，$|\varphi\rangle_M$ 为 M 的量子态。其中 $M(i)=1$ 时，$b=1$；$M(i)=0$ 时，$b=-1$。整个系统的混合态$|\Psi\rangle_{M123456}$由式(5-3)给出：

$$|\Psi\rangle_{M123456}=|\varphi\rangle_M\otimes|\xi\rangle_{123456}=\frac{1}{\sqrt{2}}(|0\rangle+b|1\rangle)_M\otimes|\xi\rangle_{123456} \tag{5-3}$$

可控量子隐形传态模型如图 5-1 所示。在可控量子隐形传态的过程中，需要进行量子测量。与经典物理学中的测量不同，在量子力学中，测量会对被测量的量子系统产生影响，从而改变其状态，测量结果则符合一定的概率分布。

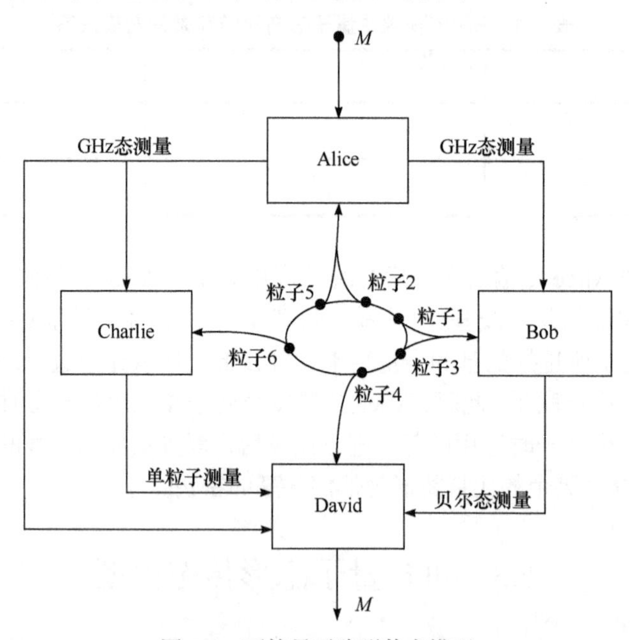

图 5-1 可控量子隐形传态模型

可控量子隐形传态按以下步骤运行。

步骤 1：Alice 对她的粒子 $(M,2,5)$ 进行 GHz 态测量，并通过安全量子信道将测量结果发送给 Bob、Charlie 和 David。GHz 态测量可将粒子 (1,3,4,6) 的状态折叠至如式(5-4)所示的 8 个状态中的一个。

$$
\begin{aligned}
\langle Z_{M25}^{\pm}|\Psi\rangle_{M123456} &= \frac{1}{2\sqrt{2}}(|0000\rangle+|0110\rangle+|1011\rangle+|1101\rangle \\
&\quad \mp b|1111\rangle \pm b|1001\rangle \mp b|0100\rangle \pm b|0010\rangle)_{1346} \\
\langle H_{M25}^{\pm}|\Psi\rangle_{M123456} &= \frac{1}{2\sqrt{2}}(-|1111\rangle+|1001\rangle-|0100\rangle+|0010\rangle \\
&\quad \pm b|0000\rangle \pm b|0110\rangle \pm b|1011\rangle \pm b|1101\rangle)_{1346} \\
\langle S_{M25}^{\pm}|\Psi\rangle_{M123456} &= \frac{1}{2\sqrt{2}}(-|0001\rangle+|0111\rangle-|1010\rangle+|1100\rangle \\
&\quad \pm b|1110\rangle \pm b|1000\rangle \pm b|0101\rangle \pm b|0011\rangle)_{1346} \\
\langle T_{M25}^{\pm}|\Psi\rangle_{M123456} &= \frac{1}{2\sqrt{2}}(|1110\rangle+|1000\rangle+|0101\rangle+|0011\rangle \\
&\quad \mp b|0001\rangle \pm b|0111\rangle \mp b|1010\rangle \pm b|1100\rangle)_{1346}
\end{aligned} \tag{5-4}
$$

3 量子比特的 GHz 态有 8 个，如式(5-5)所示：

$$
\begin{aligned}
|Z^{\pm}\rangle &= \frac{1}{\sqrt{2}}(|000\rangle \pm |111\rangle), \quad |H^{\pm}\rangle = \frac{1}{\sqrt{2}}(|011\rangle \pm |100\rangle) \\
|S^{\pm}\rangle &= \frac{1}{\sqrt{2}}(|001\rangle \pm |110\rangle), \quad |T^{\pm}\rangle = \frac{1}{\sqrt{2}}(|010\rangle \pm |101\rangle)
\end{aligned} \tag{5-5}
$$

步骤 2：如果 Bob 和 Charlie 同意 Alice 和 David 完成他们之间的信息传输，Bob 将会对他所拥有的粒子 (1,3) 进行贝尔态测量，Charlie 则将使用 $\{|0\rangle,|1\rangle\}$ 作为测量基对他拥有的单个粒子 6 进行测量。假设上一步骤中 Alice 的测量结果是 $|T^{-}\rangle_{M25}$，那么 Bob 对其粒子 (1,3) 的贝尔态测量结果将会把粒子 (4,6) 的量子态塌缩成如式(5-6)所示状态中的一个：

$$
\begin{aligned}
\langle \phi_{13}^{\pm}|T_{M25}^{-}|\Psi\rangle_{M123456} &= \frac{1}{2}(|11\rangle + b|01\rangle \pm |10\rangle \mp b|00\rangle)_{46} \\
\langle \psi_{13}^{\pm}|T_{M25}^{-}|\Psi\rangle_{M123456} &= \frac{1}{2}(|01\rangle - b|11\rangle \pm |00\rangle \pm b|10\rangle)_{46}
\end{aligned} \tag{5-6}
$$

假设 Bob 的测量结果是 $|\phi^{+}\rangle_{13}$，那么 Charlie 使用 $\{|0\rangle,|1\rangle\}$ 作为测量基对其单个粒子 6 进行的测量结果将把粒子 4 塌缩成如式(5-7)所示状态中的一个：

$$
\begin{aligned}
\langle 0_6|\phi_{13}^{+}|T_{M25}^{-}|\Psi\rangle_{M123456} &= \frac{1}{\sqrt{2}}(|1\rangle - b|0\rangle)_4 \\
\langle 1_6|\phi_{13}^{+}|T_{M25}^{-}|\Psi\rangle_{M123456} &= \frac{1}{\sqrt{2}}(|1\rangle + b|0\rangle)_4
\end{aligned} \tag{5-7}
$$

随后，Bob 和 Charlie 通过安全量子信道将其测量结果发送给 David。2 量子比特的贝尔态有 4 个，如式(5-8)所示：

$$
|\phi^{\pm}\rangle = \frac{1}{\sqrt{2}}(|00\rangle \pm |11\rangle), \quad |\psi^{\pm}\rangle = \frac{1}{\sqrt{2}}(|01\rangle \pm |10\rangle) \tag{5-8}
$$

步骤 3：根据 Alice、Bob 和 Charlie 的量子测量结果，David 将相应地对粒子 4 执行合适的幺正运算 U_4，以重建原始的未知量子态 $|\varphi\rangle_M$。Alice、Bob 和 Charlie 的测量结果与 David 执行的幺正运算之间的对应关系如表 5-2 所示。例如，如果 Alice 的测量结果为 $|T^+\rangle_{M25}$，Bob 和 Charlie 的测量结果分别为 $|\psi^-\rangle_{13}$ 和 $|0\rangle_6$，那么 David 执行粒子 4 的幺正运算将会是 $(-\sigma_z)_4$。

表 5-2 Alice、Bob 和 Charlie 的测量结果与 David 执行的幺正运算之间的对应关系

Alice 的结果	Bob 和 Charlie 的结果	David 的幺正运算	Bob 和 Charlie 的结果	David 的幺正运算
$\|Z^+\rangle_{M25}$	$\|\phi^+\rangle_{13}\|0\rangle_6$	I_4	$\|\phi^+\rangle_{13}\|1\rangle_6$	$(\sigma_z)_4$
	$\|\phi^-\rangle_{13}\|0\rangle_6$	I_4	$\|\phi^-\rangle_{13}\|1\rangle_6$	$(-\sigma_z)_4$
	$\|\psi^+\rangle_{13}\|0\rangle_6$	$(i\sigma_y)_4$	$\|\psi^+\rangle_{13}\|1\rangle_6$	$(\sigma_x)_4$
	$\|\psi^-\rangle_{13}\|0\rangle_6$	$(i\sigma_y)_4$	$\|\psi^-\rangle_{13}\|1\rangle_6$	$(-\sigma_x)_4$
$\|Z^-\rangle_{M25}$	$\|\phi^+\rangle_{13}\|0\rangle_6$	$(\sigma_z)_4$	$\|\phi^+\rangle_{13}\|1\rangle_6$	I_4
	$\|\phi^-\rangle_{13}\|0\rangle_6$	$(\sigma_z)_4$	$\|\phi^-\rangle_{13}\|1\rangle_6$	$(-I)_4$
	$\|\psi^+\rangle_{13}\|0\rangle_6$	$(\sigma_x)_4$	$\|\psi^+\rangle_{13}\|1\rangle_6$	$(i\sigma_y)_4$
	$\|\psi^-\rangle_{13}\|0\rangle_6$	$(\sigma_x)_4$	$\|\psi^-\rangle_{13}\|1\rangle_6$	$(-i\sigma_y)_4$
$\|H^+\rangle_{M25}$	$\|\phi^+\rangle_{13}\|0\rangle_6$	$(\sigma_x)_4$	$\|\phi^+\rangle_{13}\|1\rangle_6$	$(-i\sigma_y)_4$
	$\|\phi^-\rangle_{13}\|0\rangle_6$	$(\sigma_x)_4$	$\|\phi^-\rangle_{13}\|1\rangle_6$	$(i\sigma_y)_4$
	$\|\psi^+\rangle_{13}\|0\rangle_6$	$(-\sigma_z)_4$	$\|\psi^+\rangle_{13}\|1\rangle_6$	I_4
	$\|\psi^-\rangle_{13}\|0\rangle_6$	$(-\sigma_z)_4$	$\|\psi^-\rangle_{13}\|1\rangle_6$	$(-I)_4$
$\|H^-\rangle_{M25}$	$\|\phi^+\rangle_{13}\|0\rangle_6$	$(i\sigma_y)_4$	$\|\phi^+\rangle_{13}\|1\rangle_6$	$(-\sigma_x)_4$
	$\|\phi^-\rangle_{13}\|0\rangle_6$	$(i\sigma_y)_4$	$\|\phi^-\rangle_{13}\|1\rangle_6$	$(\sigma_x)_4$
	$\|\psi^+\rangle_{13}\|0\rangle_6$	$(-I)_4$	$\|\psi^+\rangle_{13}\|1\rangle_6$	$(\sigma_z)_4$
	$\|\psi^-\rangle_{13}\|0\rangle_6$	$(-I)_4$	$\|\psi^-\rangle_{13}\|1\rangle_6$	$(-\sigma_z)_4$
$\|S^+\rangle_{M25}$	$\|\phi^+\rangle_{13}\|0\rangle_6$	I_4	$\|\phi^+\rangle_{13}\|1\rangle_6$	$(-\sigma_z)_4$
	$\|\phi^-\rangle_{13}\|0\rangle_6$	$(-I)_4$	$\|\phi^-\rangle_{13}\|1\rangle_6$	$(-\sigma_z)_4$
	$\|\psi^+\rangle_{13}\|0\rangle_6$	$(-i\sigma_y)_4$	$\|\psi^+\rangle_{13}\|1\rangle_6$	$(\sigma_x)_4$
	$\|\psi^-\rangle_{13}\|0\rangle_6$	$(i\sigma_y)_4$	$\|\psi^-\rangle_{13}\|1\rangle_6$	$(\sigma_x)_4$
$\|S^-\rangle_{M25}$	$\|\phi^+\rangle_{13}\|0\rangle_6$	$(\sigma_z)_4$	$\|\phi^+\rangle_{13}\|1\rangle_6$	$(-I)_4$
	$\|\phi^-\rangle_{13}\|0\rangle_6$	$(-\sigma_z)_4$	$\|\phi^-\rangle_{13}\|1\rangle_6$	$(-I)_4$
	$\|\psi^+\rangle_{13}\|0\rangle_6$	$(-\sigma_x)_4$	$\|\psi^+\rangle_{13}\|1\rangle_6$	$(i\sigma_y)_4$
	$\|\psi^-\rangle_{13}\|0\rangle_6$	$(\sigma_x)_4$	$\|\psi^-\rangle_{13}\|1\rangle_6$	$(i\sigma_y)_4$

续表

Alice 的结果	Bob 和 Charlie 的结果	David 的幺正运算	Bob 和 Charlie 的结果	David 的幺正运算
$\vert T^{+}\rangle_{M25}$	$\vert\phi^{+}\rangle_{13}\vert 0\rangle_{6}$	$(\sigma_x)_4$	$\vert\phi^{+}\rangle_{13}\vert 1\rangle_{6}$	$(i\sigma_y)_4$
	$\vert\phi^{-}\rangle_{13}\vert 0\rangle_{6}$	$(-\sigma_x)_4$	$\vert\phi^{-}\rangle_{13}\vert 1\rangle_{6}$	$(i\sigma_y)_4$
	$\vert\psi^{+}\rangle_{13}\vert 0\rangle_{6}$	$(\sigma_z)_4$	$\vert\psi^{+}\rangle_{13}\vert 1\rangle_{6}$	I_4
	$\vert\psi^{-}\rangle_{13}\vert 0\rangle_{6}$	$(-\sigma_z)_4$	$\vert\psi^{-}\rangle_{13}\vert 1\rangle_{6}$	I_4
$\vert T^{-}\rangle_{M25}$	$\vert\phi^{+}\rangle_{13}\vert 0\rangle_{6}$	$(i\sigma_y)_4$	$\vert\phi^{+}\rangle_{13}\vert 1\rangle_{6}$	$(\sigma_x)_4$
	$\vert\phi^{-}\rangle_{13}\vert 0\rangle_{6}$	$(-i\sigma_y)_4$	$\vert\phi^{-}\rangle_{13}\vert 1\rangle_{6}$	$(\sigma_x)_4$
	$\vert\psi^{+}\rangle_{13}\vert 0\rangle_{6}$	I_4	$\vert\psi^{+}\rangle_{13}\vert 1\rangle_{6}$	$(\sigma_z)_4$
	$\vert\psi^{-}\rangle_{13}\vert 0\rangle_{6}$	$(-I)_4$	$\vert\psi^{-}\rangle_{13}\vert 1\rangle_{6}$	$(\sigma_z)_4$

5.4 基于区块链的量子签名构造过程

鉴于量子签名和区块链的特点，如果在电子支付协议中将这两种技术结合起来应用，电子支付系统的安全性将有效提升。在这一节中详细介绍一种基于区块链的量子签名在电子支付协议中的应用。

为了表述清晰，在本节所述的电子支付协议中，有 5 个相应的角色，分别定义如下。

(1) Alice：顾客。

(2) Bob1、Bob2：为 Alice 提供服务的银行 1、银行 2。

(3) Peter：银行代理。

(4) Charlie：交易商。

(5) Trent：区块链。

5.4.1 电子支付协议框架

本节对该电子支付协议的讨论均基于以下场景：当顾客 Alice 购物并使用银行卡进行结账时，她发现 Bob1 银行卡上的余额不足。因此，Alice 决定首先用 Bob1 银行卡的余额付账，不足的部分再用 Bob2 银行卡来支付。在交易开始时，Alice 将这次购物告知银行代理 Peter。付款后，Peter 作为代理签名者，代替银行 Bob1 和 Bob2 对付款单进行签名。之后 Alice 将签了名且盲化后的消息发送给交易商 Charlie。通过区块链技术，Alice 将所有的信息储存在区块链 Trent 上。之后，Charlie 则可利用区块链的特点对签名的合法性进行验证。整个方案的过程如图 5-2 所示，又可分为初始化阶段、信息盲化阶段、交易购买阶段和交易支付阶段，分别在之后的几个小节中进行详细说明。

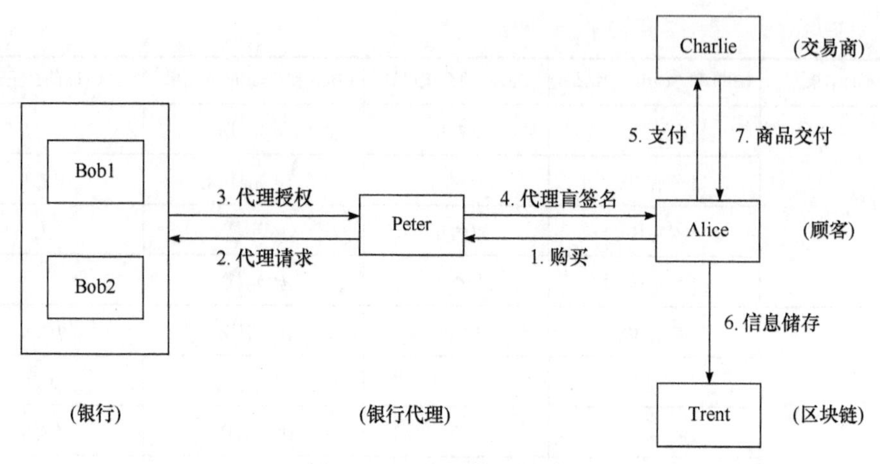

图 5-2 电子支付协议框架

5.4.2 详细设计

1. 初始化阶段

在整个过程进行之前，为满足协议的进行，首先需要进行初始化，初始化阶段又分为以下 3 个步骤。

步骤 1：顾客 Alice 分别与银行代理 Peter 和交易商 Charlie 共享密钥 K_{AP} 和 K_{AC} ，银行 Bob1 和 Bob2 则与其代理 Peter 共享密钥 $K_{PB_1B_2}$。所有的密钥均已被证明由具备无条件安全性的 BB84 协议分发。

步骤 2：银行代理 Peter 生成 n 个满足式(5-9)的 EPR 对：

$$|\psi_i\rangle=\frac{1}{\sqrt{2}}(|00\rangle+|11\rangle)_{A_iP_i},\quad i=1,2,\cdots,n \tag{5-9}$$

在每个 EPR 对中，Peter 将粒子 A_i 发送给 Alice，同时自己保留粒子 P_i。

步骤 3：交易商 Charlie 生成 $t+n$ 个如式(5-1)所示的六粒子纠缠态，并将粒子 (2,5) 分发给银行代理 Peter，粒子 (1,3) 分发给银行 Bob1，粒子 6 分发给银行 Bob2。Charlie 自己则保留粒子 4 。为确保信道的安全，信道将会被探测。首先，银行代理 Peter 随机选择 t 个六粒子纠缠态，并记录下它们的位置。同时，Peter 使用 $\{|000\rangle,|001\rangle,|010\rangle,|100\rangle,|110\rangle,|011\rangle,|101\rangle,|111\rangle\}$ 作为测量基对粒子 (2,5) 进行 GHz 态测量。测量完成后，Peter 将测量结果及位置进行公布。接下来，Bob1 使用 $\{|00\rangle,|01\rangle,|10\rangle,|11\rangle\}$ 作为测量基对粒子 (1,3) 进行测量，Bob2 使用 $\{|0\rangle,|1\rangle\}$ 作为测量基对单个粒子 6 进行测量，Charlie 则使用 $\{|0\rangle,|1\rangle\}$ 作为测量基对粒子 4 进行测量。当测量完成后，Bob1、Bob2 和 Charlie 也将测量结果公布。如果测量结果符合表 5-3 中的对应关系，则表明安全信道建立成功。

2. 信息盲化阶段

在初始化阶段完成后，顾客 Alice 将她的购买信息分为长度均为 n 比特的两部分，第一部分用 $M1$ 来表示，包括 Alice 需要支付的金额，以及 Alice 分别在银行 Bob1 和 Bob2

的账户信息。第二部分用 $M2$ 来表示，包括 Alice 的详细购物信息。因第二部分的信息不能被他人看到，因此 Alice 需要将 $M2$ 进行盲化处理。盲化阶段分为以下两个步骤。

步骤 1：Alice 根据 $M2$ 对其粒子序列进行测量。如果 $M2(i)=0$，Alice 将使用 $B_z=\{|0\rangle,|1\rangle\}$ 作为测量基对 A_i 进行测量。如果 $M2(i)=1$，Alice 将使用 $B_x=\{|+\rangle,|-\rangle\}$ 作为测量基对 A_i 进行测量。当 Alice 完成测量后，得到并记录测量结果：$M2'=\{M2'(1),M2'(2),\cdots,M2'(i),\cdots,M2'(n)\}(M2'(i)\in\{|0\rangle,|1\rangle,|+\rangle,|-\rangle\})$。其中，$|0\rangle$、$|1\rangle$、$|+\rangle$、$|-\rangle$ 四个态能够分别被编码成两粒子的经典比特，如式(5-10)所示：

$$|0\rangle\rightarrow 00,\quad |1\rangle\rightarrow 01,\quad |+\rangle\rightarrow 10,\quad |-\rangle\rightarrow 11 \tag{5-10}$$

经此步骤后，长度为 n 比特的信息 $M2$ 被盲化为长度为 $2n$ 比特的盲文 $M2''$。

步骤 2：Alice 使用密钥 K_{AP} 对 $M1$ 和盲文 $M2''$ 进行加密处理，加密后的信息用 $S_P=E_{K_{AP}}\{M1,M2''\}$ 来表示。加密算法采用一次一密，以确保无条件安全性。Alice 之后通过量子安全直接传输协议(QSPC)将 S_P 发送给银行代理 Peter。

表 5-3　Peter、Bob1、Bob2 和 Charlie 测量结果间的关系

Peter 的结果	Bob1 的结果	Bob2 的结果	Charlie 的结果
$\|00\rangle_{25}$	$\|00\rangle_{13}$	$\|0\rangle_6$	$\|0\rangle_4$
$\|01\rangle_{25}$	$\|00\rangle_{13}$	$\|1\rangle_6$	$\|0\rangle_4$
$\|10\rangle_{25}$	$\|11\rangle_{13}$	$\|0\rangle_6$	$\|1\rangle_4$
$\|11\rangle_{25}$	$\|11\rangle_{13}$	$\|1\rangle_6$	$\|1\rangle_4$
$\|00\rangle_{25}$	$\|01\rangle_{13}$	$\|0\rangle_6$	$\|1\rangle_4$
$\|01\rangle_{25}$	$\|01\rangle_{13}$	$\|1\rangle_6$	$\|1\rangle_4$
$\|10\rangle_{25}$	$\|10\rangle_{13}$	$\|0\rangle_6$	$\|0\rangle_4$
$\|11\rangle_{25}$	$\|10\rangle_{13}$	$\|1\rangle_6$	$\|0\rangle_4$
$\|10\rangle_{25}$	$\|01\rangle_{13}$	$\|1\rangle_6$	$\|0\rangle_4$
$\|11\rangle_{25}$	$\|01\rangle_{13}$	$\|0\rangle_6$	$\|0\rangle_4$
$\|00\rangle_{25}$	$\|10\rangle_{13}$	$\|1\rangle_6$	$\|1\rangle_4$
$\|01\rangle_{25}$	$\|10\rangle_{13}$	$\|0\rangle_6$	$\|1\rangle_4$
$\|10\rangle_{25}$	$\|00\rangle_{13}$	$\|1\rangle_6$	$\|1\rangle_4$
$\|01\rangle_{25}$	$\|00\rangle_{13}$	$\|0\rangle_6$	$\|1\rangle_4$
$\|00\rangle_{25}$	$\|11\rangle_{13}$	$\|1\rangle_6$	$\|0\rangle_4$
$\|01\rangle_{25}$	$\|11\rangle_{13}$	$\|0\rangle_6$	$\|0\rangle_4$

3. 交易购买阶段

在顾客 Alice 将其第二部分的购买信息进行盲化后，协议将进入交易购买阶段。在该阶段中，银行代理 Peter 向银行 Bob1 和 Bob2 申请并获得授权后，代表银行进行代理盲签名。该阶段共分为以下四个步骤。

步骤 1：在信息盲化阶段的最后，Alice 将加密的购买信息 S_P 发送给银行代理 Peter。Peter 在收到 S_P 后，使用 Alice 在初始化阶段与其共享的密钥 K_{AP} 进行解密，从而得到 $M1$ 和盲文 $M2''$。之后，Peter 对粒子 $(P_i,2,5)$ 进行 GHz 态测量，并将测量结果记录为 α_P。随后，Peter 使用其与 Bob1 和 Bob2 共享的密钥 $K_{PB_1B_2}$ 对 α_P 进行加密，得到 $E_{K_{PB_1B_2}}(\alpha_P)$，并将其作为代理请求发送给 Bob1 和 Bob2。

步骤 2：在收到 Peter 发送的代理请求后，如果 Bob1 和 Bob2 同意授权 Peter 代替他们进行签名，他们将协助 Peter 和 Charlie 完成量子可控隐形传态的过程。在该步骤中，Bob1 对粒子(1,3)进行贝尔态测量，并将测量结果记为 α_B。Bob2 使用 $\{|0\rangle,|1\rangle\}$ 作为测量基对单个粒子 6 进行测量，并将结果记为 α_C。随后 Bob1 和 Bob2 使用密钥 $K_{PB_1B_2}$ 对 α_B 和 α_C 进行加密，得到 $E_{K_{PB_1B_2}}(\alpha_B,\alpha_C)$，并将其作为他们的代理授权发回给 Peter。

步骤 3：当 Peter 收到 Bob1 和 Bob2 的代理授权后，首先将该授权解密，从而得到 α_B 和 α_C。随后，Peter 使用 Alice 与他共享的密钥 K_{AP} 对 α_B、α_C 和 α_P 进行加密，并将 $S_{AP}=E_{K_{AP}}\{\alpha_B,\alpha_C,\alpha_P\}$ 发送给 Alice。

步骤 4：Alice 使用密钥 K_{AP} 将 S_{AP} 解密，得到 α_B、α_C 和 α_P。随后她使用与交易商 Charlie 共享的密钥 K_{AC} 对 $M1$、$M2''$、α_B、α_C 和 α_P 进行加密，并将加密后的信息 $S_{AC}=E_{K_{AC}}\{M1,M2'',\alpha_B,\alpha_C,\alpha_P\}$ 发送给 Charlie。Alice 使用区块链技术储存 $M1$、$M2''$、α_B、α_C 和 α_P，获得 $S_{AT}=(M1^*,M2''^*,\alpha_B^*,\alpha_C^*,\alpha_P^*)$ 并发送给区块链 Trent。

4. 交易支付阶段

支付阶段共分为以下五个步骤。

步骤 1：交易商 Charlie 收到顾客 Alice 发送给他的信息 S_{AC} 后，使用与 Alice 共享的密钥 K_{AC} 进行解密，得到 $M1$、$M2''$、α_B、α_C 和 α_P。

步骤 2：根据 α_B、α_C 和 α_P，Charlie 对粒子 4 执行一个对应的幺正运算，以重建未知量子态。

步骤 3：基于其获得的真实信息，交易商 Charlie 对粒子 4 进行编码，编码方式与信息盲化阶段的步骤 1 中使用的方式类似，从而得到一个长度为 2 位经典比特的字符串 d。如果 $d=M2''$，Charlie 将会接受该信息及签名，否则将拒绝。

步骤 4：Charlie 同时会获得信息 $S_C=(M1,M2'',\alpha_B,\alpha_C,\alpha_P)$，如果 $S_C=S_{AT}$，区块链 Trent 发布 $V_T=1$，然后 Charlie 对 $M2''$ 进行解盲处理，也就是说，盲消息 $M2''$ 的奇数位置对应的消息即为原始的消息 $M2$。之后，Charlie 确认签名 $(M2,\alpha_B,\alpha_C,\alpha_P)$。否则，Trent 发布 $V_T=0$，Charlie 拒绝该签名和相关信息。

步骤 5：如果没有争议，Charlie 将 Alice 购买的商品交付给她。

5.5 安全性分析

本节将对 5.4 节中介绍的电子支付协议进行安全性分析。从信息盲化的可靠性、不可伪造性、不可抵赖性、对攻击的抵抗性和无条件安全性五个方面进行分析。

1. 信息盲化的可靠性

在 5.4 节介绍的电子支付协议中，Alice 将其详细购物信息 $M2$ 盲化为盲信息 $M2''$。假设代理签名者 Peter 试图去获得原始信息 $M2$，唯一的方法就是进行量子测量。然而，Peter 并不知道 Alice 是采用怎样的测量基对 $M2$ 进行测量的。如果 Peter 随机选择 $\{|0\rangle,|1\rangle\}$ 或 $\{|+\rangle,|-\rangle\}$ 作为测量基进行测量，则其成功的概率最高为 $1/2^n$。也就是说，如果 n 足够大，概率将趋于 0。因此，Peter 在其进行代理签名时知道 $M2$ 信息的概率几乎可忽略。此外，因同样原因，银行 Bob1 和 Bob2 也难以知道 $M2$ 的信息。因此，该协议所采用的信息盲化机制认为是可靠的。

2. 不可伪造性

假设该支付流程中，交易商 Charlie 试图去伪造银行代表 Peter 的签名。在协议支付阶段的步骤 4 中，如果 $S_C = S_{AT}$，区块链 Trent 发布 $V_T = 1$，否则，Trent 发布 $V_T = 0$，Charlie 的伪造签名将被发现。同样地，协议中其他各方试图伪造签名的行为都会被发现。因此，协议内部的各方都无法伪造签名。

另外，我们讨论一下协议外部攻击者的伪造签名行为。假设有外部的攻击者或窃听者 Eve 试图伪造 Peter 的签名，如果 Eve 对密钥 K_{AP} 一无所知，他将不可能伪造 Peter 的签名，也无法发送用 K_{AP} 加密的信息。因此，如果 Eve 要伪造 Peter 的签名，他必须要破解密钥 K_{AP} 的信息。假设 Eve 随机猜测 K_{AP}，则成功的概率最高为 $1/2^n$。如果 n 足够大，这个概率将无限趋于 0。因此，Eve 成功伪造 Peter 签名的概率几乎可以忽略。我们可以认为在这个协议中，签名具有不可伪造性。

3. 不可抵赖性

首先，我们来看银行 Bob1 和 Bob2 试图抵赖对 Peter 授权的情况。在协议支付阶段的步骤 1 中，Charlie 使用 Alice 与其共享的密钥 K_{AC} 对 S_{AC} 进行解密，得到 Bob1 和 Bob2 的代理授权 α_B 和 α_C。所有密钥都通过被证明具有无条件安全性的 BB84 协议分发。另外，所有信息都经过安全的量子信道进行传输。因此，在 Charlie 接受签名后，Bob1 和 Bob2 将无法抵赖他们的授权行为。

假设 Peter 试图抵赖他的签名，在协议支付阶段的步骤 1 中，Charlie 从接收的信息中获得 Peter 的代理请求 α_P，并可在区块链 Trent 的监督下对签名进行验证，因此 Peter 也无法抵赖他对这个信息进行过签名。

最后，我们讨论顾客 Alice 和交易商 Charlie 试图抵赖的情况。首先，因 Alice 使用区块链技术储存部分购买信息 $M1$，并发送给区块链 Trent，故 Alice 无法抵赖她的购买信息 $M1$。另外，在协议的支付阶段，验证过程表明 Charlie 接收到了签名和信息，因此 Charlie 也无法抵赖他收到过签名。

4. 对攻击的抵抗性

在这里主要讨论该电子支付协议对一些外部攻击的抵抗性。假设存在中间人攻击的情况，如外部攻击者 Eve 假扮成银行代理 Peter 发送信息给顾客 Alice，或假扮成顾客 Alice 发送信息给交易商 Charlie。因 Alice 的购物信息及签名由密钥加密，而量子密钥分发和一次一密都具有无条件安全性，Eve 将无法作为中间人篡改信息或伪造 Peter 的签名。因此，该电子支付协议对中间人攻击具有抵抗力。

假设攻击者 Eve 对签名协议非常了解，并分别拦截了交易商 Charlie 发送给银行代理 Peter、银行 Bob1 和 Bob2 的粒子。如果 Eve 通过重发他自己的粒子代替原粒子来篡改信息，这种行为将会被检测到，因为 Eve 将无可避免地破坏粒子在量子态中的关联，所以该电子支付协议也可抵御拦截-重发攻击。

5. 无条件安全性

该电子支付协议具备无条件安全性，即安全性在不限制攻击者能力的条件下，能够严格通过数学证明。其无条件安全性主要通过以下三个方面实现。第一，量子密钥分发采用的是 BB84 协议；第二，加密时采用一次一密法则；第三，协议基于安全量子信道，可不受距离、时间等限制实现信息的瞬时传送。这三个方面都已被证明具有无条件安全性。

5.6　本章小结

本章主要对基于区块链的量子签名进行了详细介绍，协议中的量子盲签名技术使用 6 粒子纠缠态作为量子信道，具有较好的安全性，采用 GHz 状态测量、Bell 态测量及单粒子测量均在现有条件下易于实现，具有较好的实用性。另外，区块链技术的无法篡改性、去中心化等特点使得该协议在无需第三方的情况下即可实现安全性及可靠性。因此，该协议结合了量子盲签名技术和区块链技术的优势，具有较好的应用价值。

习　　题

1. 什么是代理盲签名？
2. 量子测量具有什么特点？
3. 区块链具有哪些特点？在上述方案中起到了怎样的作用？
4. 量子签名的构造过程是什么？

第6章 基于区块链的门限签名

区块链是一种按照时间顺序将数据块以顺序相连的方式组合成的一种链式数据结构，其本质是一个去中心化的分布式账本系统，它以密码学的方式保证数据不可篡改和不可伪造。作为电子货币交易的底层技术，区块链具有去中心化、匿名化、不可篡改、公开透明等良好特性，解决了数据在传输过程中的真实可信性问题，其在金融、医疗、能源互联网、物联网等领域具有广泛的应用前景。本章借助于区块链网络的独有特性，将区块链技术应用到电子投票场景中，实现了电子投票和区块链技术的结合，旨在解决电子投票中存在的信任问题。

6.1 背景简介

随着科技的进步，电子投票技术在实际生活中得到了广泛应用。目前，大部分的电子投票签名是利用传统的签名算法实现的，如群签名、环签名、盲签名、代理签名等，不能很好地适配到区块链网络中。另外，按照管理者的身份不同，门限签名主要分为两种：有可信中心和无可信中心。有可信中心的门限签名方案，主要由可信中心担任管理者角色，承担大部分的管理任务，势必会影响到网络的运行效率，而无可信中心的门限签名方案无须考虑中心化存在的困扰。由于区块链去中心化的特性，设计适用于区块链的门限签名方案，需以无可信中心的方案为前提。此外，区块链节点流动性较大，当有节点加入和退出时，要求签名算法能够支持节点的加入和退出。由于区块链网络的异构性，其存在计算资源需求量大的缺点，另外，区块链在不安全信道上传输信息，因此需要设计安全的身份认证机制。

1979年，Shamir等首次提出了基于拉格朗日插值多项式的秘密共享方案。在此方案的基础上，许多学者对此进行了深入研究，如为避免可信中心存在的权威欺诈提出的无可信中心的方案，针对成员的动态变化需求增加成员加入和退出机制等；利用联合秘密共享技术和改进的ElGamal签名方案，解决节点联合攻击造成其他节点私钥泄露的问题；以及基于多证书认证机构(Certification Authority，CA)的公钥认证系统等。上述方案考虑并解决了中心化控制、节点加入和退出机制以及密钥认证等问题，然而其普遍存在计算量偏高问题，当适用于区块链网络时，可能会降低区块链网络的效率。

1983年，Asmuth等提出了基于中国剩余定理的秘密共享方案，与Shamir方案相比，该方案具有计算量小、效率高的优点，因此得到了广泛的应用。许多方案在此基础上进行了改进，如将此方案和强RSA假设、零知识证明协议和离散对数难题相结合，保证了信息传输的安全性。这些方案虽然解决了上述方案适用于区块链签名的诸多问题，提升了效率，但是不能抵抗移动攻击，也不具有前向安全性，适配于区块链网络应用场景时有所欠缺，有待进一步完善。

传统的盲签名、群签名等签名算法适用于区块链异构网络时可能出现依赖可信中心、效率低等问题，为此本章将介绍一种基于区块链的门限签名。该签名方案基于Asmuth-Bloom秘密共享方案，无需可信中心。首先，由区块链节点通过相互协作产生签名，实现节点之间相互验证的功能，提升节点可信度；其次，建立节点加入和退出机制，以适应区块链节点流动性大等特点；最后，定期更新节点私钥，以抵抗移动攻击，使其具有前向安全性。通过分析发现，方案的安全性基于离散对数难题，能够有效地抵御移动攻击，满足前向安全性，与其他方案相比，该算法在签名生成和验证阶段的计算复杂度较低，计算量较小，并能很好地适用于区块链电子投票场景。

6.2　基于区块链的门限签名构造过程

6.2.1　系统流程

区块链门限签名方案通过节点之间相互协作产生秘密份额，并计算验证信息的正确性，当验证结果正确时产生组公钥、组私钥及每个区块链节点的个人密钥。区块链节点利用个人私钥产生自己的部分签名，由签名合成者合成签名，签名验证者用节点个人公钥进行验证。同时方案允许节点加入和退出，定期更新私钥，确保方案的前向安全性。该签名流程如图6-1所示。具体算法如下。

1) 密钥生成

(1) 系统初始化：区块链门限签名系统初始化，选取公共参数。

(2) 秘密分割：区块链节点随机选取秘密数，通过节点之间相互协作产生秘密份额。

(3) 计算验证：区块链节点计算验证信息，并校验信息的正确性。

(4) 产生节点密钥及组密钥：区块链节点计算个人私钥，并根据每个节点随机选取的秘密数计算组公钥和组私钥。

2) 生成签名

(1) 产生部分签名：每个节点产生自己的部分签名。

(2) 合成签名：签名合成者将t个部分签名合成待签名消息的最终签名。

3) 验证签名

验证签名：验证者验证最终签名的正确性。

4) 节点加入

(1) 计算伪私钥。

(2) 产生新节点私钥。

5) 节点退出

(1) 计算组公钥：重新计算组公钥，并将前期组公钥存放在区块链网络中，当需查看前期签名信息时，调用组公钥即可。

(2) 其他节点计算更新私钥。

6) 节点私钥更新

(1) 计算更新因子。

(2) 产生新私钥。

方案具体算法设计如下：设 S={Genkey,Sign,Verify}为一般的签名算法，则有 n 人参与的 (t,n) 区块链分布式门限签名算法可表示为 TS={TGenkey,TSign,Verify}。其中，TGenkey 表示密钥生成算法；TSign 表示签名算法；Verify 表示验证算法。

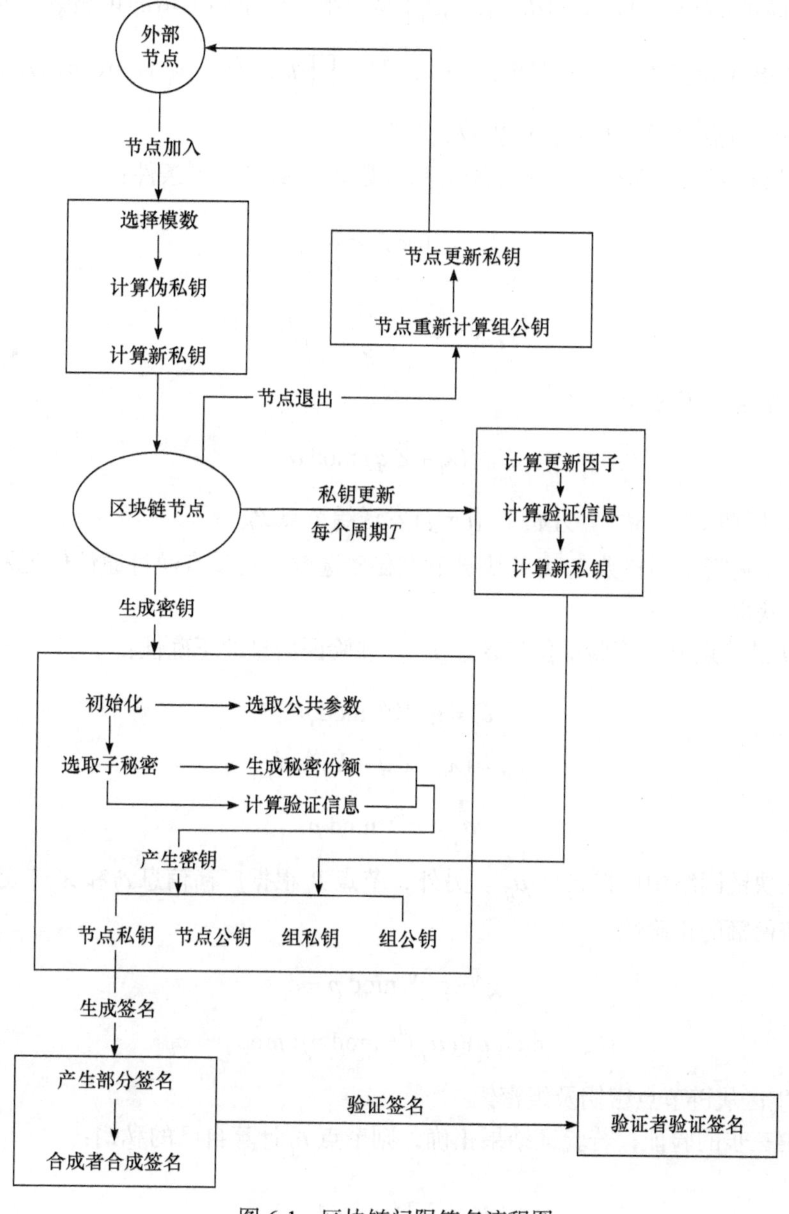

图 6-1　区块链门限签名流程图

6.2.2 系统详细设计

1. 密钥生成

1) 区块链电子投票系统初始化

选取公共参数P、t、g、p、q、d、s、n、M。其中，$p=\{p_1,p_2,\cdots,p_n\}$是n个参与区块链投票系统签名的节点集合，t为门限值，g为有限域GF(p)上的生成元，p、q为两个大素数且满足$q/(p-1)$，$d=\{d_1,d_2,\cdots,d_n\}$是一组严格单调递增的正整数序列，q和d满足Asmuth-Bloom方案，待签名消息为s，$M=\prod_{i=1}^{t}d_i$，公开n、t、g、p、q、d和M。

2) 区块链节点之间相互协作产生秘密份额

每个区块链节点P_i随机选取子秘密λ_i和整数Z_i，满足如下条件：

$$0<\lambda_i<\frac{q}{n}$$

$$0<Z_i<\left(\frac{M}{q}-1\right)\Big/n$$

节点P_i计算秘密份额X_{ij}：

$$X_{ij}=(\lambda_i+Z_iq) \bmod d_j \tag{6-1}$$

P_i保留X_{ij}，广播g^{λ_i}、g^{Z_i}，并将$X_{ij}(i\neq j)$发送给节点P_j。

这里，子秘密λ_i和整数Z_i由区块链节点秘密选取，且没有通过通信信道发送，因此其他人无法获得。

3) 区块链节点P_i计算验证信息δ_i、μ_{ij}，并验证信息的正确性：

$$\delta_i=g^{\lambda_i+Z_iq} \bmod p \tag{6-2}$$

$$\theta_{ij}=(\lambda_i+Z_iq-X_{ij})/d_j \tag{6-3}$$

$$\mu_{ij}=g^{\theta_{ij}} \bmod p \tag{6-4}$$

并在区块链网络中广播δ_i、μ_{ij}。另外，节点P_j根据广播信息δ_i和X_{ij}，通过以下等式验证秘密份额的正确性：

$$g^{\lambda_i}\cdot g^{Z_iq} \bmod p=\delta_i \tag{6-5}$$

$$((g^{X_{ij}} \bmod p)((\mu_{ij})^{d_j} \bmod p)) \bmod p=\delta_i \tag{6-6}$$

4) 产生区块链节点密钥及组密钥

根据第三步的验证，若验证结果正确，则节点P_j计算自己的私钥：

$$K_j=\sum_{i=1}^{n}X_{ij} \bmod d_j \tag{6-7}$$

则节点公钥为

$$C_j = g^{K_j}$$

根据每个区块链节点选取的秘密数产生组公钥和组私钥。其中，组公钥为

$$\psi = \prod_{i=1}^{n} g^{\lambda_i} \bmod p$$

组私钥为

$$\varphi = \sum_{i=1}^{n} \lambda_i$$

2. 产生签名

任意 t 个区块链节点利用自己的私钥，根据中国剩余定理产生自己的部分签名，t 个部分签名合成消息 S 的签名。

1) 生成部分签名

节点 P_i 选取随机数 $h_i \in Z_P$，计算并广播 $l_i = g^{h_i} \bmod p$，P_j 收到 l_i 后，计算：

$$\begin{aligned} l &= g^{\sum_{i=1}^{t} h_i} \bmod p \\ &= \prod_{i=1}^{t} g^{h_i} \bmod p \\ &= \prod_{i=1}^{t} l_i \bmod p \end{aligned}$$

然后，P_i 计算 $H_i = \frac{D}{d_i} e_i K_i \bmod D$，用于生成部分签名，其中 $D = \prod_{i=1}^{t} d_i$，e_i 满足：

$$e_i \equiv \left(\frac{D}{d_i}\right)^{-1} \bmod d_i,\quad i = 1,2,\cdots,n$$

最后，P_i 计算部分签名 W_i：

$$W_i = l \cdot h_i \cdot s + H_i \bmod D \tag{6-8}$$

并将部分签名 (s,l,W) 发送给签名合成者。

2) 合成签名

签名合成者收到 t 个区块链节点发送的部分签名 W_i 后，合成签名 W：

$$W = \left(\sum_{i=1}^{t} W_i \bmod D\right) \bmod q \tag{6-9}$$

则消息 s 的签名为 (s,l,W)。

3. 验证签名

验证者收到签名信息 (s,l,W) 后，根据如下等式，使用组公钥 ψ 验证签名的有效性：

$$g^{W} \equiv l^{s\cdot l} \cdot \Psi \bmod p \tag{6-10}$$

若上述等式成立，则说明签名有效，接受签名。

4. 节点加入

假设有新节点 P_{i+1} 加入区块链网络，其加入过程如下。

新加入节点 P_{i+1} 选择模数 d_{n+1}，且使 d_{n+1} 满足 Asmuth-Bloom 秘密共享方案。由 t 个区块链节点 $P_i(i=1,2,\cdots,t)$ 协助新加入节点 P_{i+1} 计算伪私钥。

节点 P_i 随机选取 t 个随机数 $\varepsilon_{ij} \in Z_p(j=1,2,\cdots,t)$，计算 $\varepsilon_i = \sum_{j=1}^{t}\varepsilon_{ij} \bmod p$，并将 ε_{ij} 发送给 P_j，P_j 计算 ε'_j：

$$\varepsilon'_j = \sum_{i=1}^{t}\varepsilon_{ij} \bmod p$$

P_i 计算伪私钥：

$$K'_i = \left(\frac{D}{d_i}e_i K_i \bmod D\right) \bmod d_{n+1} + (\varepsilon_i - \varepsilon'_i)d_{n+1}$$

并将 K'_i 发送给 P_{n+1}。

P_{n+1} 收到 t 份伪私钥 K'_i 后，计算自己的私钥：

$$K_{n+1} = \left(\sum_{i=1}^{t}K'_i \bmod D\right) \bmod d_{n+1} \tag{6-11}$$

当有新节点加入区块链网络时，由区块链节点协助其产生伪私钥，新加入节点在收到其他 t 个节点的伪私钥后计算自己的私钥。在整个过程中组公钥、组私钥和其他节点的私钥均未发生变化，因此对整个签名过程没有影响。

5. 节点退出

假设区块链节点 P_K 决定离开区块链网络，P_K 广播其离开的消息，其他节点剔除节点 P_K，不再接受其发送的消息。节点 P_K 离开后，其他节点及时更新密钥，更新后组公钥为

$$\psi' = \frac{\psi}{g^{\lambda_k}}$$

组私钥：

$$\varphi' = \frac{\varphi}{\lambda_k}$$

节点私钥：

$$K'_j = \left(\sum_{i=1}^{n}X_{ij} - X_{kj}\right) \bmod d_j$$

由于节点密钥由节点相互协作产生，当有节点离开时，相应的组公钥、组私钥、节点私钥等都要发生变化，会因节点的离开而造成之前签名信息不可用。为了保证节点离开后不会因组公钥的改变而造成在此之前的签名信息无效，将前期组公钥 ψ 存储到区块链网络中，当需要查看之前的签名信息时，可以在区块链的历史记录中找到组公钥 ψ 并启用。这样确保节点退出后，仍然可以查阅之前的签名信息。

区块链本质上是一个去中心化的数据库，同时作为比特币的底层技术，是一串使用密码学方法相关联产生的数据块，区块链每一个数据块中包含了一批次比特币网络交易的信息，区块链网络平均每十分钟产生一个合法区块，区块链节点在参与投票的同时维护区块链投票系统的正常运行，节点在合法区块产生时间段内通过挖矿将在此过程中更新的组公钥存储在合法区块中。

区块链强大的计算力，保证了区块链网信息的安全，其公开透明，任何人都可以在区块链网络中查看存储在上面的信息，而且可以检验信息的正确性。因此将组公钥保存在区块链网络中，既确保了信息的安全可信，也保证了之前签名信息的有效性，解决了节点退出时存在的之前签名失效等问题。

当区块链网络中同时离开的节点个数大于或等于 t 时，由于 t 个节点合作即可重构秘密份额，因此签名算法不安全，需要系统重新初始化，重新执行签名步骤 1～步骤 3 的操作。

6. 节点私钥更新

若有某攻击者成功入侵并控制了某节点，该攻击者能够将攻击目标成功转移到系统中的另一节点上，该攻击称为移动攻击。区块链节点自动保存系统信息，并通过相互连接传递信息，若有某节点被成功入侵，则其他节点将存在极大风险。因此，为避免移动攻击，势必对节点私钥进行定期更新，确保参与节点的安全性。

本书设计的 (t,n) 门限签名，只有 t 个节点同时参与才能完成签名。私钥更新确保攻击者即使在某时刻控制了某一节点，也无法在有限时间内同时入侵 t 个节点。

另外，私钥更新使得攻击者即使获得了 T 时间段内的某节点的信息，也无法获得在此之前的私钥信息，避免攻击者篡改签名信息的可能性，保证签名信息的前向安全性。

设节点私钥更新周期为 T，则更新算法如下。

节点 P_i 随机选取整数 Z_i^T，满足初始条件；节点 P_i 计算更新因子：

$$X_{ij}^T = Z_i^T q \bmod d_j$$

并将更新因子 X_{ij}^T 发送给节点 P_j，广播 $g^{Z_i^T}$。

节点 P_i 计算验证信息及验证公式：

$$\delta_i^T = g^{Z_i^T q} \bmod p$$

$$\theta_{ij}^T = (Z_i^T q - X_{ij}^T) / d_j$$

$$\mu_{ij}^T = g^{\theta_{ij}^T} \bmod p$$

并广播 δ_i^T 和 μ_{ij}^T。

节点 P_j 收到 P_i 发送的信息 X_{ij}^T，以及广播信息 δ_i^T、μ_{ij}^T 和 $g^{Z_i^T}$，由以下两个等式验证更新因子的正确性：

$$\left(g^{Z_i^T}\right)^q \bmod p = \delta_i^T$$

$$\left[\left(g^{X_{ij}^T} \bmod p\right)\left(\left(\mu_{ij}^T\right)^{d_j} \bmod p\right)\right] \bmod p = \delta_i^T$$

若验证等式成立，则 P_j 计算 T 时段的私钥：

$$K_j^T = K_j^{T-1} + \sum_{i=1}^{n} X_{ij}^T \bmod d_j$$

更新产生的新私钥仍然可以按照签名过程进行签名和验证。更新过程中组公钥不变，因此更新前的签名依然有效。

6.3 方案分析

6.3.1 正确性分析

定理 6-1 节点 P_j 根据广播信息 g^{λ_i}、g^{Z_i} 和 δ_i，证明式(6-5)成立。

证明：

$$g^{\lambda_i} \cdot g^{Z_i q} \bmod p = g^{\lambda_i + Z_i q} \bmod p = \delta_i$$

等式(6-5)成立，则节点 P_i 发送的信息正确，P_i 可信。

定理 6-2 节点 P_j 收到其他 $n-1$ 个节点发来的秘密份额 X_{ij} 后，验证其正确性，即证明式(6-6)成立。

证明： 由式(6-2)、式(6-3)和式(6-4)可得

$$\begin{aligned}
\left[\left(g^{X_{ij}} \bmod p\right)\left((\mu_{ij})^{d_j} \bmod p\right)\right] \bmod p &= \left\{\left(g^{X_{ij}} \bmod p\right)\left[\left(g^{\theta_{ij}}\right)^{d_j} \bmod p\right]\right\} \bmod p \\
&= \left\{\left(g^{X_{ij}} \bmod p\right)\left[\left(g^{\frac{\lambda_i + Z_i q - X_{ij}}{d_j}} \bmod p\right)^{d_j} \bmod p\right]\right\} \bmod p \\
&= \left\{\left(g^{X_{ij}} \bmod p\right)\left[\left(g^{(\lambda_i + Z_i q - X_{ij})}\right) \bmod p\right]\right\} \bmod p \\
&= \left(g^{X_{ij} + \lambda_i + Z_i q - X_{ij}} \bmod p\right) \bmod p \\
&= g^{\lambda_i + Z_i q} \bmod p \\
&= \delta_i
\end{aligned}$$

原式得证，等式(6-6)成立，则证明 P_j 收到的秘密份额正确，其他节点可信。

定理 6-3　由 t 个部分签名合成的最终签名，需由验证公式(6-10)验证其是否为合法签名，即证明等式(6-10)成立。

证明：由式(6-1)和式(6-7)，节点私钥：

$$\begin{aligned} K_j &= \sum_{i=1}^{n} X_{ij} \bmod d_j \\ &= \sum_{i=1}^{n} \lambda_i + Z_i q \bmod d_j, \quad j = 1,2,\cdots,n \end{aligned}$$

令

$$Q = \sum_{i=1}^{n} \lambda_i + Z_i q \tag{6-12}$$

则

$$K_j = Q \bmod d_j, \quad j = 1,2,\cdots,n \tag{6-13}$$

根据中国剩余定理，解如下同余方程组：

$$\begin{cases} K_1 \equiv Q \bmod d_1 \\ K_2 \equiv Q \bmod d_2 \\ \quad \vdots \\ K_t \equiv Q \bmod d_t \end{cases}$$

可得唯一解：

$$Q = \left(\sum_{i=1}^{t} \frac{D}{d_i} e_i K_i \right) \bmod D \tag{6-14}$$

由式(6-13)和式(6-14)可得

$$K_j = \left[\left(\sum_{i=1}^{t} \frac{D}{d_i} e_i K_i \right) \bmod D \right] \bmod d_j$$

令

$$H_i = \frac{D}{d_i} e_i K_i \bmod D$$

则

$$Q = \sum_{i=1}^{t} H_i \bmod D$$

当 $t>2$ 时，可知：

$$s \cdot l \cdot \sum_{i=1}^{t} h_i + Q < D$$

由式(6-8)和式(6-9)，有

$$W=\left(\sum_{i=1}^{t}W_i \bmod D\right) \bmod q$$
$$=\left[\sum_{i=1}^{t}(l\cdot h_i\cdot s+Q) \bmod D\right] \bmod q$$
$$=\left(l\cdot s\cdot \sum_{i=1}^{t}h_i+Q\right) \bmod q$$

由式(6-12)得

$$Q=\sum_{i=1}^{n}\lambda_i+Z_i q=\sum_{i=1}^{n}\lambda_i \bmod q$$

因此

$$W=\left(l\cdot s\cdot \sum_{i=1}^{t}h_i+\sum_{i=1}^{n}\lambda_i\right) \bmod q$$

则有

$$g^{W}\equiv g^{\left(l\cdot s\cdot \sum_{i=1}^{t}h_i+\sum_{i=1}^{n}\lambda_i\right) \bmod q}$$
$$\equiv\left(g^{l\cdot s\cdot \sum_{i=1}^{t}h_i}\cdot g^{\sum_{i=1}^{n}\lambda_i}\right) \bmod p$$
$$\equiv\left(l^{s\cdot l}\cdot \Psi\right) \bmod p$$

如果节点 P_i 提供真实的秘密份额，则式(6-5)和式(6-6)两个等式一定成立。反之，如果验证结果表明等式不成立，则说明节点没有提供真实的秘密份额。

证明结果显示等式成立，故节点私钥 K_j 产生的签名 (s,l,W) 有效。

定理 6-4　由区块链节点协助新加入区块链网络的节点产生的新私钥有效，即证明式(6-11)成立。

证明：

$$K_{n+1}=\left(\sum_{i=1}^{t}K_i' \bmod D\right) \bmod d_{n+1}$$
$$=\left\{\sum_{i=1}^{t}\left[\left(\frac{D}{d_i}e_iK_i \bmod D\right) \bmod d_{n+1}+\varepsilon_i-\varepsilon_i' d_{n+1}\right] \bmod D\right\} \bmod d_{n+1}$$
$$=\left\{\left[\sum_{i=1}^{t}\left(\frac{D}{d_i}e_iK_i \bmod D\right) \bmod d_{n+1}+\sum_{i=1}^{t}\varepsilon_i d_{n+1}-\sum_{i=1}^{t}\varepsilon_i' d_{n+1}\right] \bmod D\right\} \bmod d_{n+1}$$
$$=\left\{\left[\sum_{i=1}^{t}\left(\frac{D}{d_i}e_iK_i \bmod D\right) \bmod d_{n+1}+\sum_{i=1}^{t}\varepsilon_i d_{n+1}-\sum_{i=1}^{t}\sum_{j=1}^{t}\varepsilon_{ij} d_{n+1}\right] \bmod D\right\} \bmod d_{n+1}$$
$$=\left\{\sum_{i=1}^{t}\left(\frac{D}{d_i}e_iK_i \bmod D\right) \bmod d_{n+1}+\left(\sum_{i=1}^{t}\varepsilon_i d_{n+1}-\sum_{i=1}^{t}\varepsilon_i d_{n+1}\right) \bmod D\right\} \bmod d_{n+1}$$
$$=\sum_{i=1}^{t}\left(\frac{D}{d_i}e_iK_i \bmod D\right) \bmod d_{n+1}$$

由此可得，原节点私钥 $K_j = \left[\left(\sum_{i=1}^{t}\frac{D}{d_i}e_iX_i\right) \bmod D\right] \bmod d_j$ 与新加入区块链网络的节点的私钥 K_{n+1} 同构，可以构成同余方程组且只有唯一解。因此，新加入节点私钥有效。

6.3.2 安全性分析

1. 签名算法安全性分析

本书设计的适用于区块链的 (t,n) 门限签名算法，根据中国剩余定理，求解同余式方程组至少需要 t 个方程，少于 t 个方程无法求解，因此在合成签名时至少需要 t 个节点协作才能生成签名。攻击者只有在一个周期 T 内同时攻破 t 个及以上的节点，才能对投票结果造成影响。

假设某攻击者想要窃取区块链节点的私钥，由于区块链节点私钥计算公式为

$$K_j = \sum_{i=1}^{t}X_{ij} \bmod d_j = \sum_{i=1}^{n}\lambda_i + Z_iq \bmod d_j$$

则攻击者需要计算：

$$X_{ij} = (\lambda_i + Z_iq) \bmod d_j$$

然而，由于 λ_i 和 Z_i 由参与区块链投票的节点秘密选取并保存，并没有通过通信通道传输，攻击者无法获得。

攻击者可能通过拦截得到广播消息 δ_i、θ_{ij}、μ_{ij}，并可求得

$$g^{X_{ij}} = \frac{\delta_i}{\mu_{ij}}$$

然而通过 $g^{X_{ij}}$ 求解 X_{ij} 是离散对数难题，因此攻击者无法求得 X_{ij}，因此无法通过 X_{ij} 计算节点私钥。另外，基于中国剩余定理的秘密分享，是基于大模数分解难题，这里 $K_j = \left[\left(\sum_{i=1}^{t}\frac{D}{d_i}e_iX_i\right) \bmod D\right] \bmod d_j$，其中 d_j、D 公开，要通过 d_j、D 求解 e_i 属于大模数分解难题。因此攻击者也无法通过此方案获得区块链节点私钥。

组公钥 $\psi = \prod_{i=1}^{n} g^{\lambda_k} \bmod p$ 和组私钥 $\varphi = \sum_{k=1}^{n}\lambda_k$ 由参与投票的区块链节点相互协作产生。组公钥 ψ 属于公知信息，攻击者可能知晓此信息。假设攻击者想通过组公钥 ψ 获得组私钥 $\varphi = \sum_{k=1}^{n}\lambda_k$，由组公钥 $\psi = \prod_{i=1}^{n} g^{\lambda_k} \bmod p$ 可知，通过 g^{λ_k} 求解 λ_k 属于离散对数难题不可解。另外，组私钥是由组节点随机选取的子秘密产生的，子秘密被各节点秘密保存，并通过通信通道传送，攻击者无法拦截获得。而且方案中的签名 W 由部分签名 W_i 合成，整个签名过程没有使用组私钥，组私钥没有暴露，因此攻击者无法获得组私钥。

在签名生成阶段，参与投票的区块链节点秘密选取的随机数 h_i 没有通过通信信道传

输，攻击者无法获得。攻击者可能拦截到 l，而 $l = g^{\sum_{i=1}^{t} h_i} \bmod p$，通过 l 求 h_i，需要计算 $g^{\sum_{i=1}^{t} h_i}$，而通过 $g^{\sum_{i=1}^{t} h_i}$ 求解 h_i 仍然是求解离散对数难题，攻击者无法获得。

在签名合成阶段，区块链节点需将各自的部分签名 (s,l,W) 发送给签名合成者，部分签名 (s,l,W) 不包含私钥内容，即使攻击者窃取该内容，也没有任何价值，不会影响投票结果。

新节点加入区块链网络时，其私钥由 t 个区块链节点相互协作产生，ε_{ij} 由区块链节点随机选取并保存，攻击者无法获得。假设某攻击者通过恶意攻击获得了随机数 ε_{ij}，想通过计算得到新加入节点的私钥 K_{n+1}，根据新加入节点的私钥计算公式：

$$K_{n+1} = \left(\sum_{i=1}^{t} K_i' \bmod D \right) \bmod d_{n+1}$$

攻击者不可避免地要计算 $\sum_{i=1}^{t} K_i' \bmod D$，则攻击者必须先获得 K_i'，而

$$K_i' = \left(\frac{D}{d_i} e_i K_i \bmod D \right) \bmod d_{n+1} + (\varepsilon_i - \varepsilon_i')\ d_{n+1}$$

攻击者必须计算 K_i，即攻击者必须获得区块链节点私钥，然而根据之前的分析，攻击者不可能获得节点私钥，因此攻击者无法获得新加入区块链网络节点的私钥。

方案对区块链网络中节点的离开具有免疫功能。假设有某节点 P_k 要离开区块链网络，因为 P_k 只知道自己的子秘密 λ_k 和个人私钥 K_k，而组公钥 $\psi = \prod_{i=1}^{n} g^{\lambda_k} \bmod p$ 和组私钥 $\varphi = \sum_{k=1}^{n} \lambda_k$ 均由区块链节点协作产生，节点 P_k 仅有自己的秘密数和私钥，并不能对组私钥和其他节点私钥产生任何威胁。且根据秘密共享门限签名方案的原则，至少需要 t 个节点合作才能打开秘密。因此，少于 t 个节点的离开并不影响系统的安全性，该方案对于节点的离开不具有敏感性。

2. 不可伪造性分析

不可伪造性是指任意恶意节点都不能伪造区块链网络中的合法节点生成签名信息。若有某恶意节点 i 想替代区块链节点 j 产生秘密份额，则该恶意节点 i 随机选取秘密数 λ_i' 和 Z_i'，由于 $\lambda_i' \neq \lambda_i$，$Z_i' \neq Z_i$，则 $\lambda_i' + Z_i'q \neq \lambda_i + Z_i q$，所以有 $X_{ij}' \neq X_{ij}$，其他节点收到恶意节点 i 的广播信息 λ_i'、Z_i'，通过验证很容易发现 $g^{\lambda_i'} \cdot g^{Z_i' q} \bmod p \neq g^{\lambda_i} \cdot g^{Z_i q} \bmod p \neq \delta_i$，即等式不成立，其他节点不接受此节点的信息和签名，因此节点 i 无法替代其他区块链节点伪造 λ_i、Z_i。

假设恶意节点 i 想替代区块链节点 j 生成区块链节点私钥，恶意节点可能截获其他 $n-1$ 个节点发送的信息 X_{ij} 来构造区块链节点的私钥。但是其他节点各自保留了 X_{ii}，攻

击者无法获得。由 $X_{ii}=(\lambda_i+Z_iq) \bmod d_i$，攻击者可能通过截获 g^{λ_i}、g^{Z_i} 试图求得 λ_i 和 Z_i，从而计算 X_{ii}，但通过 g^{λ_i}、g^{Z_i} 求解 λ_i 和 Z_i 是离散对数难题，攻击者无法通过计算得到，因此攻击者无法伪造区块链节点私钥。

若有恶意节点要伪造签名信息，则攻击者随机选取 h_i'，计算 l_i'、l' 和部分签名 W_i'，合成者合成签名 W'，但是在签名验证阶段，由于 $W'\neq W$ 所以 $g^{W'}\neq l^{s\cdot l}\cdot\Psi \bmod p$，无法通过验证，签名无效，因此攻击者无法伪造签名。

6.4 性能分析

本书基于中国剩余定理的秘密共享方案，提出的适用于区块链的 (t,n) 门限签名算法，其计算难度等价于求解离散对数难题，相比拉格朗日插值定理，具有较小的计算量。

为了与之前已有的签名算法进行比较，本节定义了如表 6-1 所示的符号说明。

表 6-1　符号说明

符号	说明
R_a	模乘计算表示
R_b	模幂计算表示
R_c	模求逆计算表示
R_d	哈希计算表示

与模指数运算和模乘运算相比，模加法运算、模减法运算的计算量可忽略不计，因此本节只通过模指数运算和模乘运算来比较。

表 6-2　门限签名算法复杂度对比

签名方案	签名生成	签名验证
本章方案	$2tR_a+tR_b$	R_a+R_b
王斌和李建华(2013)方案	$3tR_a+tR_b+tR_c$	$3tR_a+tR_b+tR_c$
徐甫(2016)方案	$5tR_b+(4t+1)R_a+tR_d$	$3R_b+2R_a+R_d$
杨阳等(2015)方案	$(8t+1)R_b+(2t+2)R_a$	$2R_b$
Kaya 和 Seluk (2008)方案	$5tR_b+(4t+1)R_a+tR_d+R_c$	R_d

表 6-2 是本章方案与其他方案的计算复杂度对比结果。王斌和李建华(2013)基于中国剩余定理进行运算，徐甫(2016)基于零知识证明协议进行运算，杨阳等(2015)、Kaya 和 Seluk(2008)均基于拉格朗日插值多项式进行运算。

从表 6-2 可以看出，王斌和李建华(2013)在算法上和本章方案效率相当。在签名生成阶段，本章方案明显优于徐甫(2016)、杨阳等(2015)、Kaya 和 Seluk(2008)方案，这是由于杨阳等(2015)、Kaya 和 Seluk(2008)方案是基于拉格朗日插值多项式的门限签名算法，而多项式阶数较高，计算复杂，所以执行效率较低。

在签名验证阶段，杨阳等(2015)、Kaya 和 Seluk(2008)方案均优于本章方案，但是区块链是一种异构网络，其计算资源相对有限，对算法的执行效率要求较高。门限签名算法的计算量主要在于签名生成阶段，不是验证阶段，因此提高签名生成阶段的效率比提高验证阶段的效率更为重要。

本章适用于区块链电子投票场景的方案，设计了节点加入和退出机制，而徐甫(2016)、杨阳等(2015)、Kaya 和 Seluk(2008)方案均不支持节点加入和退出。王斌和李建华(2013)建立了节点加入机制，但没有设计节点退出算法。因此，以上方案均不能适配到区块链投票场景。

区块链作为一个去中心化的应用平台，其参与节点集合处于动态变化之中，因此要求签名算法不仅要去中心化，还需要允许节点自由加入和退出。与其他方案相比，本章设计的签名算法能够更好地适配到区块链网络投票场景。

6.5 本章小结

本章设计的门限签名方案，摒弃了可信中心，参与区块链投票的节点之间相互协作产生签名，实现了节点之间相互验证的功能，除非大于 t 个节点合谋，否则无法获得签名信息。方案允许外部节点加入区块链网络参与投票，且保持组公钥不变。在节点退出时，组公钥发生变化，此时将前期组公钥存放在区块链网络中，同时生成新的组公钥，如需验证前期签名，可从区块链网络系统中调用组公钥，解决了节点退出区块链网络时引起的组公钥改变问题。另外，定期更新节点，避免了因移动攻击造成的节点信息泄露问题，确保方案具有前向安全性。

本章提出的适用于区块链投票场景的门限签名方案，与其他方案相比，计算简单，效率较高。

习　题

1. 简述区块链的基本含义、基本架构及发展状况。
2. 数字签名的主要功能有哪些？
3. 电子投票的优缺点及面临的安全威胁有哪些？

第 7 章　基于秘密共享的门限签名

门限签名是一种分布式多方签名协议，其签名算法在投票等商业应用中的研究获得广泛关注。当前基于门限签名的投票方案可以根据密钥的分配方式分为以下两种。

(1) 具有可信中心。传统方案中通常是由可信中心调度节点的计算任务，但是在开放场景下可信中心会增加计算、传输和存储复杂度，它的效率会影响整个系统的吞吐量，并且在多数情况下，可信中心容易被敌手攻击，作为系统的盲点，它的安全性将无法得到保障。此外，还存在单点故障问题。

(2) 无可信中心。每个节点被视为分发者且高度自治，通过交换秘密份额因子，协同产生各自的秘密份额，避免可信中心的权威欺骗，但是它会增加整体计算的复杂度。

近几年，伴随区块链技术的快速发展，区块链的特性和效率都将直接影响门限签名算法的应用和发展。区块链是一种可以记录交易记录的分布式的数据库账本，其去中心化和匿名化的特点，可以解决不同参与者之间不信任的问题，并广泛应用于金融投资、物联网、医疗保健和能源网络等场景。区块链主要分为公共链、联盟链和私有链三种。其中，基于联盟链和私有链设计的投票系统已经成功应用于信用评估和决策等方面。

本章首先介绍门限签名的研究背景，然后介绍 Asmuth-Bloom 门限方案，最后回到在线投票的问题，介绍一种安全透明的在线投票机制。

7.1　背 景 简 介

2004 年，Yu 等结合椭圆曲线密码系统的短密钥特性和(t,n)阈值方法，提出了一种可以同时签名的签名方案。其中阈值表示产生有效组签名所需的最小成员数，同时消息接收者都可以验证签名。但是该方案没有实现身份跟踪和节点退出的功能。彭娅进一步改进了该方案在密钥生成过程中椭圆曲线离散对数的难度。谢冬等提出的门限签名方案可以有效抵制成员伪造签名勾结的合谋攻击。上述门限签名方案均为基于 Shamir 的秘密共享方案。

刘宏伟等提出了一种基于双线性映射和秘密共享的门限签名方案，采用基于身份的 t-out-of-n 秘密共享算法，效率更高。由于 Shamir 门限方案存在超过门限值的小组成员利用其所掌握的秘密份额能够恢复系统秘密信息的问题，闫杰等提出一种基于离散对数难题的门限签名算法，可有效地抵抗针对秘密共享技术的攻击。Chung 等为了实现文档上的共同签名，提出包括阈值群签名的几种群签名方案，并且所提方案具有密钥长度较短、计算复杂度较低和带宽较少的优点。Gennaro 等提出了一种基于

ECDSA 的门限签名方案，参与者能够在必须签名的前提下重建密钥。Goldfeder 等基于门限签名方案提出了一种针对比特币的多方控制协议，该协议利用门限算法实现密钥的可信管理。Jia 等提出了一种基于视觉密码的秘密共享方案，它可以有效地抵抗暴力攻击。

同时，大量基于中国剩余定理的秘密共享方案被提出。Asmuth 等提出了一种基于 Asmuth-Bloom 的门限方案，但由于该方案对计算资源的要求较小，因此不能保证数据在不安全信道中传输时的安全性。程宇等提出了一种结合 ElGamal 机制和 Asmuth-Bloom 的方案，它可以防止密钥在传播过程中被篡改。党佳莉等所提方案只需简单计算就能将一些重要的秘密信息进行整合，从而保证成员私钥和身份的隐秘性。同时通过匿名和防伪有效控制数据的长度，并依靠可信中心分发密钥。

由于传统的投票场景签名方案存在无可信中心、效率低下等缺点，本章将介绍一种基于中国剩余定理和离散对数难题的门限签名方案，支持节点自由地加入和退出，以适应于去中心化和网络异构化的区块链。此外，该方案在数据传输期间增加了验证环节，在此环节内不会暴露任何关键信息，可以有效地抵抗恶意攻击。同时该方案在签名过程中不需要可信中心的参与，可以优化广播次数、节省网络资源、提高系统吞吐量并降低计算复杂度。因此，该区块链投票方案的中立性和安全性使其具有很广阔的应用前景。

7.2 Asmuth-Bloom 门限方案

秘密共享概念最早是由 Shamir 和 Blakley 在 1979 年分别独自提出的，其中 Shamir 门限方案是基于 Lagrange 差值公式构造的，而 Blakley 的门限方案是基于线性几何投影法构造的。秘密共享是门限密码学(Threshold Cryptography)的基础，如门限签名(Threshold Signature)，它是指通过适当的方法将加密密文分成若干份，并将每一份发送给相应的参与者。Shamir 门限方案和基于中国剩余定理的 Asmuth-Bloom 门限方案，在对目标秘密进行解密时，需要一定数量的参与者，当参与者的数量至少等于某一个门限值时，才能恢复这一秘密，下面对 Asmuth-Bloom 门限方案进行简要说明。

1. 系统初始化算法

存在 n 个参与者，记为 $Q=\{Q_1,Q_2,\cdots,Q_n\}$，门限值为 t，s 为秘密数据，选择一个大素数 $p(p>s)$，以及一个整数集 $\{d_1,d_2,\cdots,d_n\}$，满足：

(1) $\{d_1,d_2,\cdots,d_n\}$ 为严格单调递增的；

(2) $\{(d_i,d_j)=1 | \ i\neq j\}$；

(3) $\{(d_i,p)=1 | \ i=1,2,\cdots,n\}$；

(4) $\prod_{i=1}^{t} d_i > p\prod_{i=1}^{t-1} d_{n-i+1}\cdot v$。

2. 秘密份额生成算法

由 $D=\prod_{i=1}^{t}d_i$，可以推断 $\frac{D}{p}$ 大于 $\prod_{i=1}^{t-1}d_i$。随机选择一个整数 r，其中 $r\in\left[0,\frac{D}{p}-1\right]$。可以得到 $s'=s+rp$，$s'\in[0,D-1]$。$s_i\equiv s'\bmod d_i$，其中 $i=1,2,\cdots,n$。

3. 秘密恢复算法

任意 t 个参与者都可以交换其秘密份额以恢复秘密 s。假设参与者交换的秘密份额为 $s_1,s_2,\cdots,s_t$，根据中国剩余定理可求得方程组：

$$\begin{cases} s'=s_1 \bmod d_1 \\ s'=s_2 \bmod d_2 \\ \quad\vdots \\ s'=s_t \bmod d_t \end{cases}$$

方程组在 $[d_1,d_2,\cdots,d_t]$ 中具有唯一解：$s'=\left(\sum_{i=1}^{t}\frac{D}{d_i}\times b_i\times s_i\right)\bmod D$，其中 b_i 可以通过 $\frac{D}{d_i}\times b_i\equiv 1(\bmod d_i),\quad i=1,2,\cdots,t$ 获得，并使用 $s=s'-rp$ 恢复秘密。

7.3　基于秘密共享的门限签名构造过程

区块链相关应用程序大多是建立在异构网络之上的，且缺乏优化资源调度的可信中心。因此，在区块链上设计具有鲁棒性、安全性及支持节点加入和退出的签名方案显得尤为重要。

本章介绍的无可信中心的门限签名方案是基于 Asmuth-Bloom 算法的，与 Shamir 门限方案相比，本章签名方案在满足上述要求的同时还提升了计算效率。在没有交易者参与的情况下，结合区块链技术，各节点利用产生的秘密份额计算出组签名，允许参与者在加入和退出的同时不会对外暴露组私钥。同时由于区块链相关应用程序通常在不安全的通信信道运行，存在中间人攻击的威胁，导致用户数据的泄露。因此，最后通过利用正确性证明来保证数据在通信过程中不暴露任何密钥信息，同时能够安全传输敏感数据。

7.3.1　方案模型

参与者分为以下三个角色，即区块链节点(Q)、签名验证者(SV)和签名合成者(SC)。

如图 7-1 所示，该方案包括七种算法：系统初始化算法、秘密分割算法、部分签名生成算法、合成签名算法、验证签名算法、成员加入算法和签名撤销算法。表 7-1 为本章所涉及的符号及定义。

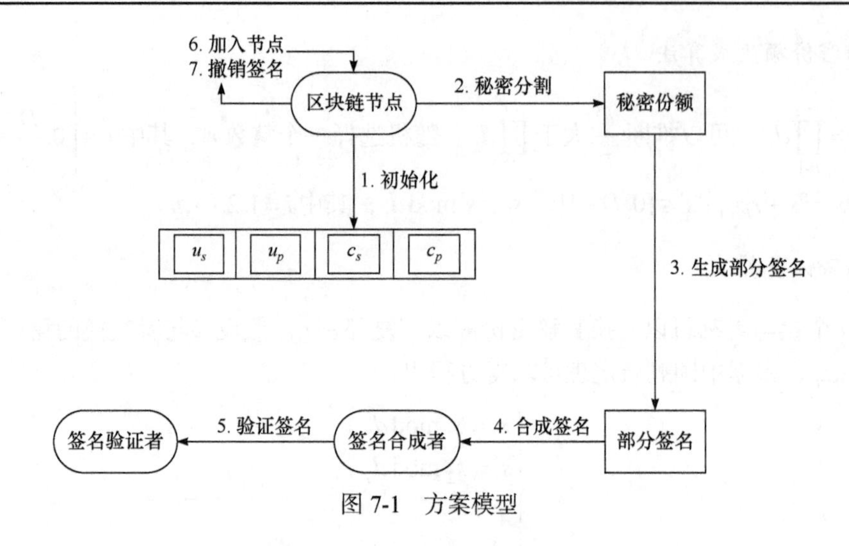

图 7-1　方案模型

表 7-1　相关符号及定义

符号	描述	符号	描述
Q	n 名参与者的集合	k_s	参与者的私钥
s_i	节点 i 的子秘密	k_p	参与者的公钥
g_s	组私钥	p_a	Asmuth-Bloom 的大素数
g_p	组公钥	p_k	大素数，用于生成组公钥
b_{ij}	秘密份额	M	文本消息
z_i	节点的部分签名	z	合成签名

7.3.2　方案详细设计

1. 初始化算法

(1) 系统生成签名算法所需要的参数，如系统参数和它们自己的私钥。并将公共信息广播至网络中的节点。

(2) 假设 $Q=\{Q_1,Q_2,\cdots,Q_n\}$ 是门限值为 t 的参与者节点的集合。选择两个大素数 p_a 和 p_k，一个正整数序列 $d=\{d_1,d_2,\cdots,d_n\}$ 和一个 Z_{pk} 的生成器 g，其中 p_a 和 $d=\{d_1,d_2,\cdots,d_n\}$ 与 Asmuth-Bloom 方案一致。其中，$\{n,t,p_a,p_k,d,g\}$ 是在区块链网络中的公共参数。

(3) 节点 Q 随机选择用于秘密共享的私钥 $k_s^i \in Z_{pk}$、s_i 和相应的因子 A_i。假设 $D=\prod_{i=1}^{t} d_i$，其中 $0<s_i<[p_a/n]$，$0\leqslant A_i \leqslant \left(D/(p_a)^2-1\right)/n$。

(4) 节点Q_i可以获得$g_p^i \equiv g^{s_i} \bmod p_k$和公钥$k_p^i = g^{k_s^i} \bmod p_k \cdot \left\{ g^{A_i}, g_p^i, k_p^i \right\}$，并将其广播到其他节点。当前节点获得消息之后，得到组公钥$g_p = \prod_{i=1}^{n} g_p^i \equiv g^{\sum_{i=1}^{n} s_i} \bmod p_k$及组私钥$g_s = \sum_{i=1}^{n} s_i$。

2. 秘密共享算法

(1) 系统基于 Asmuth-Bloom 方案生成秘密份额，并将秘密份额广播给其他节点，其他节点收到后生成部分签名。Q_i发送给Q_j的秘密份额由$S_i = s_i + A_i p_a$及$b_{ij} \equiv S_i \bmod d_j$计算得到。

(2) 将b_{ij}广播至其他节点，为确保b_{ij}在传递的过程中不会被恶意篡改，通过等式$a_i = g^{S_i} \bmod p_k$和$\beta_{ij} = g^{r_{ij}} \bmod p_k$进行验证，其中$r_{ij} = (S_i - b_{ij})/d_j$。

(3) 节点Q_i将$\left\{ b_{ij}, a_i, \beta_{ij} \right\}$广播给其他节点，假设节点$Q_j$仅获得其中一种信息，则需要利用等式$\left[\left(g^{b_{ij}} \bmod p_k \right) \left(\beta_{ij}^{d_j} \bmod p_k \right) \right] \bmod p_k = a_i$验证$a_i$和$\beta_{ij}$。

3. 部分签名生成算法

(1) 区块链中的节点可以使用中国剩余定理生成自己的秘密份额，结合密钥生成部分签名，并将其广播给签名合成者。

(2) 节点Q_j验证上述信息后，得到$V_j \equiv \sum_{i=1}^{n} b_{ij} \bmod d_j$。由于$b_{ij} \equiv S_i \bmod d_j$，可以得到$V_j \equiv \sum_{i=1}^{n} S_i \bmod d_j$及$W_i = \left(\frac{D}{d_i} \times b_i \times V_i \right) \bmod D$，其中$\frac{D}{d_i} \times b_i \equiv 1 \bmod d_i$，$i = 1, 2, \cdots, t$。

(3) 通过$u \equiv g^{\sum_{i=1}^{t} k_s^i} \bmod p_k \equiv \prod_{i=1}^{t} g^{k_s^i} \bmod p_k \equiv \prod_{i=1}^{t} k_p^i \bmod p_k$，获得要签名的消息$M$对应的部分签名$z_i = u \times k_s^i \times M + W_i \bmod D$。

(4) 将$\{c, u, z_i\}$发送到SC进行签名的合成。

4. 签名合成算法

SC收到部分签名，它将执行合成签名操作，计算$z = \left(\sum_{i=1}^{t} z_i \bmod D \right) \bmod p_a$，并将消息$M$的签名$\{M, u, z\}$发送给SV进行验证。

5. 验证签名算法

SV获得签名消息之后，利用等式$g^z = u^{M \times u} g_p \bmod p_k$进行验证。如果验证无效，则表示签名与明文不一致，表示该消息可能被篡改。SV可能是区块链中的任意一个节点。

6. 节点加入算法

(1) 当节点 Q_{n+1} 申请加入区块链时，节点将随机生成自己的私钥 $k_s^{n+1} \in Z_{p_k}$ 和 d_{n+1}。并从 t 个参与者中获得 Q_{n+1} 的 $W_i' = \left[\left(\dfrac{D}{d_i} \times b_i \times V_i\right) \bmod D\right] \bmod d_{n+1}$，其中 $i = 1,2,\cdots,t$。

(2) 将 W_i' 发送到节点 Q_{n+1}，利用等式 $W_{n+1} = \left(\sum_{i=1}^{t} W_i' \bmod D\right) \bmod d_{n+1}$ 计算出自己的密钥。

(3) 由此可以看出，更新过程仅需要一次数据传输，并且没有改变公共密钥，证明本章方案是高效的。此外，当获得 W_{n+1} 时，可以继续执行生成部分签名的操作。

7. 节点退出算法

当节点 Q_j 离开区块链网络时，由于其他节点已经储存了组公钥和 g_p^j，通过等式 $g_p' = g_p / g_p^j$ 广播给区块链上的其他节点。

因此，在更新组公钥时，仅需在自己的节点上执行一次除法操作，无须与其他节点进行交互，从而节省网络带宽资源，提高更新效率。此外，由于 $d = \{d_1, d_2, \cdots, d_n\}$ 在区块链上是公开的，所以节点 Q_j 能够以高效的传输速率在自己的节点上删除 d_j 和 b_{ij}。

7.4 方案分析

7.4.1 正确性证明

定理 7-1 在秘密分割阶段中，验证等式 $[(g^{b_{ij}} \bmod p_k)(\beta_{ij}{}^{d_j} \bmod p_k)] \bmod p_k = a_i$ 是正确的。

证明： 因为 $\beta_{ij} = g^{r_{ij}} \bmod p_k$ 和 p_k 是一个大素数，可得

$$\begin{aligned}
[(g^{b_{ij}} \bmod p_k)(\beta_{ij}{}^{d_j} \bmod p_k)] \bmod p_k &= [(g^{b_{ij}} \bmod p_k)((g^{r_{ij}} \bmod p_k)^{d_j} \bmod p_k)] \bmod p_k \\
&= [(g^{b_{ij}} \bmod p_k)(g^{r_{ij} d_j} \bmod p_k)] \bmod p_k \\
&= (g^{b_{ij}} g^{r_{ij} d_j}) \bmod p_k \\
&= (g^{b_{ij} + r_{ij} d_j}) \bmod p_k \\
&= (g^{b_{ij} + s_i - b_{ij}}) \bmod p_k \\
&= g^{s_i} \bmod p_k \\
&= a_i
\end{aligned} \tag{7-1}$$

定理得证。

定理 7-2　在合成签名阶段中，验证等式 $g^z = u^{M\times u} g_p \bmod p_k$ 是正确的。

证明：因为

$$V_j \equiv \sum_{i=1}^{n} b_{ij} \bmod d_j$$
$$= \sum_{i=1}^{n} (s_i + A_i p_a) \bmod d_j$$

假设 $Y = \sum_{i=1}^{n} (s_i + A_i p_a)$，可得

$$V_j \equiv Y \bmod d_j, \qquad j = 1, 2, \cdots, t \tag{7-2}$$

根据中国剩余定理，可得

$$Y \equiv \left(\sum_{i=1}^{t} \frac{D}{d_i} \times b_i \times V_i \right) \bmod D \tag{7-3}$$

假设 $X_i = \dfrac{D}{d_i} \times b_i \times V_i$，可得

$$\begin{aligned} Y &\equiv \sum_{i=1}^{t} X_i \bmod D \\ &= \sum_{i=1}^{n} (s_i + A_i p_a) \\ &\leqslant \sum_{i=1}^{n} \left[s_i + \left(\frac{D}{p_a^2} - 1 \right) \frac{p_a}{n} \right] \\ &< \sum_{i=1}^{n} \left[\frac{p_a}{n} + \left(\frac{D}{p_a^2} - 1 \right) \frac{p_a}{n} \right] \\ &= \sum_{i=1}^{n} \left(\frac{p_a}{n} + \frac{D}{np_a} - \frac{p_a}{n} \right) \\ &= n \times \frac{D}{np_a} \\ &= \frac{D}{p_a} \end{aligned} \tag{7-4}$$

根据 Hou 等的观点，可得

$$uM \sum_{i=1}^{t} k_s^i + Y < D \tag{7-5}$$

同时，

$$
\begin{aligned}
z &\equiv \left(\sum_{i=1}^{t} z_i \bmod D\right) \bmod p_a \\
&\equiv \left[\sum_{i=1}^{t} (u \times k_s^i \times M + W_i) \bmod D\right] \bmod p_a \\
&\equiv \left[\left(uM\sum_{i=1}^{t} k_s^i + \sum_{i=1}^{t} W_i\right) \bmod D\right] \bmod p_a \\
&\equiv \left[\left(uM\sum_{i=1}^{t} k_s^i + Y\right) \bmod D\right] \bmod p_a \\
&\equiv \left(uM\sum_{i=1}^{t} k_s^i + Y\right) \bmod p_a \\
&\equiv \left[uM\sum_{i=1}^{t} k_s^i + \sum_{i=1}^{n} (s_i + A_i p_a)\right] \bmod p_a \\
&\equiv \left(uM\sum_{i=1}^{t} k_s^i + \sum_{i=1}^{n} s_i\right) \bmod p_a
\end{aligned}
$$

可得

$$
\begin{aligned}
g^z &\equiv g^{\left(uM\sum_{i=1}^{t} k_s^i + \sum_{i=1}^{n} s_i\right)} \bmod p_a \\
&\equiv g^{\left(uM\sum_{i=1}^{t} k_s^i\right)} \times g^{\sum_{i=1}^{n} s_i} \bmod p_a \\
&\equiv g^{\left(\sum_{i=1}^{t} k_s^i\right) uM} \times g_p \bmod p_a \\
&\equiv u^{uM} \times g_p \bmod p_a
\end{aligned}
\tag{7-6}
$$

定理得证。

7.4.2　安全性分析

对于 n 个节点的网络，在区块链上应用的(t,n)门限签名方案至少需要 t 个节点协作才能生成最终的签名。对于设计良好的门限签名算法，如果攻击者突破一定数量的节点，只要参与签名过程的合成节点大于或等于 t，最终投票结果就不会受到干扰。

对于 n 个参与者，当执行秘密分割时，区块链中的每个节点都将秘密分为具有组公钥 $g_p = g^{\sum_{i=1}^{n} s_i} \bmod p_k$ 和组私钥 $g_s = \sum_{i=1}^{n} s_i$ 的几个分段。由于在多项式时间内解决离散对数难题是困难的，所以第三方试图从 g_p 中获取组私钥的难度非常大。此外，每一个节点的秘密份额由自己存储，不会直接在区块链中传输。除非所有参与者合作伪造，否则无法获得组私钥。

生成部分签名时，该节点将接收并验证消息 $\{g^{A_i}, b_{ij}, a_i, \beta_{ij}\}$，以确定消息在传输过程中没有被篡改。如果第三方欲窃取消息的内容，由于在多项式时间内通过 g^{A_i} 、a_i 和 β_{ij} 获得 A_i、S_i' 和 r_{ij} 是离散对数难题，并且存在 $s_i = S_i' - A_i p_a$，因此根据验证消息计算 s_i 是困难的。

验证通过后，至少需要 t 个节点发送 b_{ij} 执行合成签名。若消息数量大于 t，必须在其中选择 t 以合成最终的签名，否则，将无法根据中国剩余定理求解同余方程组。

通过公式 $z_i = u \times k_s^i \times M + W_i \bmod D = g^{\sum_{i=1}^{t} k_s^i} k_s^i \times M + W_i \bmod D$ 生成对应的部分签名 $\{M,u,z_i\}$ 后，发送给签名合成者。由于 $u \equiv g^{\sum_{i=1}^{t} k_s^i} \bmod p_k$，从 u 获取私钥 k_s^i 是离散对数难题，根据 z_i 获得 k_s^i 是困难的。

计算 $t = \left(\sum_{i=1}^{t} t_i \bmod D\right) \bmod p_a$ 以合成部分签名时，$\{M,u,z\}$ 和 $g^z = u^{M \times u} g_p \bmod p_k$ 将被一起发送给签名验证者。由于在数据传输期间私钥未包含在 $\{M,u,z\}$ 中，因此即使第三方窃取该内容，也无法获得任何有意义的信息。

7.5　性 能 分 析

本章介绍的区块链门限签名算法的计算难度等同于求解离散对数难题。由于现有的门限签名算法类型不同，本节将重点讨论基于拉格朗日插值定理和中国剩余定理的两种门限方案，从签名生成阶段和签名验证阶段两个方面分析其效率，并与其他方案进行性能比较，如表 7-2 所示。

表 7-2　复杂度比较

方案	生成签名阶段	验证签名阶段
本章方案	$tC_p + tC_i$	C_p
尚光龙和曾雪松(2017)方案	$(2t)C_p + tC_h + C_i$	C_h
曹阳(2015)方案	$(5t)C_p + tC_h$	$3C_p + C_i$

值得注意的是，由于模加和模减的计算成本很低，本节将不再讨论。本节将重点讨论模幂运算，其本质上是由几个模乘组合而成的并使用 Montgomery 模型进行简化。此外，在分析计算复杂度时，相同的操作只会被计数一次，相关符号及定义如表 7-3 所示。

表 7-3　用于计算复杂性定义的符号

符号	名称
C_p	模幂
C_i	模逆
C_h	哈希

本章介绍的方案是基于中国剩余定理提出的，尚光龙和曾雪松(2017)的方案是基于拉格朗日插值提出的，曹阳(2015)的方案是基于零知识证明提出的。

从表 7-2 可以看出，在签名生成和签名验证阶段，本章介绍的方案明显优于曹阳(2015)所提出的方案。本章介绍的方案中，秘密包含用户身份，用于管理授权和检测欺诈行为。而曹阳(2015)所提方案为了保护用户身份，引入一个哈希函数盲取用户 ID，并通过授权子集为权限管理引入额外操作，计算复杂度高。

尚光龙和曾雪松(2017)所提方案中哈希函数的计算复杂度高于模运算，导致所提方案在签名验证阶段的效率低于本章介绍的方案。作为异构网络，区块链计算资源有限，尤其是带宽资源，在投票过程中需要很高的执行效率。而且门限签名大部分计算资源的消耗主要集中在签名生成阶段，因此与签名验证阶段相比，提高签名生成效率将对方案的应用更有价值。因此，尽管尚光龙和曾雪松(2017)所提方案中签名验证阶段的计算复杂度与本章方案几乎相同，但由于签名生成阶段的高效性，在区块链场景下，本章介绍的系统吞吐量优于其所提方案。

以上文献所提方案都没有提供加入参与者和撤销签名的功能，并且区块链作为一个分散的分布式网络，计算任务将均匀地分布在各个节点中，且每个节点状态随机，断电和硬件故障都会导致节点无效。由于每个节点的计算能力参差不齐，为区块链中的一些节点单独添加计算资源是无法提高整体执行效率的。而通信资源是影响吞吐量的关键因素，减少通信次数就可以缩短签名算法的执行时间。撤销签名时，目标节点将被广播至区块链中的每个节点，然后每个节点利用本地存储的信息更新自己的临时公钥，不再需要与其他节点进行交互。这样可以缩短通信时间、提高效率、减少计算资源、增加任务吞吐量。因此，与现有算法相比，本章方案可以显著优化区块链场景下的性能。

7.6 本 章 小 结

本章针对门限签名算法在区块链中实现投票功能的应用将面临不信任和效率低下的问题，介绍一种基于离散对数难题和中国剩余定理的门限签名方案。

区块链具有去中心化的特点，因此本章介绍的签名方案支持节点的加入和退出而不需要可信中心的参与，提高了效率。并且由于区块链是公开的，为了抵御中间人的攻击，该签名方案还增加了数据验证的功能。在数据传输的过程中不会公开任何关键信息，确保数据的安全。最后通过安全分析证明本章介绍的门限签名方案可以有效地抵御恶意攻击。在区块链场景下，本章介绍的方案通过优化传输次数，以减少计算资源的消耗，增加系统吞吐量。通过性能分析验证本章方案在签名生成和验证阶段都具有较低的计算复杂度。

习　题

1. 签名算法的定义是什么？
2. 列举说明不少于一种实现秘密共享机制的算法。
3. 分析 7.3 节新提出方案的通信效率。

第 8 章　基于秘密共享的门限代理重签名

某些终端设备计算能力有限，但对安全性要求很高，这常常会影响人们在某些网络资源上的良好体验。针对此问题，我们提出了一种可证明是安全的服务器辅助验证门限值代理重签名方案。门限代理重签名可以有效地分散代理的权力，解决代理权过于集中的安全问题。在服务器辅助的身份验证协议中，验证者通过交互将复杂的双线性对操作传递给服务器，从而降低了验证者的计算复杂性。在标准模型下，该方案可以有效抵抗串通攻击和消息攻击的自适应选择。性能分析结果表明，与已有方案相比，新方案的签名长度缩短为已有算法签名长度的 1/3，验证效率至少提高了 57%。

8.1　背 景 简 介

随着网络技术和移动通信技术的不断发展，移动设备已成为人们生活中的重要组成部分。但是，此类设备的计算能力有限和能源供应有限，影响了人们对某些网络资源的良好体验。服务器辅助验证技术，包括代理重签名技术的出现，有效地解决了这个问题。代理重签名技术是密码学的重要研究方向，国内外学者在这方面做了很多工作。然而，这些基于身份或基于证书的代理重签名方案具有诸如证书管理和密钥托管的问题。尽管代理重签名方案已被广泛使用，但是它仍然具有许多缺点。例如，一旦重签名密钥被破坏，解决方案的安全性将被破坏。另外，代理人的权力过于集中，需要分散以使解决方案更加可靠。然后提出了门限代理重签名的概念。门限代理重签名是处理代理重签名的门限值的过程，因此代理的签名权被分散了。门限代理重签名方案可用于减少公共密钥管理支出，节省空间的特定路径遍历证书以及节省空间，并生成可管理的弱组签名。

经过几十年的研究，在理论和应用两方面，数字签名技术都得到了极大的发展。针对不同需求，学者研究出各种各样的数字签名算法。每年都有很多学者发表数字签名方面的学术论文。随着理论探讨的深入，数字签名的应用领域也在不断扩大，网上匿名选举、电子拍卖和网络交易等应用非常广泛。下面分别针对门限签名方案、门限代理签名方案的发展现状进行阐述。

门限签名方案引入了秘密分布存储的思想，这一思想使得群体中的某些子集可以代替整个群体完成签名工作。其中的门限特性指的是只有当群体中签名的人数超过一定的门限值时，签名才会生效。生效的签名是由签名的各位成员的共同签名按照某种方式组合得到的，且签名顺序并不影响最终的签名方案。

第一个门限签名方案是基于 RSA 密码体制和 Shamir 秘密共享思想的，由 Desmedt 和 Frankel 于 1991 年提出。之后，门限签名得到了广泛研究，学者提出了各种各样的门限签名方案。

根据密钥分发方式的不同，现有的门限签名方案可以分为两种类型：带有秘密分发中心的门限签名方案和无秘密分发中心的门限签名方案。

1996 年，Mambo 等首次提出了代理签名的概念，原始签名人可以将自己的签名权限委托给代理签名人，代理签名人可以代替原始签名人生成合法签名。验证者可以验证签名的有效性，并且可以了解签名的真实生成者是原始签名人还是代理签名人。

目前，代理签名方案大致分为三种：完全代理、部分代理和委托代理。在完全代理方式下，原始签名人将自己的私钥告知代理签名人。这种完全代理方式是不安全的，并且无法区分签名是由原始签名人生成的，还是代理签名人生成的。部分代理方式下，原始签名人利用私钥生成代理密钥，发送给代理人。于是代理人可以代表原始签名人生成签名，但是其无法计算出原始签名人的私钥。委托代理方式下，原始签名人创建委托协议，记录原始签名人和代理签名人的身份以及有效的代理时间段。许多代理签名方案是在上述三种代理方式的基础上构造门限的。

根据实际签名人是否可知，代理签名可以分为两类。

(1) 签名者不可知的代理签名方案。

原始签名人通过私钥生成代理签名密钥，所以其能伪装成代理签名人生成有效的代理签名，因此代理签名人能够否认代理签名，真实的签名人是不可知的。

(2) 签名者可知的代理签名方案。

原始签名人不能生成代理签名密钥，不能伪装成代理签名人生成有效的代理签名，所以原始签名人不能否认自己生成的签名，真实的签名人是可知的。

为了避免纠纷，一般需要确定签名者的真实身份。因此，签名者可知的代理签名方案是比较理想的选择，称为具有不可否认特性的代理签名方案。

随着代理签名的发展，秘密共享技术与代理签名相结合形成门限代理签名方案。很多情况下，原始签名人希望一群代理人共同拥有代理权限。在具有不可否认特性的门限代理签名方案中，能够识别出生成代理签名的代理群成员的身份。近些年来，学者提出一些具有不可否认特性的门限代理签名方案。1997 年，Kim 等首次提出了一种具有不可否认特性的门限代理签名方案。在此基础上，Sun 等提出了一种签名者可知的改进方案，解决了 Kim 方案中验证者无法确定代理群的群密钥是否由合法代理群生成的问题。但是，Sun 等的不可否认签名方案不能阻止共谋攻击。为了解决这个问题，Hsu 等提出了一个签名人可知的、更加高效的不可否认门限代理签名方案。Yang 等再次改进 Hsu 等的方案，使得新方案能阻止明文攻击、共谋攻击和伪造攻击。2009 年，Hu 等指出 Yang 等的方案仍存在一些安全隐患，如无法阻止框架攻击、公钥替换攻击等，于是 Hu 等给出了一种更加高效和安全的改进方案，该方案利用零知识证明阻止了公钥替换攻击。

已有的服务器辅助的验证代理重签名方案提高了签名验证的效率。但是，在此方案的代理重签名过程中，只有一个代理，因此代理的权限过于集中。一旦代理受到攻击，重新签名密钥就会泄露，并且该方案的安全性也会受到破坏。针对这个问题，我们提出了一种单向可变门限值代理重签名方案。我们介绍了秘密共享模型和门限值技术，并提出了一种新的可证明安全的服务器辅助验证门限值代理重签名方案。一方面，在服务器辅助认证协议的过程中，验证者和服务器之间通过交互协议将复杂的双线性对操作任务传递给服务器，从而使验证者的计算量较小。对签名进行验证以提高签名的验证效率。另一方面，代理人权利的分散增强了该计划的安全性。最后，仿真实验表明该方案是有效的。

8.2 预备知识

1. 双线性对

令 P 是一个大素数，G_1 和 G_2 是两个 P 阶循环群，而 g 是 G 的生成元。$e:G_1\times G_1\to G_2$ 是一个双线性映射，并且满足以下条件。

(1) 双线性：对于任意 $x,y\in Z_q^*$ 满足 $e(g^x,g^y)=e(g,g)^{xy}$。

(2) 非退化性：存在 $g_1,g_2\in G_1$，满足 $e(g_1,g_2)\neq 1$。

(3) 可计算性：存在一个有效的算法 $e(g_{1,}g_2)$，其中 $g_1,g_2\in G_1$。

2. CDH 假设

定义 8-1(CDH 问题)　对于任何未知的 $x,y\in Z_q^*$，当 $(g,g^x,g^y)\in G_1^3$ 已知时，我们可以计算 $g^{xy}\in G_1$。

定义 8-2(CDH 假设)　G_i 群中的 CDH 问题可以在多项式时间内大概率地解决。满足上述条件的算法不存在。

3. 秘密共享模型

分发阶段：设 q 为素数，秘密 $s\in Z_q^*$ 被分配。假设有一个 (t,n) 门限值，即具有 n 个成员的组 $p_i(i=1,2,\cdots,n)$，至少有 t 个成员合作时，秘密 s 才能恢复。基本思想是：首先随机生成 $a_1,a_2,\cdots,a_{t-1}$ 并生成函数 $F(x)=s+a_1x+\cdots+a_{t-1}x^{t-1}$，然后计算 $X_i=F(i)\in Z_q^*$ 并发布每个 (i,X_i) 给 p_i，注意当 $i=0$ 时，我们能得到 $X_0=F(0)=s$。

重构阶段：令 $\Phi\subseteq\{1,2,\cdots,n\},|\Phi|\geqslant t$，其中 $|\cdot|$ 表示集合的阶。然后设函数 $F(x)=\sum\limits_{j\in\Phi}\lambda_{X_j}^{\Phi}X_j,\lambda_{x_j}^{\Phi}\in Z_q^*$，其中参数 $\lambda_{x_j}^{\Phi}=\prod\limits_{k\in\Phi,k\neq j}\dfrac{x-k}{j-k}$，最后可以恢复 $s=F(0)=\sum\limits_{j\in\Phi}\lambda_{0j}^{\Phi}x_j$，其中 $\lambda_{0j}^{\Phi}=\prod\limits_{k\in\Phi,k\neq j}\dfrac{0-k}{j-k}$。

8.3 方案模型和安全定义

8.3.1 双向服务器辅助验证门限代理重签名方案模型

服务器辅助验证门限代理重签名方案一般包括以下八种算法。

(1) 生成系统：给定常数 k，通过操作 $(1^k)\to\mathrm{cp}$ 获得系统参数 cp 并公开。

(2) 生成密钥：输入根据(1)进程获得的系统参数 cp，并按 $(cp) \to (pk,sk)$ 获得用户的公钥-私钥对 (pk,sk)。

(3) 生成重签名密钥：首先输入 Bob 和 Alice 的公钥-私钥对 (pk_B,sk_B) 和 (pk_A,sk_A)。其次，算法将重新签名密钥 $rk_{A\to B}$ 分成 n 个部分，并随机分配给代理。最后，对应的重签名密钥 $rk_{A\to B_i}$ 和重签名公共密钥 $pk_{A\to B_i}$ 是分别为每个代理生成的，这样每个代理都可以通过自己的重新签名密钥将 Alice 的签名转换为 Bob 的部分重签名。需要注意的是 sk_A 在这个算法中是不必要的。

(4) 生成签名：随机给定签名消息 m，Alice 的私钥 sk_A 可以生成与公钥 pk_A 对应的消息 m 的原始签名 $\sigma_{A(m)}$。

(5) 生成重签名：首先，合成者需要收集每个代理通过其重签名密钥获得的部分重签名。其次，当合成者至少有 t 个合法的签名部分时，合成者将这些合法部分组合成一个签名，以获得重新签名 $\sigma_{B(m)}$ 并将其输出。

(6) 生成验证：给定公钥 pk、签名消息 m、待验证签名 r，如果 r 是由消息 m 的公钥 pk 获得的有效签名，输出 1；否则，输出 0。

(7) 生成服务器辅助验证参数：输入一个参数 cp 来为验证者生成一个字符串 V_{st}。

(8) 服务器辅助验证协议：对于字符串 V_{st}，公钥 pk 和消息签名对 (m,r)，如果服务器让验证者确定 r 是有效签名，则输出 1；否则，输出 0。

8.3.2 安全性定义

通过门限值代理的健壮性和不可伪造性，以及服务器辅助身份验证协议的完备性来确保该方案的安全性。健壮性和不可伪造性意味着，即使攻击者可以与 $t-1$ 个代理结合，签名方案仍然可以正确实现，但是攻击者无法重新签名。这样可以确保在联合攻击的情况下不会生成新消息的合法签名。服务器辅助身份验证协议完整性意味着服务器无法使验证者确定非法签名的合法性。Yang 等(2018)通过设计两个游戏 Game1 和 Game2，定义了联合攻击和自适应选择性消息攻击下服务器辅助身份验证协议的完备性。

定义 8-3　如果攻击者在 Yang 等(2018)的 Game1 和 Game2 中接近游戏胜利的可能性，则可以说该方案中的服务器辅助验证协议是完备的。

定义 8-4　如果门限值代理重签名方案同时满足以下两个条件，则表明该方案在共谋攻击和选择消息攻击的情况下是安全的。

(1) 在自适应选择消息攻击的情况下，存在不可伪造性和健壮性。

(2) 服务器辅助验证协议是完备的。

8.4　一种新的双向服务器辅助验证门限值代理重新签名方案

在本节中，构造了一种可证明安全的服务器辅助验证门限代理重签名方案。过程的参与者有受托人 Alice(负责生成消息的原始签名)、委托人 Bob、验证人(通过与半可信服务器交互来验证签名的有效性)、n 个半可信代理和一台服务器。

(1) 方案的初始化：设q是长度为k的素数，G_1、G_2分别是q阶的乘法循环群。令g为G_1群中的生成元，$e(G_1 \times G_1 \to G_2)$是双线性映射，任意选择正整数$q_0 < q_1 < q_2 < \cdots < q_{n-1}$，满足条件$\gcd(q_i, q_j) = 1$和$\gcd(q_i, q) = 1$，其中$0 \leqslant i \leqslant j \leqslant n-1$。令$F = q_0 q_1 q_2 \dots q_{n-1}$并且公开参数$(\mathrm{cp}) = (e, q, G_1, G_2, g, H, F, q_0, q_1, q_2, \cdots, q_{n-1})$。

(2) 密钥生成算法：用户输入参数并随机选择以获得相应的公钥-私钥对$(\mathrm{pk}, \mathrm{sk}) = (g^a, a)$。

(3) 重签名密钥生成算法：输入 Alice 和 Bob 的私钥$\mathrm{sk}_A = a$和$\mathrm{sk}_B = b$后，请按以下步骤操作：

① 在[1, $q-1$]中任意找出两个随机数 l_i 和 m_i，计算$\alpha_i = l_i m_i \prod_{j=0}^{i-1} q_j (\bmod F), i = 1, 2, \cdots, n-1$。通过应用中国余数定理，可以计算出$\alpha_0 \in Z_F$，它满足$\alpha_0 = \mathrm{sk}_B = b \bmod q_i$，$i = 0, 1, \cdots, n-1$。然后，构造一个$n-1$次多项式。当给定正整数$t(1 < t < n)$时，存在一个$t-1$次多项式$f_t(x) = f(x) \bmod_{qt-1} = b + \sum_{i=1}^{t-1} \alpha_i x^i$。

② 公布$X_j = g^{\alpha_j / a}, Y_j = g^{\alpha_j}, j = 0, 1, \cdots, n-1$。重签名密钥$\mathrm{rk}_{A \to B}^i = \dfrac{f_t(i)}{a} \bmod q_{t-1}, t = 1, 2, \cdots, n$。由中国剩余定理可以求解得到。然后发送信息$(i, \mathrm{rk}_{A \to B}^i)$给代理$P_i, i = 1, 2, \cdots, n$，其中$X_0 = g^{b/a}, Y_0 = \mathrm{pk}_B = g^b$。

③ 代理$P_i (1 \leqslant i \leqslant n)$首先计算$\mathrm{rk}_{A \to B}^{n,i} = \mathrm{rk}_{A \to B}^i \bmod q_{n-1}$，然后通过验证以下内容，确定获取的子密钥是否有效。

$$g^{\mathrm{rk}_{A \to B}^{n,i}} = \prod_{j=0}^{n-1} X_j^{i^j} \tag{8-1}$$

$$e\left(\prod_{j=0}^{n-1} X_j, \mathrm{pk}_A\right) = e\left(\prod_{j=0}^{n-1} Y_j, g\right) \tag{8-2}$$

如果以上两个等式都成立，则生成的子密钥$\mathrm{rk}_{A \to B}^i$是有效的。给定任意正整数$t(1 \leqslant t \leqslant n)$，代理$P_i$可以单独地计算$\mathrm{rk}_{A \to B}^{t,i} = \mathrm{rk}_{A \to B}^i \bmod q_{t-1}$并发布其验证公钥$\mathrm{vk}_{t,i} = g^{f_t(i)} = \prod_{j=0}^{t-1} Y_j^{i^j}$。

(4) 签名：给定受托者私钥a和长度n_m bit 的信息$m = (m_1, m_2, \cdots, m_{n_m}) \in \{0,1\}^{n_m}$，然后输出与公钥$\mathrm{pk}_A$对应的信息$m$的原始签名$\sigma_A = H(m)^a = (\sigma_{A1}, \sigma_{A2}) = (g_1^a \varpi^\alpha, g^\alpha)$。其中，$g_1, g_2, u_1, \cdots, u_{nm} \in G_1, \alpha \in {}_R Z_q$ $\varpi = g_2 \prod_{i=1}^{n_m} (u_i)^{m_i}$。

(5) 生成重签名。

① 部分密钥生成。假设门限值为$t(1 \leqslant t \leqslant n)$，输入门限值$t$，公钥$\mathrm{pk}_A$，信息$m$和签名$\sigma_A$。首先验证$\mathrm{Verify}(\mathrm{pk}_A, m, \sigma) = 1$是否正确。如果等式为真，请输入重签名子密钥

$\mathrm{rk}_{A\to B}^{t,i}$ 并输出部分重签名 $\sigma_{B,i}=(\sigma_A)^{\mathrm{rk}_{A\to B}^{t,i}}$，其中 $i=0,1,\cdots,t$。如果等式不成立，即未通过验证，输出 0。

② 重签名生成。重签名合成者获得部分重签名后，将使用以下公式来验证其有效性。

$$e(\sigma_{B,i},g)=e[\mathrm{vk}_{t,i},H(m)] \tag{8-3}$$

其中，$\mathrm{vk}_{t,i}$ 代表部分代理的可验证公钥。如果合成者获得至少 t 个合法部分重签名 $(\sigma_{B,i_1},\sigma_{B,i_2},\cdots,\sigma_{B,i_k})$，其重签名是 $\sigma_B=(\sigma_{B,1},\sigma_{B,2})=\left(\prod_{i=1}^{t}(\sigma_{B,i_1})^{\gamma_{0,i}},\prod_{i=1}^{t}(\sigma_{B,i_2})^{\gamma_{0,i}}\right)$，其中 $\gamma_{0,i}$ 是拉格朗日插值多项式的系数。

(6) 签名验证：输入公钥 pk_A、消息 m 和签名 σ 后，如果满足方程：

$$e(\sigma,g)=e[H(m),\mathrm{pk}_A] \tag{8-4}$$

输出 1，否则输出 0。

(7) 服务器辅助生成算法：在给定系统参数 cp 时，验证者随机选择一个元素 $x\in Z_q^*$ 和假定一个字符串 $V_{\mathrm{st}}=x$。

(8) 服务器辅助验证协议：给定 $V_{\mathrm{st}}=x$ 一个公钥 pk 和一个签名消息对 $(m,\sigma=(\sigma_1,\sigma_2))$，服务器辅助认证之间的交互协议验证者和服务器如下。

① 验证者计算 $\sigma'=(\sigma_1',\sigma_2')=((\sigma_1)^x,(\sigma_2)^x)$ 并发送 (m,σ') 到服务器。

② 服务器计算 $\eta_1=e(\sigma_1',g),\eta_2=e(\varpi,\sigma_2')$ 并将 (η_1,η_2) 发送给验证者。

③ 验证者需要通过计算等式(8-5)，即

$$\eta_1=(\mathrm{pk})^x\eta_2 \tag{8-5}$$

是否成立，来确定验证者是否认为 σ 是消息 m 的合法签名。如果为真，则输出 1；否则，输出 0。

8.5　安全性证明和有效性分析

8.5.1　正确性分析

定理 8-1　当门限值是 t 时，如果式(8-1)和式(8-2)为真，则获得的重签名子密钥有效。

证明： 若 $\mathrm{rk}_{A\to B}^{n,i}=\mathrm{rk}_{A\to B}^{i}\bmod q_{n-1}$，则 $g^{\mathrm{rk}_{A\to B}^{n,i}}=g^{\mathrm{rk}_{A\to B}^{i}\bmod q_{n-1}}=\prod_{j=0}^{n-1}X_j^{i^j}$，因为 $X_j=g^{\alpha_j/a}$，$Y_j=g^{\alpha_j}$，所以有

$$e\left(\prod_{j=0}^{n-1}X_j,\mathrm{pk}\right)=e\left(\prod_{j=0}^{n-1}g^{\frac{\alpha_j}{a}},g^{\alpha}\right)=e\left(\prod_{j=0}^{n-1}g^{\alpha_j},g\right)=e\left(\prod_{j=0}^{n-1}Y_j,g\right) \tag{8-6}$$

另外，有

$$\mathrm{rk}_{A\to B}^{t,i} = \mathrm{rk}_{A\to B}^{i} \bmod q_{t-1} = h^{\frac{f_t(i)}{\alpha}}$$

$$\mathrm{vk}_{t,i} = \prod_{j=0}^{t-1} Y_j^{i^j} = \prod_{j=0}^{t-1} g^{\alpha_j^{i^j}} = g^{\sum_{j=0}^{t-1}\alpha_j^{i^j}} = g^{f_t(i)} \tag{8-7}$$

定理 8-2　当门限值为 t 时，如果等式(8-3)成立后，所获得的部分重签名有效。

证明：由双线性对的性质，得到

$$e(g,s_i) = e\left(g,H(m)^{f_t(i)}\right) = e\left(g^{f_t(i)},H(m)\right) = e\left(\mathrm{vk}_{t,i},H(m)\right) \tag{8-8}$$

定理 8-3　当门限值为 t 时，如果式(8-4)建立后，所获得的门限代理重签名有效。

证明：由双线性对的性质，得到

$$e(\sigma,g) = e\left(H(m)^{\alpha},g\right) = e\left(H(m),g^{\alpha}\right) = e\left(\mathrm{pk},H(m)\right) \tag{8-9}$$

定理 8-4　如果等式(8-5)是正确的，验证者确认 σ 是消息 m 的合法签名。

证明：由 Bob 的重签名 $\sigma_B = (\sigma_{B1},\sigma_{B2}) = \left(g_1^b\varpi^r, g^r\right)$ 和字符串 $V_{\mathrm{st}} = x$ 可以得到

$$\begin{aligned}\eta_1 &= e\left(\sigma_{B1}',g\right) = e\left(\left(\sigma_{B1}\right)^x,g\right) = e\left(\left(g_1^b\varpi^r\right)^x,g\right) = e\left(g_1^b,g\right)^x e\left(\varpi^{rx},g\right)\\ &= e\left(g_1,g^b\right)^x e\left(\varpi,g^{rx}\right) = \left(\mathrm{pk}_B\right)^x e\left(\varpi,g^{rx}\right) = \left(\mathrm{pk}_B\right)^x e\left(\varpi,\left(g^r\right)^x\right)\\ &= \left(\mathrm{pk}_B\right)^x e\left(\varpi,\left(\sigma_{B2}\right)^x\right) = \left(\mathrm{pk}_B\right)^x e\left(\varpi,\sigma_{B2}'\right) = \left(\mathrm{pk}_B\right)^x \eta_2\end{aligned} \tag{8-10}$$

通过以上推导过程，可以证明，当门限值为 t 时，重签名子密钥、部分重签名和重签名验证算法是有效的，并验证了服务器辅助验证协议的正确性。由于原始签名的长度和重签名的长度相同，因此该方案具有透明性和多用性特征。通过运算可以得到 $r_{A\to B} = b/a = 1/r_{B\to A}$，因此该方案满足双向性。另外，由于 $\mathrm{sk}_A,\mathrm{sk}_B,\mathrm{rk}_{A\to B} \in Z_q^*$，该方案具有密钥最优的特征。

8.5.2　安全性分析

下面将分析本章提出的方案具有不可伪造性和健壮性，并且该方案的服务器验证协议满足完备性。但是，该方案在标准模型下具有不可伪造性，其安全性问题可归因于 CDH 假设。因此，为了证明我们提出的新解决方案的安全性，只需要证明该方案的健壮性和服务器辅助验证协议的完备性即可。

定理 8-5　在标准模型下，当 $n \geqslant 2t-1$ 时，该方案对于任何能够联合 $t-1$ 代理者的攻击者来说都是健壮的。

证明：

(1) 由于合成者能够验证部分重签名是否合法，因此当发现恶意代理时可以将其拒绝。

(2) 因为 n 个代理中至少有 t 个诚实代理，并且这些诚实代理通过自己的重签名密钥

计算各自的部分重新签名，所以合成者还可以获得序列号 i 的集合 $\Phi(|\Phi| \geqslant t)$。因此，合成者始终可以具有 t 个合法的部分重签名来合成和计算与消息 m 对应的重签名。

(3) 当合成者有 t 个合法的部分重新签名以合成和计算与消息 m 对应的重签名时，联合攻击者的数量达到 $2t-1-t=t-1$。根据门限值条件 (t,n)，攻击者无法成功突破。

总而言之，可以得出结论，当 $n \geqslant 2t-1$ 时，该方案是健壮的。

定理 8-6　本书所提出方案的服务器辅助验证协议在合谋攻击和自适应选择消息攻击下是完备的。

在给出定理 8-6 的证明之前，首先介绍以下两个引理。

引理 8-1　假设服务器和受托者 Alice 合谋而成的攻击者为 A_1，则攻击者要求挑战者 C 确定非法原始签名是合法的。该事件为真的概率为零。

证明：在此过程中，A_1 扮演服务器的角色，而在协议中，C 扮演验证者的角色。给定消息的非法原始签名，A_1 的目标是让 C 确保非法签名是合法的。它们之间的交互如下。

建立：挑战者 C 执行初始化算法以生成系统参数 cp，随机选择 $x^*,\gamma \in Z_q^*$，让 $V_{\text{st}}=x$ 并计算受托者 Alice 的公钥-私钥对 $(\text{pk}_A,\text{sk}_A)=\left(e(g_1,g^\gamma),\gamma\right)$，然后发送 $\{\text{cp},\text{pk}_A,\text{sk}_A\}$ 给攻击者 A_1。

查询：攻击者 A_1 可以对服务器进行有限数量的辅助验证查询。在每次查询过程中，挑战者 C 和攻击者 A_1 都执行服务器辅助的验证以获取身份验证协议，然后响应该协议的输出并将其返回给攻击者 A_1。

输出：最后，攻击者 A_1 输出伪造的消息 m^* 和字符串 $\sigma^*=(\sigma_1^*,\sigma_2^*)$，并使与公钥 pk_A 对应的消息 m^* 的所有合法签名的集合为 Γ_{m^*}，满足 $\sigma^* \notin \Gamma_{m^*}$。当挑战者 C 收到 (m^*,c^*,σ^{1*}) 时，用给定的字符串 V_{st} 计算出 $(\sigma^*)'=\left((\sigma_1^*)',(\sigma_2^*)'\right)=\left(\left((\sigma_1^*)^{x^*}\right),(\sigma_2^*)^{x^*}\right)$；并将其发送给攻击者 A_1。然后，A_1 通过操作获得 $\eta_1^*=e\left((\sigma_1^*)',g\right)$ 和 $\eta_2^*=e\left(\varpi^*,(\sigma_1^*)'\right)$，并将它们返回给 C。下面是对方程 $\eta_1^*=(\text{pk}_A)^{x^*}\eta_2^*$ 建立的概率为 $1/(q-1)$ 的详细推导。

(1) 由于 $(\sigma^*)'=(\sigma^*)^{x^*}$ 和 $x^* \in_R Z_q^*$，攻击者 A_1 由 σ^* 伪造 $(\sigma^*)'$ 的概率为 $1/(q-1)$。

(2) 假设攻击者 A_1 返回 (η_1^*,η_2^*)，它满足 $\eta_1^*=(\text{pk}_A)^{x^*}\eta_2^*$，则有 $\log_{\text{pk}^*}\eta_1^*=x^*+\log_{\text{pk}_A}\eta_2^*$，因为 x^* 是从 Z_q^* 中任意选择的元素，攻击者尝试使 x^* 让上述方程式成立的概率为 $1/(q-1)$。

从以上分析可以看出，攻击者 A_1 使 C 相信消息签名 (m^*,σ^*) 是合法的概率为 $1/(q-1)$。由于 q 是一个大素数，因此攻击者 A_1 让 C 判定非法原始签名合法的可能性为零。

引理 8-2　假设攻击者为服务器和 t 个代理者合谋的攻击者，则称为攻击者 A_2。A_2 让 C 判定非法重签名合法的可能性可以忽略不计。

证明：在此过程中，A_2 扮演服务器的角色，并且在协议中 C 扮演验证者的角色。当给出消息的非法签名时，A_2 的目标是让 C 确保非法签名是合法的。两者之间的相互作用如下。

建立：挑战者 C 通过运行系统初始化算法获得系统参数 cp ，从 Z_q^* 中选择三个元素 x^*、α、β, 然后计算 $(\mathrm{pk}_A,\mathrm{sk}_A)=\left(e(g_1,g^{\alpha}),\alpha\right)$ 、$(\mathrm{pk}_B,\mathrm{sk}_B)=\left(e(g_1,g^{\beta}),\beta\right)$ 和 $\mathrm{rk}_{A\to B}=b/a$ ，最后挑战者 C 将 cp 、pk_A 、 pk_B 和 $\mathrm{rk}_{A\to B}$ 发送给 A_2 。

查询：与引理 8-1 中的询问响应过程相同。

输出：最后，攻击者 A_2 输出伪造的消息 m^* 和字符串 $\sigma^*=(\sigma_1^*,\sigma_2^*)$ ，并且使消息 m^* 与公钥 pk_B 相对应的所有合法签名的集合为 Γ_{m^*} ，并且满足 $\sigma^*\notin\Gamma_{m^*}$ 。同样，在引理 8-1 的分析过程中，攻击者 A_2 让 C 确保 (m^*,σ^*) 为合法签名的概率为 $1/(q-1)$ 。因此，攻击者 A_2 使 C 确信 (m^*,σ^*) 是合法签名的可能性可以忽略不计。

基于以上分析，我们知道，本章提出的双向服务器辅助验证门限值代理重签名方案在自适应选择消息攻击和合谋攻击的情况下是安全的。

接下来，介绍服务器辅助的验证门限值代理重签名方案的性能分析。

8.5.3 性能分析

为了将性能与现有的门限值代理重签名算法进行比较，在本节中定义了以下符号(表 8-1)。

表 8-1 解决方案的符号表示

符号	说明
$\lvert G_1\rvert$	G_1 中元素的长度
$\lvert G_2\rvert$	G_2 中元素的长度
E	指数运算
P	双线性对运算

需要说明的是，由于加法、乘法、HMAC 算法和哈希函数的计算量较小，因此在考虑计算开销时，我们只考虑计算指数运算和运算量较大的双线性对运算。

以下将会从秘密分割、签名算法、重签名算法和签名验证中分析，其中重签名算法包括部分重签名算法和合成重签名算法。本章方案中算法的计算开销如表 8-2 所示。

表 8-2 方案的计算开销

程序	计算开销
秘密分割	$2E+2P$
签名算法	E

续表

程序	计算开销
重签名算法	$E + 2P$
签名验证算法	$3E$

在 Yang 和 Wang(2011)、Li 和 Yang(2014)的方案中提出了两种不同的门限代理重签名方案。表 8-3 中显示了基于重签名长度和计算开销在本章建议的签名算法和现有的两种算法之间的比较。

表 8-3　盲代理重签名算法的计算开销和安全性属性

方案	重签名长度	计算开销	验证者
Yang 和 Wang(2011)方案	$\lvert 4G_1 \rvert$	$6E+3P$	$8P$
Li 和 Yang(2014)方案	$\lvert 3G_1 \rvert$	$2E+3P$	$5P$
本章方案	$\lvert G_1 \rvert$	$E+2P$	$3E$

从表 8-3 中可以看出，与 Yang 和 Wang(2011)、Li 和 Yang(2014)的方案相比，本章方案中的重签名生成算法的计算开销仅包括两个双线性对运算和一个指数运算，因此该方案的计算成本低于 Yang 和 Wang(2011)、Li 和 Yang(2014)的方案的计算开销。另外，本章方案中签名的长度更短，签名验证的计算开销也低于 Yang 和 Wang(2011)及 Li 和 Yang(2014)的方案。在这种方案中，签名验证过程中需要两个双线性对，而服务器辅助验证协议中只需要三个取幂运算。因此，本章提出的新算法比以前的算法具有更多的优势。

由于在本章方案中，验证者与服务器通过两者之间的交互协议将复杂的双线性对运算任务转移给服务器执行，因此签名验证时不需要执行计算量较大的双线性对运算，从而解决了移动互联网环境下移动终端计算能力有限这一问题。另外，在标准模型下，本章所提出的方案在自适应性选择消息下是不可伪造的，服务器辅助验证协议过程是完备的。因此，本章提出的服务器辅助验证门限代理重签名方案在合谋攻击和自适应性选择消息攻击下是安全的，从而满足移动互联网复杂环境对安全性要求较高的条件。综上可知，本章提出的服务器辅助验证门限代理重签名方案能更好地适应移动互联网环境。

8.5.4　数值实验

本节针对验证者的时间开销、验证效率和不同数量级的消息签名模拟 Yang 和 Wang(2011)及 Li 和 Yang(2014)的方案。仿真实验的环境是 Intel Core i5-8300H 处理器的 CPU，主频为 2.3GHz，内存为 8GB，软件环境为 64 位 Window10 操作系统，MyEclipse2015。

从图 8-1 可以看出，对于相同长度的签名消息，本章方案的验证时间开销低于 Yang 和 Wang(2011)、Li 和 Yang(2014)的验证时间开销。另外，在 Yang 和 Wang(2011)、Li 和 Yang(2014)的方案中，验证者需要分别执行 8 和 5 双线性对，随着签名消息长度的增加，本章方案中的验证者的时间开销大大增加。但是，在本章方案中，计算复杂的双线性对操作通过验证程序和服务器之间的交互协议传输到服务器，验证者只需执行 3 次指数运算，因此在本章方案中，随着签名消息长度的增加，验证者的时间开销几乎不变。

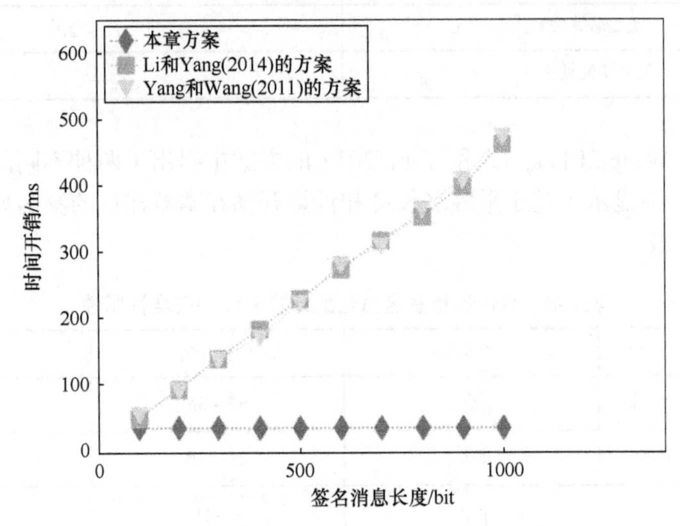

图 8-1　验证时间开销与消息长度之间的关系

从图 8-2 中可以看出，与 Yang 和 Wang(2011)、Li 和 Yang(2014)的方案相比，本章方案的验证效率得到明显提高，这大大降低了验证者的时间开销并节省了验证费用。

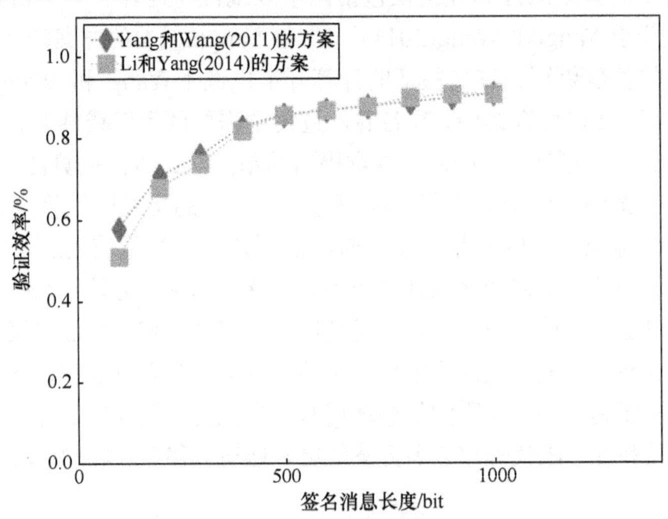

图 8-2　验证效率与消息长度的关系

习　题

1. 什么是代理重签名?
2. 代理重签名方案的作用是什么?
3. 代理重签名方案有哪些典型应用?

第 9 章　基于辅助验证的部分盲代理重签名

随着物联网终端设备计算能力有限、安全性要求高的问题日益凸显，基于服务商辅助验证的部分盲代理重签名方案应运而生。部分盲代理重签名算法既保护了受托人的隐私消息，又保护了代理人的合法权益。在服务器辅助的身份验证协议中，验证者通过交互将复杂的双线性对运算任务传输到服务器，从而减少了验证者的计算量。

9.1　背 景 简 介

移动通信技术的发展日新月异，其中 iPad、智能手机、无线传感器和电子钥匙等移动终端已经成为我们生活和工作中不可或缺的一部分。电子商务和电子政务的兴起使人们从现实的物质世界进入了便利的电子时代。通过网络，人们可以随时随地在线购物、库存操作、通信和访问网络资源。移动通信系统支持各种应用程序，同时基于云的移动服务的显著增长，其不仅能用于个人消费者，还为其他行业提供多样化服务，但是使用外包云服务器的敏感隐私数据日渐增多。在传统的移动通信网络中，用户和网络相互认证构建了相互信任模型。目前，移动通信技术可以通过与物联网相关的异构无线网络连接数十亿个对象，也可以通过使用诸如服务器辅助验证之类的外包助手来实现部分参与物联网实体之间的认证过程。

然而，由于物联网终端设备本身的局限性，计算能力通常较弱，在通信开销、计算成本和电池电量方面的资源有限，这使得人们需要花费大量时间来进行资源请求和资源访问中的验证，并且物联网通信系统中也存在安全和隐私问题。另外，物联网的复杂发展环境，使得物联网的安全性需要更高的要求和标准，对于低功耗设备来说，许多具有出色安全特性的密码计算方案的需求代价过于高昂。例如，椭圆曲线加密，具有优良的密码学特性，椭圆曲线加密方案在密码学研究中得到了相当广泛的应用，尤其是在基于身份的加密和签名的方案设计中，但是椭圆曲线加密方案的计算需求相较于物联网设备比较高昂。因此，有必要设计一种解决方案，该解决方案可以解决在物联网环境中的终端设备计算能力和能源供应有限以及高安全性需求的问题。

目前针对这些问题的主要解决方案是服务器辅助计算，算力强大的服务器帮助客户端完成需要的加密操作。服务器辅助验证签名方案主要包括数字签名方案和服务器辅助验证协议。通过服务器辅助验证协议有效利用服务器资源来执行签名验证，可以有效降低原始验证算法的计算成本。在理想情况下，服务器是完全可信任的，客户端和服务器之间可以通过构建安全通道来实现客户端的计算任务由服务器代替其完成。然而，在实际情况下，客户端往往面临着一种无法完全信任服务器的情况，对于客户端的请求，服务器可能试图提取客户端的隐私信息或发送错误的结果。

最初的服务器辅助验证签名方案，并不能满足服务器和签名者共享的要求。后来，基于服务器辅助的验证签名方案可以有效抵御网络攻击，但是需要消耗大量的宽带支出。之后，相关研究人员通过结合聚合签名和服务器辅助的验证签名，设计了一种节省宽带支出的密码系统，系统将对应于多个消息的不同签名组合为一个签名，以达到减少宽带支出、节省验证时间并提高验证效率的目的。

9.2 发展现状

代理重签名是密码学中的重要研究方向，国内外学者在这方面做了大量的工作。在代理重签名系统中，委托者根据消息生成原始签名，代理者将原始签名转换为同一个消息的有效签名，但代理者无法获得委托者的签名密钥。代理重签名还具有签名转换的功能，可以实现云存储环境下用户数据的完整性证明、跨域认证、路径证明、签名权力分散、优化证书管理等。代理重签名技术还可以通过执行服务器辅助验证协议，以较低的计算成本执行签名验证。

1998 年，人们首次提出了代理重签名的概念，但没有给出形式化的安全性定义。2005 年，人们首次提出了代理重签名的安全模型，给出随机预言模型下具有严格安全性的两种方案。之后，相关研究人员提出了一种通用的可组合代理重签名方案，但是这种方案不能满足不可伪造的条件。相关研究人员针对这个问题进一步完善了代理重签名的安全属性定义，同时构造了标准模型下安全的代理重签名方案，设计出了单向多用的代理重签名方案。

近年来，代理重新签名的广泛适用性引起了学者的关注，他们相继提出了一些具有特殊性质的代理重签名方案，如基于多项式同构的代理重签名方案、基于格的代理重签名方案、基于身份的代理重签名方案。同时，随着云计算和大数据的迅速发展，云服务器以其具有强大的计算能力成为代理重签名方案中代理者的有力选择，可以有效解决云计算终端中的那些低端计算设备的计算能力弱、能源供应有限等问题。然而，目前大部分代理重签名方案的签名验证算法需要复杂的密码学算法支持，计算能力弱的低端计算设备的算力无法承担这个任务。同时，这些基于身份或基于证书的代理重签名方案存在诸如证书管理和密钥托管之类的问题。为了解决这些问题，研究人员对具有聚合属性的非证书代理重新签名方案进行了签名，有效降低了验证过程中的计算成本和通信成本。此外，为了避免代理获得转换后消息的细节，进一步提出了一种盲代理重签名方案。但是，该方案中的验证者是预先指定的，在实际应用中存在局限性和安全性低的问题。针对这个问题，研究人员提出了一种具有安全性的部分盲目代理重签名方案，当消息内容不公开时，该方案不仅实现了受托人与代理之间的签名转换，而且有效地防止了受托人对重签名的非法使用。然而，在该方案的签名验证算法中，需要四个双线性对运算，导致其耗时过高，不能很好地应用于物联网。因此，有必要设计一种能够减少部分盲代理重签名验证开销的方案。

服务器辅助验证代理重签名是利用计算能力强的云服务器执行大部分签名验证的计

算任务，从而大大减少了客户端的计算量，非常适用于云计算和物联网环境。Quisquater和 DeSoete 引入了服务器辅助验证的概念，利用服务器加速 RSA 验证。1995 年，Lim 和 Lee 提出了基于随机化的代理计算协议，提高了基于离散对数的身份验证方案中身份证明和签名验证的验证效率。Girault 和 Quiscuter 基于签名方案初始底层问题的子问题的难度提出了另一种不需要预先计算或随机化的方案。Hohenberger 和 Lysyanskaya 在由两个不同的服务器组成的服务器集群的情况下设计了服务器辅助验证模型，使其可以完成简单的公共计算任务。Girault 和 Lefranc 提出了更通用的服务器辅助验证模型，设计了基于双线性映射的通用服务器辅助数字签名验证协议。之后，研究人员进一步研究了服务器辅助验证代理重签名的安全模型，并发现了在随机预言模型下安全的方案，在实际应用中不一定是安全的。为了弥补这些安全缺陷，很有必要研究标准模型下可证明安全的服务器辅助验证代理重签名方案。

本章将服务器辅助认证协议和部分盲代理重签名算法相结合，提出了一种面向低端设备的服务器辅助验证部分盲代理重签名方案，并给出了该方案的安全性证明。在服务器辅助验证协议过程中，验证者和服务器之间将复杂的双线性对运算任务通过交互协议传递给服务器，使得验证者以较小的计算代价验证签名，提高了签名的验证效率。该验证算法减少了复杂的双线性对运算，减少了计算时间开销，能够更好地适应物联网环境。

9.3　基于辅助验证的部分盲代理重签名构造过程

9.3.1　方案模型

本章结合部分盲代理重签名算法以及服务器辅助认证协议，提出了一种适用于物联网的部分盲代理重签名方案。参与本方案的实体包括主体 Bob、受托方 Alice、验证者(SV)、半可信代理(P)和服务器(SS)。具体情况如下。

(1) 通过初始化过程获得签名算法所需的系统参数 cp，然后公开参数 cp。

(2) 根据公开的系统参数 cp，用户通过运行密钥生成算法获得用户的公私钥对 $(\mathrm{pk},\mathrm{sk})$。

(3) 通过使用委托人和受托人给定的私钥 sk_A、sk_B，运行重签名密钥算法，为代理者生成重签名密钥 $\mathrm{rk}_{A\to B}$。

(4) 根据公共参数 cp，受托人和代理者通过运行约定的消息算法来输出公共消息 c。

(5) 通过使用公共消息 c、签名消息 m 和私钥 sk 运行签名算法来获得签名 σ。

(6) 在给定盲化因子 κ 的情况下，Alice 通过运行盲算法来获得与消息 m 相对应的盲消息 x 和与消息 m、c 相对应的盲签名 σ'_A，然后将 (x,σ'_A) 发送给代理者。

(7) 判断 σ'_A 是否有与受托人的公钥 pk_A 相对应的合法签名，如果不是合法签名，输出 0；如果是合法签名，则代理者通过运行重签名生成算法来获得部分盲代理重签名 σ'_B。

(8) 受托人使用盲化因子 κ 处理部分盲代理重签名以获得签名的 m 消息和公共消息 c 的签名 σ_B。

(9) 验证者验证签名σ是否为与用于签名消息m和公开消息c的公钥pk相对应的合法签名。如果是合法签名，则输出1；否则，输出0。

(10) 从cp生成服务器辅助的身份验证参数，通过此过程为验证者生成字符串V_{st}。

(11) 服务器辅助认证协议：对于字符串V_{st}、公钥pk和消息签名对(m,σ)，如果服务器让验证者确定σ为有效签名，则输出1；否则，输出0。

9.3.2 方案安全定义

盲代理重签名的服务器辅助验证部分的安全性至少应包括代理重签名的不可伪造性，服务器辅助身份验证协议的部分盲化性和完备性。不可伪造性保证了攻击者无法对新消息生成合法签名。部分盲化性可确保代理者在不知道转换后的消息内容的情况下生成消息的重签名，并且代理者无法将消息的最终重签名与部分不明代理重签名进行匹配。所谓服务器辅助认证协议完备性是指服务器不能使验证者确定一个非法签名的合法性。

代理重签名具有不可伪造性和部分盲化性，通过设计Game1和Game2两个游戏，定义了联合攻击和自适应选择消息攻击下服务器辅助验证策略的完备性。

定义 9-1　如果攻击者在Game1和Game2中获胜的概率接近，则称方案中的服务器辅助验证协议是完备的。

定义 9-2　如果盲代理重签名方案的服务器辅助验证部分同时满足以下两个条件，则表明本章方案在合谋攻击和选择性消息攻击下是安全的。

(1) 在自适应选择消息攻击的情况下，存在不可伪造性和部分盲化性。

(2) 服务器辅助验证协议是完备的。

9.3.3 方案详细设计

本节介绍一种既安全又高效的部分盲代理重签名方案。签名消息的位长为$n_m$bit，公共消息的位长为n_{m_1}bit。使用防冲突哈希函数$H_1:\{0,1\}^* \to \{0,1\}^{n_m}$和$H_2:\{0,1\}^* \to \{0,1\}^{n_{m_1}}$，将消息的长度$m$和$c$设为任意长度，以增强解决方案的灵活性。

(1) 初始化：给定系数λ，公开系统参数$\text{cp}=(e,p,G_1,G_2,g,g_1,u^*,u_1,\cdots,u_{n_m},\mu^*,\mu_1,\cdots,\mu_{n_{m_1}})$，其中$e:G_1\times G_1\to G_2$是双线性映射，$G_1$、$G_2$是阶数为素数$p$的循环群，$g$是$G_1$的生成元，并且$g_1$是循环群$G_1$的元素。$u^*,u_1,\cdots,u_{n_m},\mu_1,\cdots,\mu_{n_{m_1}}$是循环群$G_1$中随机选择的元素。

(2) 生成密钥：用户随机选择$\alpha\in Z_p^*$并获得对应的公私钥对$(\text{pk},\text{sk})=(g^a,a)$。

(3) 生成重密钥：在输入Alice的私钥$\text{sk}_A=a$和Bob的私钥$\text{sk}_A=b$后，输出代理者的重签名密钥$\text{rk}_{A\to B}=\dfrac{b}{a}\bmod p$。在此过程中，不向代理者$P$公开Alice和Bob的私钥。

(4) 协商：Alice和Bob同意一条长度为n_{m_1}bit的消息$c=(c_1,c_2,\cdots,c_{m_1})\in\{0,1\}^{n_{m_1}}$。

(5) 签名：给定需签名的消息m和公共消息c，Alice随机选取$\varepsilon_1,\varepsilon_2\in Z_p^*$，使用Alice

的私钥 $\mathrm{sk}_A = a$ 计算 $\sigma_{A1} = g_1^a \left(u^* \prod_{i=1}^{n_m} u_i^{m_i}\right)^{\varepsilon_1} \left(\mu^* \prod_{j=1}^{n_{m_1}} \mu_j^{m_{1j}}\right)^{\varepsilon_2}$、$\sigma_{A2} = g^{\varepsilon_1}$ 和 $\sigma_{A3} = g^{\varepsilon_2}$，输出消息 m 和 c 的原始签名 $\sigma_A = (\sigma_{A1}, \sigma_{A2}, \sigma_{A3})$。

(6) 盲化：对于长度为 n_m bit 和 n_{m_1} bit 的签名消息 m 和 c。Alice 随机选取一个盲化因子 $\kappa \in Z_p^*$，计算签名消息 m 的盲化消息 $x = \left(u^* \prod_{i=1}^{n_m} u_i^{m_i}\right)^{\kappa}$，然后随机选取 $\gamma_m, \gamma_{m_1} \in Z_p^*$ 计算 $\sigma'_{A1} = g_1^a x^{\gamma_m} \left(\mu^* \prod_{j=1}^{n_{m_1}} \mu_j^{m_{1j}}\right)^{\gamma_{m_1}}$，$\sigma'_{A2} = g^{\gamma_m}$ 和 $\sigma'_{A3} = g^{\gamma_{m_1}}$ 并将盲化消息 x、公共消息 c 和盲签名 $\sigma'_A = (\sigma'_{A1}, \sigma'_{A2}, \sigma'_{A3})$ 发送到代理者 P。

(7) 重签名：代理者 P 接收到盲消息 x、公共消息 c 和盲化签名 $\sigma'_A = (\sigma'_{A1}, \sigma'_{A2}, \sigma'_{A3})$ 后，验证等式：

$$e(\sigma'_{A1}, g) = e(g_1, \mathrm{pk}_A) e(x, \sigma'_{A2}) e\left(\mu^* \prod_{j=1}^{n_{m_1}} \mu_j^{m_{1j}}, \sigma'_{A3}\right) \tag{9-1}$$

如果式(9-1)不成立，输出 0；如果成立，则随机选取 $\gamma'_m, \gamma'_{m1} \in Z_p^*$，然后使用重签名密钥 $\mathrm{rk}_{A\to B}$ 计算 $\sigma'_{B1} = (\sigma'_{A1})^{\mathrm{rk}_{A\to B}} x^{\gamma'_m} \left(\mu^* \prod_{j=1}^{n_{m_1}} \mu_j^{m_{1j}}\right)^{\gamma'_{m_1}}$，　$\sigma'_{B2} = (\sigma'_{A2})^{\mathrm{rk}_{A\to B}} g^{\gamma'_m}$ 和 $\sigma'_{B3} = (\sigma'_{A3})^{\mathrm{rk}_{A\to B}} g^{\gamma'_{m1}}$，最后将部分盲代理重签名发送给 Alice。

(8) 去盲化：在收到代理者 P 发送的部分盲代理重签名后，Alice 使用 Bob 的公钥 pk_B 来验证等式：

$$e(\sigma'_{B1}, g) = e(g_1, \mathrm{pk}_B) e(x, \sigma'_{B2}) e\left(\mu^* \prod_{j=1}^{n_{m_1}} \mu_j^{m_{1j}}, \sigma'_{B3}\right) \tag{9-2}$$

如果等式(9-2)不成立，则表示签名 σ'_B 无效，则 Alice 拒绝接受；如果等式成立，则随机选取 $\lambda \in Z_p^*$ 计算 $\varepsilon_1 = \kappa\gamma_m + \lambda$ 和 $\varepsilon_2 = \gamma_{m_1} + \kappa\lambda$。以下是部分盲目代理重签名的盲化性。通过计算 $\sigma_{B1} = (\sigma'_{B1}) \left[\left(u^* \prod_{i=1}^{n_m} u_i^{m_i}\right)\left(\mu^* \prod_{j=1}^{n_{m_1}} \mu_j^{m_{1j}}\right)^{\kappa}\right]^{\lambda}$，$\sigma_{B2} = (\sigma'_{B2})^{\kappa} g^{\lambda}$ 和 $\sigma_{B3} = (\sigma'_{B3}) g^{\kappa\lambda}$，可以获得公共消息和已签名消息的重签名 $\sigma_B = (\sigma_{B1}, \sigma_{B2}, \sigma_{B3})$。

(9) 验证：输入公共密钥 pk、签名消息 m、公共消息 c 和签名 $\sigma = (\sigma_1, \sigma_2, \sigma_3)$，计算等式：

$$e(\sigma_1, g) = e(g_1, \mathrm{pk}\ ) e\left(u^* \prod_{i=1}^{n_m} u_i^{m_i}, \sigma_2\right) e\left(\mu^* \prod_{j=1}^{n_{m_1}} \mu_j^{m_{1j}}, \sigma_3\right) \tag{9-3}$$

如果等式(9-3)成立，输出 1；否则输出 0。

(10) 服务器设置：验证者随机选取一个元素 $y \in Z_p^*$，假设一个字符串 $V_{\mathrm{st}} = y$，并且该字符串不公开。

(11) 服务器验证：服务器通过以下交互协议帮助验证者验证签名的有效性。具体步骤如下。

① 验证者首先输入签名消息 m 、公共消息 c ，并使用字符串 $V_{\mathrm{st}}=y$ 计算 $\sigma^*=(\sigma_1^*,\sigma_2^*,\sigma_3^*)=(\sigma_1^y,\sigma_2^y,\sigma_3^y)$ ，然后将信息 (m,c,σ^*) 发送到服务器。

② 服务器接收到验证者发送的信息 (m,c,σ^*) 后，计算 $\eta_1=e(\sigma_1^*,g)$ 、 $\eta_2=e\left(u^*\prod_{i=1}^{n_m}u_i^{m_i},\sigma_2^*\right)$ 、 $\eta_3=e\left(\mu^*\prod_{j=1}^{n_{m_1}}\mu_j^{m_{1j}},\sigma_3^*\right)$ 和 $\eta_4=e(g_1,\mathrm{pk})$ ，最后将 $(\eta_1,\eta_2,\eta_3,\eta_4)$ 发送给验证者。

③ 验证者收到 $(\eta_1,\eta_2,\eta_3,\eta_4)$ 后，验证等式：

$$\eta_1=(\eta_4)^y\eta_2\eta_3 \tag{9-4}$$

如果等式成立，输出 1；否则输出 0。

9.4 方案分析

9.4.1 正确性证明

定理 9-1 如果等式(9-1)成立，则盲签名是正确的。

证明：根据双线性对和 $\sigma'_{A1}=g_1^a x^{\gamma_m}\left(\mu^*\prod_{j=1}^{n_{m_1}}\mu_j^{m_{1j}}\right)^{\gamma_{m_1}}$ 的性质，可得

$$\begin{aligned}
e(\sigma'_{A1},g)&=e\left(g_1^a x^{\gamma_m}\left(\mu^*\prod_{j=1}^{n_{m_1}}\mu_j^{m_{1j}}\right)^{\gamma_{m_1}},g\right)\\
&=e(g_1^a,g)e(x^{\gamma_m},g)e\left(\left(\mu^*\prod_{j=1}^{n_{m_1}}\mu_j^{m_{1j}}\right)^{\gamma_{m_1}},g\right)\\
&=e(g_1,\mathrm{pk}_A)e(x,\sigma'_{A2})e\left(\mu^*\prod_{j=1}^{n_{m_1}}\mu_j^{m_{1j}},\sigma'_{A3}\right)
\end{aligned}$$

定理 9-2 如果等式(9-2)成立，则部分盲代理重签名是正确的。

证明：根据双线性对的性质和 $\mathrm{rk}_{A\to B}=\dfrac{b}{a}\bmod p$ ， $\mathrm{pk}_B=g^b$ 和 $\sigma'_A=(\sigma'_{A1},\sigma'_{A2},\sigma'_{A3})=\left(g_1^a x^{\gamma_m}\left(\mu^*\prod_{j=1}^{n_{m_1}}\mu_j^{m_{1j}}\right)^{\gamma_{m_1}},g^{\gamma_m},g^{\gamma_{m_1}}\right)$ ，可得

$$\sigma'_{B1}=(\sigma'_{A1})^{\mathrm{rk}_{A\to B}}x^{\gamma'_m}\left(\mu^*\prod_{j=1}^{n_{m_1}}\mu_j^{m_{1j}}\right)^{\gamma'_{m_1}}$$

$$=\left[g_1^a x^{\gamma_m}\left(\mu^*\prod_{j=1}^{n_{m_1}}\mu_j^{m_{1j}}\right)^{\gamma_{m_1}}\right]^{\frac{b}{a}}x^{\gamma'_m}\left(\mu^*\prod_{j=1}^{n_{m_1}}\mu_j^{m_{1j}}\right)^{\gamma'_{m_1}}$$

$$=g_1^b x^{\frac{b}{a}\gamma_m+\gamma'_m}\left(\mu^*\prod_{j=1}^{n_{m_1}}\mu_j^{m_{1j}}\right)^{\frac{b}{a}\gamma_{m_1}+\gamma'_{m_1}}$$

$$\sigma'_{B2}=(\sigma'_{A2})^{\mathrm{rk}_{A\to B}}g^{\gamma'_m}=(g^{\gamma_m})^{\frac{b}{a}}g^{\gamma'_m}=g^{\frac{b}{a}\gamma_m+\gamma'_m}$$

$$\sigma'_{B3}=(\sigma'_{A3})^{\mathrm{rk}_{A\to B}}g^{\gamma'_{m_1}}=(g^{\gamma_{m_1}})^{\frac{b}{a}}g^{\gamma'_{m_1}}=g^{\frac{b}{a}\gamma_{m_1}+\gamma'_{m_1}}$$

然后，利用双线性对的性质，可得

$$e(\sigma'_{B1},g)=e\left[g_1^b x^{\frac{b}{a}\gamma_m+\gamma'_m}\left(\mu^*\prod_{j=1}^{n_{m_1}}\mu_j^{m_{1j}}\right)^{\frac{b}{a}\gamma_{m_1}+\gamma'_{m_1}},g\right]$$

$$=e(g_1^b,g)e\left(x^{\frac{b}{a}\gamma_m+\gamma'_m},g\right)e\left[\left(\mu^*\prod_{j=1}^{n_{m_1}}\mu_j^{m_{1j}}\right)^{\frac{b}{a}\gamma_{m_1}+\gamma'_{m_1}},g\right]$$

$$=e(g_1,g^b)e\left(x,g^{\frac{b}{a}\gamma_m+\gamma'_m}\right)e\left(\mu^*\prod_{j=1}^{n_{m_1}}\mu_j^{m_{1j}},g^{\frac{b}{a}\gamma_{m_1}+\gamma'_{m_1}}\right)$$

$$=e(g_1,\mathrm{pk}_B)e(x,\sigma'_{B2})e\left(\mu^*\prod_{j=1}^{n_{m_1}}\mu_j^{m_{1j}},\sigma'_{B3}\right)$$

定理 9-3　如果等式(9-3)成立，那么代理重签名是正确的。

证明：为了写得简单，我们写作 $\gamma_m^B=\dfrac{b}{a}\gamma_m+\gamma'_m$ 和 $\gamma_{m_1}^B=\dfrac{b}{a}\gamma_{m_1}+\gamma'_{m_1}$。使用 Bob 的公钥和盲代理重签名，按以下方式取消盲代理重签名：

$$(\sigma'_{B1})\left[\left(u^*\prod_{i=1}^{n_m}u_i^{m_i}\right)\left(\mu^*\prod_{j=1}^{n_{m_1}}\mu_j^{m_{1j}}\right)^{\kappa}\right]^{\lambda}=\left[g_1^b x^{\gamma_m^B}\left(\left(\mu^*\prod_{j=1}^{n_{m_1}}\mu_j^{m_{1j}}\right)\right)^{\gamma_{m_1}^B}\right]\left[\left(u^*\prod_{i=1}^{n_m}u_i^{m_i}\right)\left(\mu^*\prod_{j=1}^{n_{m_1}}\mu_j^{m_{1j}}\right)^{\kappa}\right]^{\lambda}$$

$$=g_1^b\left(\mu^*\prod_{j=1}^{n_{m_1}}\mu_j^{m_{1j}}\right)^{\gamma_{m_1}^B+\kappa\lambda}\left(u^*\prod_{i=1}^{n_m}u_i^{m_i}\right)^{\kappa\gamma_m^B+\lambda}$$

$$=\sigma_{B1}$$

$$(\sigma'_{B2})^{\kappa}g^{\lambda}=g^{\kappa\gamma_m^B}g^{\lambda}=g^{\kappa\gamma_m^B+\lambda}=\sigma_{B2}$$

$$(\sigma'_{B3})g^{\kappa\lambda}=g^{\gamma_{m_1}^B}g^{\kappa\lambda}=g^{\gamma_{m_1}^B+\kappa\lambda}=\sigma_{B3}$$

然后，根据双线性对的性质，可得到

$$e(\sigma_{B1},g)=e\left(g_1^b\left(\mu^*\prod_{j=1}^{n_{m_1}}\mu_j^{m_{1j}}\right)^{\gamma_{m_1}^B+\kappa\lambda}\left(u^*\prod_{i=1}^{n_m}u_i^{m_i}\right)^{\kappa\gamma_m^B+\lambda},g\right)$$

$$=e(g_1^b,g)e\left(\left(u^*\prod_{i=1}^{n_m}u_i^{m_i}\right)^{\kappa\gamma_m^B+\lambda},g\right)e\left(\left(\mu^*\prod_{j=1}^{n_{m_1}}\mu_j^{m_{1j}}\right)^{\gamma_{m_1}^B+\kappa\lambda},g\right)$$

$$=e(g_1,g^b)e\left(u^*\prod_{i=1}^{n_m}u_i^{m_i},g^{\kappa\gamma_m^B+\lambda}\right)e\left(\mu^*\prod_{j=1}^{n_{m_1}}\mu_j^{m_{1j}},g^{\gamma_{m_1}^B+\kappa\lambda}\right)$$

$$=e(g_1,\mathrm{pk}_B)e\left(u^*\prod_{i=1}^{n_m}u_i^{m_i},\sigma_{B2}\right)e\left(\mu^*\prod_{j=1}^{n_{m_1}}\mu_j^{m_{1j}},\sigma_{B3}\right)$$

定理 9-4　如果等式(9-4)成立，则服务器辅助验证算法是正确的。

证明：从非盲代理重签名 $\sigma_B=(\sigma_{B1},\sigma_{B2},\sigma_{B3})$ 和字符串 $V_{\mathrm{st}}=y$ 出发，利用双线性对的性质，可得

$$\eta_1=e(\sigma_{B1}^*,g)$$

$$=e((\sigma_{B1})^y,g)$$

$$=e\left(\left(g_1^b\left(u^*\prod_{i=1}^{n_m}u_i^{m_i}\right)^{\kappa\gamma_m^B+\lambda}\left(\mu^*\prod_{j=1}^{n_{m_1}}\mu_j^{m_{1j}}\right)^{\gamma_{m_1}^B+\kappa\lambda}\right)^y,g\right)$$

$$=e(g_1,g^b)^y e\left(u^*\prod_{i=1}^{n_m}u_i^{m_i},\left(g^{\kappa\gamma_m^B+\lambda}\right)^y\right)e\left(\mu^*\prod_{j=1}^{n_{m_1}}\mu_j^{m_{1j}},\left(g^{\gamma_{m_1}^B+\kappa\lambda}\right)^y\right)$$

$$=e(g_1,\mathrm{pk}_B)^y e\left(u^*\prod_{i=1}^{n_m}u_i^{m_i},\sigma_{B2}^y\right)e\left(\mu^*\prod_{j=1}^{n_{m_1}}\mu_j^{m_{1j}},\sigma_{B3}^y\right)$$

$$=(\eta_4)^y\eta_2\eta_3$$

通过对上述四个定理的推导，发现所获得的盲签名、部分盲代理重签名和分离处理后得到的代理重签名是有效的，服务器辅助验证协议算法是正确的。由于原始签名与代理重签名不可区分，本方案具有透明性和通用性。

9.4.2　安全性分析

本方案在标准模型下证明了部分盲化性和不可伪造性。因此，根据方案中安全性的定义，为了证明方案的安全性，只需证明服务器辅助验证算法是完备的。

定理 9-5　本方案的服务器辅助验证是完备的。

这个定理的证明需要考虑两个方面。首先，考虑服务器和受信者共同生成一个非法签名，使得验证者确信非法签名合法的概率是可忽略的。其次，考虑服务器和代理者共同生成一个非法签名，验证者确信该签名合法的概率可以忽略不计。接下来，从下面两个引理证明定理 9-5 的结论。

引理 9-1 如果服务器与 Alice 发生冲突成为攻击者 A_1，则攻击者会要求挑战者确定非法原始签名是合法的。事件为真的概率为零。

证明： 在此过程中，A_1 扮演服务器的角色，在协议中，C 扮演验证者的角色。对于非法原始签名的消息，A_1 的目标是让 C 确保非法签名是合法的。它们之间的互动如下。

建立：挑战者 C 执行初始化算法，生成系统参数 cp，随机选取 $y^*,\gamma \in Z_P^*$，让 $V_{\text{st}} = y^*$ 计算受托人 Alice 的公钥对 $(\text{pk}_A,\text{sk}_A) = (e(g_1,g^\gamma),\gamma)$，然后将 $\{\text{cp},\text{pk}_A,\text{sk}_A\}$ 发送给攻击者 A_1。

查询：攻击者 A_1 可以对服务器进行有限数量的辅助验证查询。在每次查询 (m_i,σ_i) 的过程中，挑战者 C 和攻击者 A_1 都进行服务器辅助验证以获得认证协议，然后响应协议的输出并将其返回给攻击者 A_1。

输出：攻击者 A_1 输出伪造的消息 m^*、c^* 和字符串 $\sigma^{1*} = (\sigma_1^{1*},\sigma_2^{1*},\sigma_3^{1*})$，并使公钥 pk_A 对应消息 m^*、c^* 的所有合法签名集为 Γ_{m^*}，满足 $\sigma^{1*} \notin \Gamma_{m^*}$。当挑战者 C 接收 (m^*,c^*,σ^{1*}) 时，它使用给定的字符串计算 $(\sigma^{1*})^* = ((\sigma_1^{1*})^*,(\sigma_2^{1*})^*,(\sigma_3^{1*})^*) = ((\sigma_1^{1*})^{y^*},(\sigma_2^{1*})^{y^*},(\sigma_3^{1*})^{y^*})$ 并将其发送给攻击者 A_1。然后，A_1 通过操作获取 $\eta_1^* = e(\sigma_1^{1*},g)$，$\eta_2^* = e\left(u'\prod_{i=1}^{n_m} u_i^{m_i},\sigma_2^{1*}\right)$，$\eta_3^* = e\left(\mu^*\prod_{j=1}^{\mu_m} \mu_j^{m_{1j}},\sigma_3^{1*}\right)$ 和 $\eta_4 = e(g_1,pk_A)$ 并将它们返回给 C。下面详细推导了建立等式 $\eta_1^* = (\eta_4)^{y^*}\eta_2^*\eta_3^*$ 的概率为 $1/(p-1)$。

(1) 由于 $(\sigma^{1*})^* = (\sigma^{1*})^{y^*}$ 和 $y^* \in Z_p^*$，攻击者 A_1 从 σ^{1*} 得到 $(\sigma^{1*})^*$ 的概率是 $1/(p-1)$。

(2) 假设攻击者 A_1 返回的 $(\eta_1^*,\eta_2^*,\eta_3^*,\eta_4)$ 满足 $\eta_1^*=(\eta_4)^{y^*}\eta_2^*\eta_3^*$，则

$$\log_{\eta_4}\eta_1^* = y^* + \log_{\eta_4}\eta_2^* + \log_{\eta_4}\eta_3^*$$

因为 y^* 是从 Z_p^* 中任意选取的元素，所以攻击者试图获得 y^* 以使上述公式成立的概率为 $1/(p-1)$。

从上述分析可以看出，攻击者 A_1 使 C 相信消息签名 (m^*,σ^*) 合法的概率为 $1/(p-1)$。由于 p 是大素数，攻击者 A_1 让 C 判定原始签名合法的概率为零。

引理 9-2 如果服务器与代理者发生冲突成为攻击者 A_2。A_2 让 C 判定非法重签名合法的概率可以忽略不计。

证明： 在这个过程中，A_2 在协议中扮演服务器的角色，C 扮演验证者的角色，当消息的非法签名给出时，A_2 的目的是让 C 确保非法签名是合法的。两者的互动如下。

建立：挑战者 C 通过运行系统初始化算法获得系统参数 cp，从 Z_p^* 中选择三个元素 y^*、α、β，并计算 $(\text{pk}_A,\text{sk}_A) = \left(e(g_1,g^\alpha),\alpha\right),(\text{pk}_B,\text{sk}_B) = \left(e(g_1,g^\beta),\beta\right)$ 和 $\text{rk}_{A\to B} = \dfrac{b}{a}\bmod p$。然后挑战者 C 将 cp、pk_A、pk_B 和 $\text{rk}_{A\to B}$ 发送给 A_2。

查询：与引理 9-1 中的询问-响应过程相同。

输出：攻击者 A_2 输出伪造的消息 m^*、c^* 和字符串 $\sigma^{1*} = (\sigma_1^{1*},\sigma_2^{1*},\sigma_3^{1*})$，公钥 pk_B 对应

消息 m^*、c^* 的所有合法签名集合为 Γ_{m^*}，并满足 $\sigma^{1*} \notin \Gamma_{m^*}$。类似地，在引理 9-1 中的分析过程中，攻击者 A_2 让 C 确保 (m^*,c^*,σ^{1*}) 是合法签名的概率为 $1/(p-1)$。因此，攻击者 A_2 让 C 确信 (m^*,c^*,σ^{1*}) 是合法签名的概率可以忽略不计。

通过上述分析可知，本章提出的部分盲代理重签名方案在自适应选择消息攻击和合谋攻击的情况下是安全的。

接下来，将对服务器辅助验证部分盲代理重签名方案进行性能分析。

9.5 性能分析

本章提出的服务器辅助验证部分盲代理重签名方案的计算难度相当于 CDH 问题。为了能够更好地与现有的盲代理重签名算法进行性能比较，本章方案定义的符号表示见表 9-1。

表 9-1 本章方案的符号表示

符号	说明
$\|G_1\|$	G_1 中元素的长度
$\|G_2\|$	G_2 中元素的长度
C_p	指数运算
C_q	双线性对运算

需要注意的是，由于加法、乘法、HMAC 算法和 Hash 函数的计算量相对较小，在考虑计算开销时，我们只考虑计算复杂度较大的指数运算和双线性对运算。

从签名算法、盲化算法、重签名算法、去盲算法和验证五个方面的计算量进行分析。本章方案中算法的计算量见表 9-2。

表 9-2 本章方案计算量

程序	计算量
签名算法	$5C_p$
盲化算法	$6C_p$
重签名算法	$7C_p+4C_q$
去盲算法	$5C_p+4C_q$
验证	$4C_p$

Yang 等(2018)、Feng 和 Liang(2012)、Hu 等(2011)分别给出了三种不同的盲代理重签名方案。基于签名算法的计算量和安全属性，将本章提出的签名算法与现有的三种算法

进行了比较。比较结果见表 9-3。

表 9-3　盲代理重签名算法的计算量和安全属性

方案	签名长度	重签名长度	重签名算法	盲化算法	验证	通用性	部分盲化
Yang 等(2018)方案	$\|3G_1\|$	$\|3G_1\|$	$7C_p+4C_q$	$6C_p$	$4C_p$	是	是
Feng 和 Liang (2012)方案	$\|3G_1\|$	$\|3G_1\|$	$4C_q$	$2C_p$	$6C_q$	是	否
Hu 等(2011)方案	$\|3G_1\|$	$\|2G_1\|$	$2C_p+7C_q$	$5C_p$	$3C_q$	否	否
本章方案	$\|3G_1\|$	$\|3G_1\|$	$7C_p+4C_q$	$6C_p$	$4C_p$	是	是

从表 9-3 可以看出，一方面，从存储开销的角度看，本章方案的签名长度和重签名长度与 Yang 等(2018)方案、Feng 和 Liang(2012)方案、Hu 等(2011)方案类似，但 Feng 和 Liang(2012)方案没有部分盲化，Hu 等(2011)方案既没有通用性，也没有部分盲化，实用性小。另一方面，从计算量来看，Yang 等(2018)方案和本章方案在重签名算法和盲化算法的计算上略高于 Yang 等(2018)方案、Feng 和 Liang(2012)方案、Hu 等(2011)方案。然而，本章方案在验证过程中只需要四个指数运算，Yang 等(2018)方案、Feng 和 Liang(2012)方案、Hu 等(2011)方案分别需要 6、3 和 4 个计算复杂度较高的双线性对运算。总之，本章方案具有部分盲化性和通用性等安全属性特征，可以有效地保护受托人的隐私消息，并能维护代理者的合法权益。此外，本章方案在验证签名有效性时计算复杂度较低，从而缩短了验证所需的时间，提高了验证的效率。因此，本章方案可以更好地应用于移动通信。

9.6　本章小结

本章提出了部分盲代理重签名服务器辅助验证的形式化模型，构造了具体的实现方案，并给出了相应的安全性证明。在本章方案中，一方面，在服务器辅助认证协议的过程中，验证器和服务器通过它们之间的交互协议将复杂的双线性对运算任务传递给服务器，从而使验证者用比较小的计算量来验证签名，提高签名的验证效率。另一方面，部分盲化的使用不仅保护了受托人的隐私信息，也保护了代理者的合法权益。最后，仿真实验表明，本章方案比现有的其他盲代理重签名方案具有更高的验证效率，能够满足计算能力弱、能量供应有限的低端计算设备的要求。因此，它适合在物联网应用环境中使用。

习　题

1. 重签名是什么？
2. 简述盲代理重签名模型。
3. 如何保证盲代理重签名方案的安全性？

第 10 章 基于门限群签名的跨域身份认证

目前云计算发展迅速，用户可以在任何时间、任何地点通过网络访问云服务器上的各种服务，但云计算发展也面临着亟待解决的安全问题，其中，身份认证是最为重要的一项。在云环境下，不同的云服务提供商处于不同的信任域中，传统的身份认证方式无法适应云环境。云服务提供商需要利用跨域身份认证机制来解决云环境中的身份认证问题。

为了解决当前在云环境下进行身份认证时存在的安全问题和高昂的维护费用，本章介绍了一种基于门限群签名的跨域身份认证方案，该方案使不同信任域的云服务提供商和用户组成一个群，群中任何成员都可以代表整个群生成签名，从而使用户能够在保证隐私安全的情况下访问云服务提供商，同时保证可跟踪性，能够跟踪非法用户的非法操作。首先介绍该方案产生的背景及相关工作；然后详细阐述方案的构建过程；最后，通过安全性分析，证明该方案具有匿名性、防伪性、可追溯性、防联合攻击等优点，不仅可以在保证用户隐私的前提下实现追踪功能，而且简化了认证计算过程，提高了跨域认证效率，其性能更适合大规模云计算环境。

10.1 背 景 简 介

云计算是目前发展最快的一种新的计算方式，它融合了网格计算、并行计算、分布式计算和网络存储等多种技术，将网络用户、网络服务资源和数据资源等多种资源通过网络和计算机群集整合起来，为云用户提供海量共享的虚拟资源，在各个领域得到广泛应用。随着云计算的快速发展，越来越多的应用和服务被建立在云上，各企业和用户将数据文件上传到云服务器进行存储和处理。如此一来，新的安全需求和与之相关的挑战也随之而来。此外云计算环境中对资源的访问要求很高，需要多域的资源请求，并且各种云服务呈现出融合的趋势，越来越多的云服务与其他域的云服务相互连接。但是，不同的信任域可能采用不同的安全管理机制和密码系统，每个信任域只负责域内的身份认证和管理。当用户访问不同密码系统的其他域时，存在异构跨域认证问题。例如，一些企业和机构拥有各自的共享资源，为了防止未经授权的用户访问共享资源，各个企业或机构都建立了本地认证服务。因此每个企业或机构都有一个相对独立的信任域，从而方便地为本地用户提供本地认证服务。然而，单一的域不能满足大量的服务请求，当同一用户需要访问不同企业或机构的资源时，必须使用不同的数字身份去进行身份认证以获取访问资源的权利。因此，在云环境下首先要解决的就是用户的跨域安全认证问题，从而确保用户和云服务提供商身份的可靠性和完整性。

云环境中，跨域认证是实现多域系统之间安全访问的基础和关键，其主要目的是，当一个本地用户访问多个信任域的多个服务器资源时，无须进行多次认证，就可以通过用户身份认证来限制用户对异域服务器资源的访问权限，从而实现多域系统之间的安全交互，减少用户登录验证的次数，以及用户口令在网络中的传输次数。当前，在特定环境下，跨域认证方案主要有以下两种：一种是基于对称密钥的身份认证框架(如 Kerberos)，但对称密钥管理问题较为繁重；另一种是基于传统 PKI 的身份认证框架，其采用公钥密码体制，避开了繁重的对称密钥管理问题，但是 PKI 系统的建设和维护成本较高。此时，设计适应云环境特点的跨域身份认证方案来识别异域用户身份，是当前云计算领域一个不可忽视的重要问题。接下来详细介绍以上两种身份认证方案。

1. Kerberos 身份认证

Kerberos 是一种依赖可信第三方的身份认证协议，通过密钥系统为客户端/服务器应用程序提供认证服务。Kerberos 身份验证的过程如图 10-1 所示。图 10-1 中缩略语的定义如下：KDC(Key Distribution Center)表示密钥分发中心；AS(Authentication Service)表示认证服务器；TGS(Ticket Granting Service)表示票据授予服务器。Kerberos 身份认证主要包含 6 个步骤：

① 请求认证票据；
② 颁发认证票据和 TGS 会话密钥；
③ 请求服务器票据；
④ 颁发服务器票据和服务器会话密钥；
⑤ 请求服务；
⑥ 反向验证。

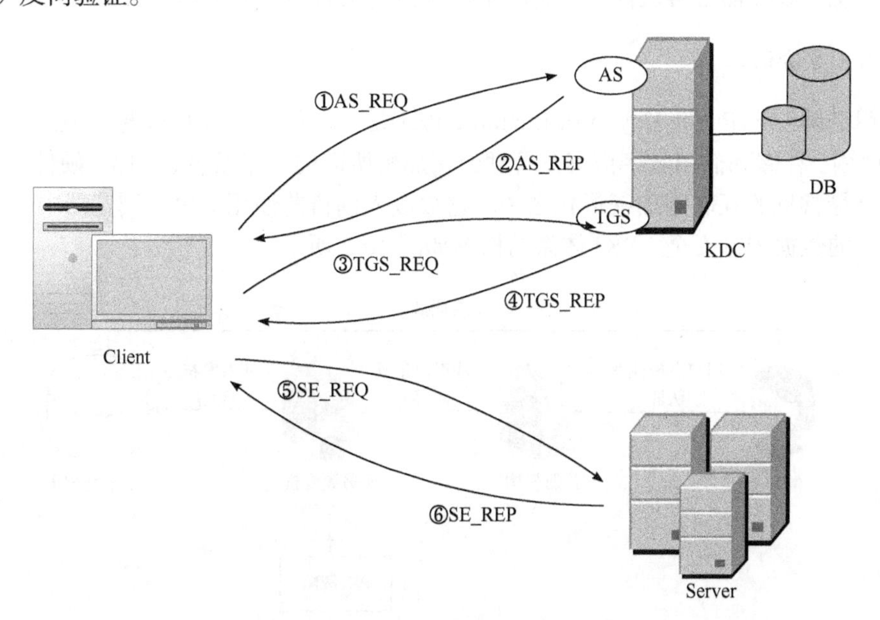

图 10-1　Kerberos 身份验证的过程

(1) 客户端与 AS 的身份认证阶段。

在使用 Kerberos 进行身份认证时，客户端要通过 AS 的认证，认证成功的标志是客户端获取到 TGS 的访问票证 TGT，包括步骤①和②。

当某个客户端要访问某个服务器时，需要 AS 来进行认证，在客户端输入用户和密码，并且向 KDC 发送一个 AS_REQ，这个 AS_REQ 里包含了当前时间戳、客户端信息、服务器信息等数据及一些其他信息。AS 接收到客户端发送的 AS_REQ 之后，去 Kerberos 认证数据库中根据用户名查找是否存在该用户，若存在，则对 AS_REQ 进行解密；若可以成功解密，则可认为认证成功。若 AS 对客户端认证通过后，将其作为响应，返回有关 TGT(Ticket Granting Ticket，票证授予票据)的票据。

(2) 客户端通过 TGS 获取 ST 阶段。

客户端可凭 TGT 向本认证域内的 TGS 申请获得 ST(Server Ticket，服务器访问票证)，并且在 TGT 有效期内可重复使用，包括步骤③和④。

当客户端收到了 AS 发回来的 AS_REP 时，通过解密得到用于跟 TGS 通信的临时会话密钥并保存，如果有需要访问某个服务时，就可以构成 TGS_REQ 提交给 TGS 来得到对应的 ST。

当 TGS 收到 TGS_REQ 后会首先对 TGT 进行解密，得到 AS 生成的临时会话密钥、时间戳，以及客户端信息、服务器信息等数据，同时 TGS 会使用 TGT 中的客户端信息和当前客户端的信息进行比较来判断是否为同一人，并判断此客户端是否有访问此服务器的权限，若有，则返回一个 TGS_REP。

(3) 客户端与服务器握手阶段。客户端与服务器开始通信之前，需要进行握手过程，包括步骤⑤和⑥。

客户端需要向服务器发送 TS 及自身的身份信息。服务器通过 TS 认证成功后，将返回确认消息。服务器可再选择一个新的密钥作为真正通信过程中的会话密钥。

2. PKI 身份认证

公钥基础设施(Public Key Infrastructure，PKI)是一个包罗万象的术语，是创建、管理、分发、使用、存储和撤销数字证书及管理公钥加密所需的一组角色、策略、硬件、软件和过程，是最常见的互联网加密形式之一。它被嵌入到目前使用的每个浏览器中，以确保互联网上的数据传输安全。PKI 体系结构图如图 10-2 所示。

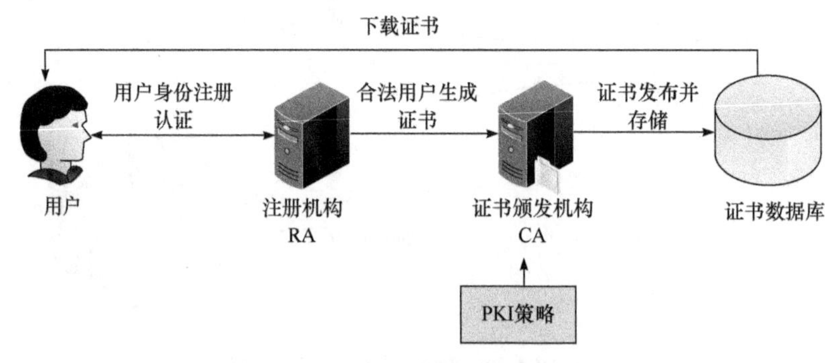

图 10-2　PKI 体系结构图

(1) 证书颁发机构(Certificate Authority，CA)是 PKI 体系的重要组成部分，主要作用是储存、签发和签署数字证书。

(2) 注册机构(Registration Authority，RA)：负责核实申请数字证书者的身份。其中，CA 可以充当自己的注册机构，也可以使用第三方来完成。

(3) 证书数据库：存储证书和关于证书的元数据——最重要的是证书有效的时间段。

(4) PKI 策略：建立和定义了一个组织信息安全方面的指导方针，同时也定义了密码系统使用的处理方法和原则。

(5) 用户：需要进行身份注册和认证的实体。

10.2　发 展 现 状

近年来，国内外学者对云环境下跨域身份认证进行了大量研究。Binu 等提出采用基于证书的公钥密码体制来解决用户和云服务器之间的身份认证问题，能够正确地实现云环境下的用户身份认证过程，但是该方案需要维护和管理公钥证书，将耗费大量的计算资源。Tian 等基于身份 ID 的密码体制提出用户和云服务器的身份认证方案，该方案无需公钥证书，解决了公钥证书的管理问题，但是由于引入 PKG(Private Key Generator)产生了密钥托管问题。若 PKG 存在恶意行为，则可利用任何用户私钥伪造签名，以达到欺骗验证方的目的。

在实际应用中，随着云计算的推广和计算机网络技术的发展，人们对跨域认证技术的需求也在逐步提高，例如，用户为了保护自己的隐私身份信息，要求在云服务认证中实现匿名性；网络监管机构要求对匿名用户的身份信息进行追踪，以便追踪到网络非法用户。因此，在云环境下，跨域认证技术需要满足用户匿名性和可追踪性，相对于传统跨域认证技术，更注重认证过程中隐私安全的保护，也更符合实际应用的需要，是当前身份认证技术研究的一个重要方向。Luo 等引入椭圆曲线加密算法改进了签名过程，使公有云对所有用户的验证结果为常量，避免公有云获取用户特征，从而无法追踪到用户的访问记录，保护了用户隐私。王中华等提出了一种基于 PTPM(Portable TPM)和无证书的身份认证方案，实现了用户与云服务提供商之间认证结果的可信性，但未考虑用户身份的匿名性和跨域认证等问题。因此，云服务提供商需要有一个更加有效的跨域身份认证机制来解决身份认证问题，从而在保证信息的可追踪性和不可抵赖性的情况下，解决异构云环境下用户身份认证安全问题。这样，不仅可以解决用户和云服务商之间的信任问题，而且有利于推动云计算的快速发展。

本章主要介绍一种基于群签名的跨域身份认证方案，该方案不仅实现了跨域认证，更考虑了用户身份的匿名性。

10.3　基于门限群签名的跨域身份认证构造过程

10.3.1　方案模型

假设某一用户在一段时间内需要访问 A 公司的服务器资源，但用户和 A 公司不属于同一个信任域，用户需要跨域访问 A 公司的服务器；同时用户又不想频繁地进行身份认证，因此可以将用户和A公司需要被访问的服务器资源临时生成一个信任域，这样就可以只进行一次跨域认证，有效地提高了用户的使用效率和用户体验。基于此，本节将党佳莉提出的群签名方案应用到该应用场景中，介绍一种基于群签名的跨域身份认证方案。

基于群签名的跨域身份认证方案中，主要参与者包括：

(1) 云服务提供商(Cloud Service Provider，CSP)：云环境下，云服务提供商为用户提供各种云服务，并对用户身份进行验证。

(2) 用户(User，US)：用户访问云服务，完成云服务提供商的跨域身份认证过程。

(3) 群管理员(Group Manager，GM)：群管理员负责加入群成员以及打开签名，从而追踪群成员信息。

(4) 群中心(Group Center，GC)：群中心要负责初始化系统参数和颁发群成员证书，群管理员也参与群成员证书颁发过程，同时具有揭露群成员身份的职责。

假设有多个不同信任域的用户 $\mathrm{US}=\{\mathrm{us}_i \mid i=1,2,\cdots,m\}$ 和多个不同信任域云服务提供商 $\mathrm{CSP}=\{\mathrm{csp}_j \mid j=1,2,\cdots,n\}$ 共同组成一个群，每个群内用户 $\mathrm{us}_i \in \mathrm{US}$ 可以访问群内所有的云服务提供商 $\mathrm{csp}_j \in \mathrm{CSP}$。如果用户想要获取更多的云服务资源，可以注册到其他群中以访问该群中的各云服务提供商的服务，且每个群的群管理员为群成员(用户或云服务提供商)颁发证书 C。如果用户 us_i 要访问某个群内云服务提供商 csp_j，那么其可以利用证书 C_i 和消息 M 生成群签名 RM，并将消息 M 和群签名 RM 发送给 csp_j。当 csp_j 接收到用户 us_i 发送的群签名 RM 时，对 RM 进行验证以获取用户 us_i 的身份信息，从而判定用户是否合法以及消息 M 是否完整。方案模型如图 10-3 所示。

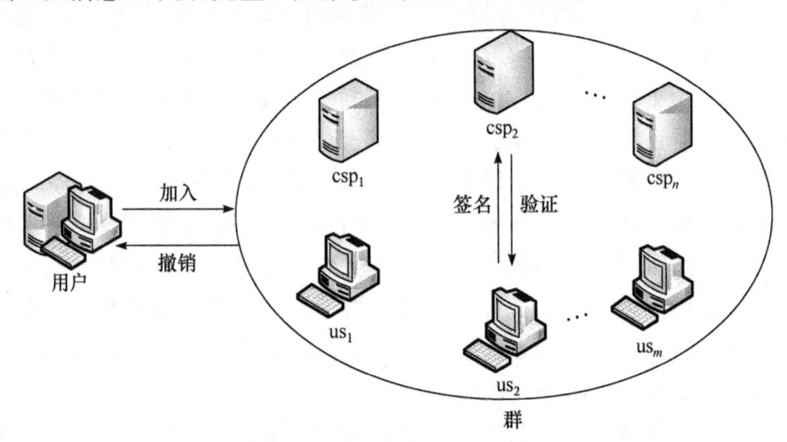

图 10-3 方案模型

10.3.2 形式化定义

定义 10-1(基于门限群签名的跨域身份认证) 一种基于门限群签名的跨域身份认证方案主要由 6 种算法组成，分别是系统初始化算法(Setup)、成员注册算法(Join)、用户签名算法(Sign)、云服务提供商验证算法(Verify)、签名打开算法(Open)和成员撤销算法(Revoke)。

(1) 系统初始化算法：在系统初始化算法中，输入安全参数 κ，群中心生成一个群公钥(GPK)用于群签名的验证，以及一群私钥(GSK)用于生成用户成员证书及签名打开。另外，负责加入群成员的群管理员和打开签名的群管理员是两个不同的角色，持有不同的密钥。

(2) 成员注册算法：该算法是群成员(用户和云服务提供商)和群管理员之间执行的一种交互协议，完成后群成员能够加入群并获得成员证书及一个私钥，可用于群签名的生成，而群管理员获得相关的追踪信息，以后用来打开此成员的群签名。

(3) 用户签名算法：用户利用自己的成员证书和私钥生成任一消息的群签名。

(4) 云服务提供商验证算法：当云服务提供商获得群公钥和一个消息/签名对时，可验证此群签名是否合法，但对合法的群签名不能找出实际的签名者，而且同一成员组的群签名之间也是不可链接的。

(5) 签名打开算法：对于合法的用户群签名，群管理员能打开并找出实际的用户签名，群管理员也能给出证据，说明一个群签名的确是某成员签的，同时不会破坏此成员未来的签名能力。

(6) 成员撤销算法：群管理员可撤销某用户成员的签名权利，之后此用户就再也不能生成合法的群签名。

10.3.3　方案详细设计

1. 系统初始化算法

(1) 这里假设安全参数为κ，群中心GC首先秘密地选择两个安全大素数p、q，计算$n=pq$；然后选择$e\in Z_n^*$，计算$d\equiv g^e(\bmod p)$；接着定义一个抗碰撞的哈希函数：$h:\{0,1\}^*\to\{0,1\}^{\lambda}(\lambda=160\text{bit})$。这里令循环群$Z_p^*$和$Z_q^*$的生成元分别是$g_p$和$g_q$，构造同余方程组$g\equiv\begin{cases}g_p(\bmod p)\\ g_q(\bmod q)\end{cases}$，其中$g$的价为$\upsilon(n)=\text{lcm}(p-1,q-1)$，由群中心GC根据中国剩余定理计算得到，且由$g$生成的群$\langle g\rangle$是群$Z_n^*$中阶数最大的循环子群。

群中心GC将(e,p,g)作为群中心的私钥，d作为群中心的公钥。

(2) 对于群成员U_i($U_i\in\text{CSP}$或$U_i\in\text{US}$)，群中心GC选择$e_i\in Z_n^*$，$p_i\in Z_p^*$，并计算$d_i\equiv g^{e_i}(\bmod p_i)$，$(e_i,p_i)$是群成员的私钥，$d_i$为群成员的公钥。

群中心GC将(ID_i,d_i)发送给群管理员GM，其中ID_i为群成员U_i的身份。

假设系统中有k个群成员。利用中国剩余定理求出同余方程组$c\equiv d_i(\bmod\ p_i),i=1,2,\cdots,k$的解为$c\equiv d_1P_1'P_1+d_2P_2'P_2+\cdots+d_kP_k'P_k(\bmod\ P)$，其中$P=\prod_{i=1}^{k}p_i, P_i=\frac{P}{p_i}, P_iP_i'\equiv1(\bmod\ p_i)$，$i=1,2,\cdots,k$。将$(n,d,g,c)$作为群公钥发布。

2. 成员注册算法

假设某一用户想要访问群内资源，或群内用户想要访问某一云服务提供商资源，那么可以令这个用户或云服务提供商成为群中的一个成员，向GC提出申请，具体步骤如下。

(1) GC首先随机选择$e_{k+1} \in Z_n^*$，$p_{k+1} \in Z_p^*$，且$\gcd(p_{k+1}, p_i) = 1, i = 1, 2, \cdots, k$，计算$d_{k+1} = g^{e_{k+1}} (\text{mod } p_{k+1})$。

(2) 重新计算$c \equiv d_1 P_1' P_1 + d_2 P_2' P_2 + \cdots + d_k P_k' P_k + d_{k+1} P_{k+1}' P_{k+1} (\text{mod } P)$，这里的$P$、$P_i'$、$P_i$需要利用原来的$P$、$P_i'$、$P_i$重新计算，即$P = P p_{k+1}$，$P_i = P_i p_{k+1}$，$P_i' = P_i' p_{k+1} (\text{mod } p_i)$，$i = 1, 2, \cdots, k$，其中$P_{k+1}' P_{k+1} \equiv 1 (\text{mod } p_{k+1})$。

(3) GC发布新的c，并将$(\text{ID}_{k+1}, d_{k+1})$发送给GM。这时，该用户或云服务提供商则成为一个新的群成员，并且这里不改变其他有效成员的签名密钥和群公钥的个数，仅仅需要改变c即可。

3. 用户签名算法

当用户群成员U_i访问群内云服务器资源时，需要进行身份认证，即通过对认证消息m签名完成身份认证申请，具体如下。

(1) U_i选择一个随机数$\alpha_i \in Z_n^*$，计算$\gamma_i = g^{\alpha_i} (\text{mod } p_i)$。

(2) 用户群成员U_i利用私钥e_i对消息m签名，计算$s_i \equiv (h(m,T) - e_i \gamma_i) \alpha_i^{-1} (\text{mod}(p_i - 1))$，其中$T$为签名的时间。五元组$(m, \gamma_i, s_i, p_i, T)$即为成员$U_i$对$m$的签名。

值得说明的是，云服务提供商并不知道被哪一个用户访问，实现了用户的匿名性，而且任何成员都不能确定该用户的身份。

4. 云服务提供商验证算法

若群内某一云服务提供商csp_j想对接收到的用户签名$(m, \gamma_i, s_i, p_i, T)$进行验证，从而完成身份认证操作。具体如下。

(1) csp_j首先计算$t = T_1 - T$，其中T_1是接收到签名的时间，T是签名的时间。如果t超过规定的时间，则拒绝签收。

(2) 计算$h(m,T)$，验证$d_i^{\gamma_i} \gamma_i^{s_i} \equiv g^{h(m,T)} (\text{mod} p_i)$是否成立。若等式成立，则签名有效，说明身份认证成功，该用户是合法用户；否则签名无效，用户不是合法用户。这是因为$d_i^{\gamma_i} \gamma_i^{s_i} \equiv g^{e_i \gamma_i} g^{s_i \alpha_i} \equiv g^{e_i \gamma_i + s_i \alpha_i} (\text{mod} p_i) \equiv g^{h(m,T)} (\text{mod} p_i)$。

5. 签名打开算法

当签名出现争议的时候，群管理员可以打开这个签名，并确定用户的真实身份，具体如下。

针对签名$(m, \gamma_i, s_i, p_i, T)$，GM计算$d_i \equiv c (\text{mod } p_i)$，进而由$(\text{ID}_i, d_i)$确定签名用户的身份。

6. 成员撤销算法

假设某一信任域中有k个成员，并且$c \equiv d_1 P_1' P_1 + d_2 P_2' P_2 + \cdots + d_k P_k' P_k (\text{mod } P)$，需要撤

销群中的U_j成员，那么群中心GC可以将d_j改成一个不同的随机数$d'_j, d'_j \neq d_j (\bmod p_i)$，并且重新计算$c$：$c \equiv d_1 P'_1 P_1 + d_2 P'_2 P_2 + \cdots + d'_j P'_j P_j + \cdots + d_k P'_k P_k (\bmod P)$，发布新的$c$。

从成员撤销过程可以看出，如果要撤销一个群成员，群中心只需要改变c的值和进行几个简单的计算即可。其余合法的群成员，此时不需要更新他们的签名密钥。因此，上述撤销过程不管是对群中心还是群成员都是简单而有效的。

10.4　安全性分析

该方案具有以下安全性质。

(1) 匿名性：云服务提供商不能从认证消息中获悉用户的身份信息，也不能利用认证消息到其他地方假冒用户访问。

(2) 防伪造性：只有合法的群成员利用自己的私钥信息才能产生合法签名，并且其他任何人想得到某一成员的私钥来伪造签名，在计算上是不可行的。

(3) 防陷害攻击：无论云服务提供商，还是其他用户，都不能以其他成员的名义产生合法的群签名。也就是说，无论云服务提供商，还是用户，都不能诬陷其他用户访问过某个云服务提供商。

(4) 防联合攻击：即使任意多数量的群成员，也不能联合产生一个合法且不被跟踪的群签名。

(5) 可追踪性：当某个用户非法访问群内云服务提供商中受保护的资源时，群管理员能通过认证消息追踪到用户的身份。

这些安全性质能够在一定程度上解决云环境下不同信任域用户与云服务提供商之间的信任问题，从而促进云计算的快速发展。

10.4.1　防伪造性分析

定理 10-1　假设用户U_i是合法群成员，攻击者截获了p_i，要伪造U_i的签名$(m, \gamma_i, s_i, p_i, T)$在计算上是困难的。

证明：根据攻击者身份分为以下两种情况讨论。

(1) 攻击者不是群成员。

攻击者不是群成员，那么攻击者想伪造签名，则必须获得成员U_i的公钥d_i。因为攻击者截获了p_i，那么可以通过计算$d_i = c (\bmod p_i)$得到公钥d_i。但是根据公式$d_i \equiv g^{e_i} (\bmod p_i)$求解私钥$e_i$，等价于求解有限域上的离散对数问题，这在计算上是困难的。

(2) 攻击者是合法群成员，但他想伪造另一个群成员签名。

攻击者利用自己的私钥e_j和截获的p_i对消息m进行签名，即

$$\gamma_j = g^{\alpha_j} (\bmod p_i)$$

$$s_j \equiv (h(m,T) - x_j \gamma_j) \alpha_j^{-1} [\bmod (p_i - 1)]$$

由此攻击者得到伪造的签名 (m,γ_j,s_j,p_i,T)。

假设验证者接收到签名后计算 $d_j^{\gamma_j}\gamma_j^{s_j} \equiv g^{e_j\gamma_j}g^{s_j\alpha_j} \equiv g^{e_j\gamma_j+s_j\alpha_j(\mathrm{mod}(p_i-1))}(\mathrm{mod}p_i) \equiv g^{h(m,T)}(\mathrm{mod}\,p_i)$ 并通过验证。

则 $d_i \equiv d_j \equiv c(\mathrm{mod}\,p_i)$，即 $d_i \equiv g^{e_i} \equiv d_j \equiv g^{e_j}(\mathrm{mod}\,p_i)$。

但是攻击者根据公式 $d_i \equiv g^{e_i}(\mathrm{mod}\,p_i)$ 求解 e_i，等价于求解有限域上的离散对数问题，这在计算上是困难的。

10.4.2　防陷害攻击分析

定理 10-2　假设 U_i 是合法群成员，攻击者(群成员或者群管理员)即使截获了 p_i，想要以 U_i 的名义生成对消息 m 的合法签名 (m,γ_i,s_i,p_i,T) 在计算上是困难的。

证明：利用反证法进行证明。

假设攻击者能够以 U_i 的名义生成对消息 m 的合法签名 (m,γ_i,s_i,p_i,T)，并且由于攻击者截获了 p_i，因此可以计算出 $d_i \equiv c(\mathrm{mod}\ p_i)$。又因为

$$s_i \equiv (h(m,T)-e_i\gamma_i)\alpha_i^{-1}[\mathrm{mod}(p_i-1)]$$

要计算 e_i 必须通过 $d_i \equiv g^{e_i}(\mathrm{mod}\,p_i)$ 来计算，等价于求解有限域上的离散对数问题，因此，在计算上是困难的。

定理得证。

10.4.3　防联合攻击分析

定理 10-3　假设群中共有 $k+1$ 个成员，即使其中 k 个成员联合，想要求出第 $k+1$ 个成员的密钥 (e_{k+1},p_{k+1}) 在计算上是困难的。

证明：(1) 假设已知这 k 个成员的密钥 (e_i,d_i,p_i)，$i=1,2,\cdots,k$，联合计算出 $P_{k+1}=\prod_{i=1}^{k}p_i$；

(2) 利用已知的 k 个成员的密钥 (e_i,d_i,p_i)，$i=1,2,\cdots,k$ 和 $c \equiv d_1P_1'P_1+d_2P_2'P_2+\cdots+d_{k+1}P_{k+1}'P_{k+1}(\mathrm{mod}\ P)$，其中 $P=\prod_{i=1}^{k+1}p_i$，$P_i=\dfrac{P}{p_i}$，$P_iP_i' \equiv 1(\mathrm{mod}\ p_i)$，$i=1,2,\cdots,k$，求出同余方程组 $c \equiv d_i(\mathrm{mod}\ p_i), i=1,\cdots,k+1$ 中 p_{k+1} 的值；

(3) 已知 d_{k+1} 和 p_{k+1}，求 e_{k+1}。

要计算 e_{k+1} 必须通过 $d_{k+1} \equiv g^{e_{k+1}}(\mathrm{mod}\,p_{k+1})$ 来计算，等价于求解有限域上的离散对数问题，因此在计算上是困难的。

定理得证。

10.4.4　可追踪性分析

定理 10-4　假设群成员 U_i 可以对消息 m 进行签名，且不被群管理员追踪，则签名不

成立。

证明： 利用反证法进行证明。

假设 U_i 对消息 m 的签名为 (m,γ_i,s_i,p_i,T) 而且签名成立，则可以计算出群成员 U_i 的公钥 $d_i \equiv c(\bmod\ p_i)$

由于在系统建立时，群中心将每一个群成员的 $(\mathrm{ID}_i,d_i), i=1,2,\cdots,k$ 发送给群管理员，因此群管理员可以根据群公钥 d_i 追踪到 ID_i，即可以追踪到签名的群成员。

定理得证。

10.4.5　匿名性分析

若 U_j 想从签名 (m,γ_i,s_i,p_i,T) 来获得成员 U_i 的签名密钥，由 $d_i \equiv c(\bmod\ p_i)$，即可以获得成员 U_i 的公钥 d_i，这时想通过 d_i 来得到 e_i，必须通过 $d_i \equiv g^{e_i}(\bmod\ p_i)$ 来计算，等价于求解有限域上的离散对数问题，这在计算上是困难的。

10.5　本 章 小 结

当前，云计算发展迅速，用户通过网络可以随时随地地访问云服务器上的各种云服务，但是云计算发展也面临着迫切需要解决的安全问题，其中跨域身份认证机制能够有效解决云环境下不同信任域下的身份认证问题，是当前密码学研究的热点之一。本章针对目前云环境下身份认证所存在安全问题和维护成本过高问题，提出了一种基于群签名的跨域身份认证方案，该方案能够令不同信任域的云服务提供商和用户组成一个群，群中任何成员都可以代表整个群体生成签名，使得用户在保证隐私安全的情况下访问云服务提供商，同时，具有可追踪性，能够追踪非法用户的非法操作。除此之外，该方案利用中国剩余定理对消息进行整合，能够较好地控制计算过程中数据的长度，从而简化计算过程，在不改变其他合法群成员密钥的情况下，实现群成员的加入和撤销，认证方案维护成本较低。

习　　题

1. 群签名是什么？
2. 云环境下的跨域身份认证方案的特点有哪些？
3. 基于群签名的跨域身份认证方案的安全性是如何保障的？

第 11 章　具有强前向安全的动态签名

前向安全能够保证过去产生的通信不受密码或密钥在未来暴露带来的威胁。如果一个签名系统具有前向安全性，就可以保证在系统主密钥泄露时历史通信的安全，即使系统遭到主动攻击。本章首先对前向安全性进行简单介绍，然后通过构建一个具有强前向安全性的动态门限签名方案对其应用进行探讨。

11.1　背 景 简 介

随着科技的飞速发展，人们的生活已逐步迈入信息化时代。网络的普及和迅速发展给人们带来了诸多便利，但同时也存在着诸多安全隐患。例如，它的飞速发展使数字签名技术得到了广泛的应用，与此同时也存在着网络安全漏洞，导致隐私泄露、签名被篡改和伪造等严重后果。在这样一个迫切安全需求的推动下，前向安全的思想应运而生。

前向安全或前向保密(Forward Secrecy)有时也被称为完美前向安全 (Perfect Forward Secrecy)，是密码学中通信协议的安全属性，指的是长期使用的主密钥泄露不会导致历史会话密钥及历史通信等信息的泄露。前向安全的这些特性，使其得到了广泛的应用。例如，在网络传输层安全协议(TLS)中，特别是 HTTPS 中等。目前，前向安全已经被许多大型互联网公司视为重要的安全特性，被广泛接受并应用。

前向安全的概念于 1997 年由 Anderson 在欧洲密码学大会上首次提出，其核心思想在于密钥的定期动态更新。该理论的提出引起了广大科研工作者的研究兴趣，在此之后，Bellare 和 Miner 于 1999 年基于 One-Schnorr 和 Fiat-Shamir 认证方案，对前向安全的概念进行了完善，提出了前向安全性理论，并首次通过算法设计实现了前向安全的数字签名方案。次年，Anderson 对前向安全进行梳理并总结，提出了前向安全性和后向安全性的概念。2001 年，Mike Burmester 等在上述研究的基础上，提出了强前向安全性的定义，即一个签名体制当前密钥的泄露，不会对已产生的历史签名和未来即将产生的签名带来安全威胁。至此，前向安全的概念得到了完善。它的提出极大地提升了签名系统的效率和安全性，无须因密钥泄露而重新构建新的密钥系统，因此其在近 20 年的签名方案研究历程中被众多国内外科研工作者追捧。

前向安全性理论是指将整个签名时间划分为 T 个周期，在整个签名周期内，参与者个人私钥随着签名周期的递进不断更新，而公钥保持不变，在每个周期内，参与者使用当前周期的个人私钥产生签名。这样，由于私钥随周期的动态更新，即使在某个周期内有参与者个人私钥泄露，恶意攻击者也无法利用当前周期私钥修改该周期之前的任何历史信息，确保了该周期之前历史签名的安全有效。

详细过程如下。

(1) $P_i(i=1,2,\cdots,n)$ 将整个签名时间划分为 T 个周期 $[0,T]$。

(2) 在整个签名时间内，私钥 sk 随周期的递进而动态更新，而公钥 pk 保持不变。

(3) 在第 j 个周期时，成员 $P_i\left(i=1,2,\cdots,n\right)$ 更新私钥，计算新私钥 $\mathrm{sk}_{ij}=h(\mathrm{sk}_{i(j-1)})$，这里 h 是一个单向哈希函数。

(4) P_i 计算出新私钥 sk_{ij} 后立即删除前一周期 $\mathrm{sk}_{i(j-1)}$。这样即使攻击者获取了成员 P_i 前一周期的私钥 $\mathrm{sk}_{i(j-1)}$，也不能获得该周期之前的私钥。其私钥动态更新的示意图如图 11-1 所示。

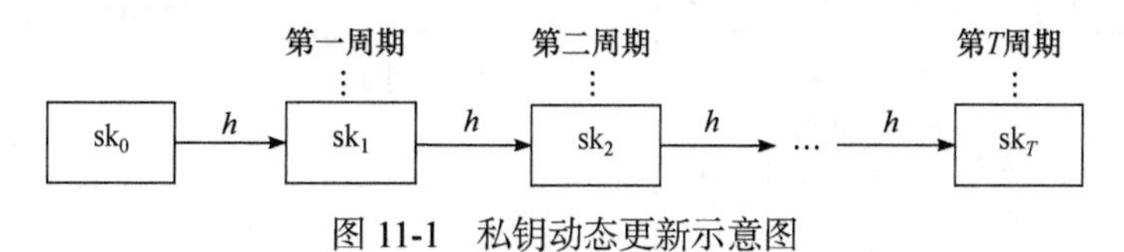

图 11-1　私钥动态更新示意图

强前向安全性是指一个签名体制当前密钥的泄露不会对在此之前和之后的签名产生影响。它主要包含两个方面，即前向安全和后向安全。前向安全主要是指当前周期的密钥泄露，对在此周期之前完成的签名不产生安全威胁，即保证了前期已完成的签名安全性。后向安全主要是指当前周期的密钥泄露，对在此周期之后即未来将产生的签名信息没有影响，恶意攻击者无法根据当前密钥伪造在此之后周期的密钥，因此也无法伪造即将产生的签名，即确保了未来周期密钥及签名信息的安全性。

目前，国内外学者已对该研究方向做了大量的工作。现有方案大多采取密码学技术，如强 RSA 假设、环签名、公钥密码理论和零知识证明技术、基于中国剩余定理、采用哈希链技术、联合 Guillou-Quisquater 签名体制和 Rabin 密码体制、用哈希链和秘密共享技术相结合等方法，构造方案使其满足前向安全和后向安全。然而，方案虽具有强前向安全性，但在耗时、计算复杂度和执行效率等方面还有待进一步提升，且一些方案未对密钥泄露采取安全修复措施，也不能抵抗共谋攻击。

为实现这一目标，本章设计了一个具有强前向安全的签名方案，该方案利用前向安全的特性确保了签名的安全性，避免了恶意攻击者的恶意伪造。

11.2　具有强前向安全的动态签名构造过程

11.2.1　签名模型

本节将详细介绍具有强前向安全的签名方案设计思路。该方案基于中国剩余定理，无须依赖可信管理中心，考虑并设计了成员加入和退出机制，在确保系统公钥和私钥不变的前提下，定期动态更新参与成员的个人私钥，并用于不同周期的签名计算中，使得该方案具有强前向安全性。该方案主要包括产生签名、私钥更新、成员加入和撤销三方面内容，其整体设计架构如图 11-2 所示。

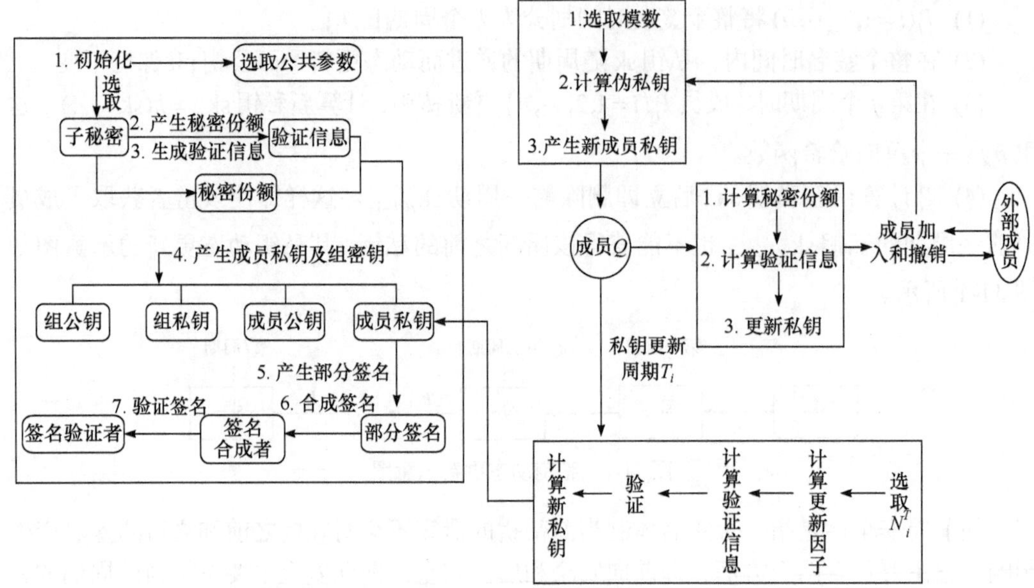

图 11-2　签名架构图

为方便理解算法设计流程，定义符号如表 11-1 所示。

表 11-1　符号说明

符号	含义	符号	含义
Q	成员集合	M	消息
α	子秘密	N	随机整数
pk	组公钥	sk	组私钥
C	个人公钥	H	个人私钥
R	签名	T	更新周期

11.2.2　签名详细设计

1.产生签名

1) 初始化

设$Q=\{Q_1,Q_2,\cdots,Q_n\}$是n个参与成员的集合，p和q是两个大素数，满足$\frac{q}{p-1}$，$d=\{d_1,d_2,\cdots,d_n\}$是一组严格单调递增的正整数序列，q和d满足 Asmuth-Bloom 秘密共享方案，t为门限值，有限域GF(p)上的生成元为g，待签名消息为M，$N=\prod_{i=1}^{t}d_i$为最小的t个d_i之积，公开n、t、g、p、q、d及N。

2) 计算秘密份额

成员Q_i随机选取子秘密α_i^0和整数N_i^0，满足如下条件：

$$0 < \alpha_i^0 < \frac{q}{n} \tag{11-1}$$

$$0 < N_i^0 < \left(\frac{N}{q^2} - 1\right) \Big/ n \tag{11-2}$$

计算：

$$L_{ij}^0 = \left(\alpha_i^0 + N_i^0 q\right) \bmod d_j \tag{11-3}$$

保留 L_{ii}^0，广播 $g^{\alpha_i^0}$ 、 $g^{N_i^0}$ ，并将 L_{ij}^0 $(i \neq j)$ 发送给 Q_j ，然后验证。

同理 Q_i 收到其他成员发送的秘密份额后，对其进行计算验证，其验证 ω_i^0 和 φ_{ij}^0 的过程如下。

$$\omega_i^0 = g^{\left(\alpha_i^0 + N_i^0 q\right)} \bmod p \tag{11-4}$$

$$\tau_{ij}^0 = \left(\alpha_i^0 + N_i^0 q - L_{ij}^0\right) \Big/ d_j \tag{11-5}$$

$$\varphi_{ij}^0 = g^{\tau_{ij}^0} \bmod p \tag{11-6}$$

然后广播 ω_i^0 、 φ_{ij}^0 。

3) 计算密钥

Q_j 收到其他 $t-1$ 个成员发送来的 L_{ij}^0 后，根据其广播信息 $g^{\alpha_i^0}$、$g^{N_i^0}$、ω_i^0、φ_{ij}^0，验证消息的正确性，以确保信息未被篡改：

$$g^{\alpha_i^0} \cdot g^{N_i^0 q} \bmod p = \omega_i^0 \tag{11-7}$$

$$\left\{\left(g^{L_{ij}^0} \bmod p\right)\left[\left(\varphi_{ij}^0\right)^{d_j} \bmod p\right]\right\} \bmod p = \omega_i^0 \tag{11-8}$$

若上述等式成立，则证明消息可信，此时 Q_j 计算个人私钥：

$$H_j^0 = \sum_{i=1}^{n} L_{ij}^0 \bmod d_j \tag{11-9}$$

则 Q_j 的个人公钥为

$$C = g^{H_j^0}$$

根据子秘密 α_i^0 ，计算组私钥：

$$\mathrm{sk} = \sum_{i=1}^{n} \alpha_i^0$$

则组公钥为

$$\mathrm{pk} = \prod_{i=1}^{n} g^{\alpha_i^0} \bmod p \tag{11-10}$$

4) 产生签名

任意 t 个成员协作即可产生签名。首先由每个成员产生部分签名，然后由 t 个部分签名合成消息 M 的签名。

其计算过程为，首先每个成员 Q_i 选取随机数 $x_i \in Z_p$，计算：

$$z_i = g^{x_i} \bmod p$$

广播信息 g^{x_i}。Q_j 收到 z_i 后，计算：

$$z = g^{\sum_{i=1}^{t} x_i} \bmod p = \prod_{i=1}^{t} g^{x_i} \bmod p = \prod_{i=1}^{t} z_i \bmod p$$

Q_i 计算部分签名 R_i^0：

$$R_i^0 = M \cdot z \cdot x_i + V_i^0 \bmod D \tag{11-11}$$

然后将 t 个部分签名 $\left(M, z, R_i^0\right)$ 发送给签名合成者，这里 $V_i^0 = \dfrac{D}{d_i} e_i H_i^0 \bmod D$。

5) 合成签名

签名合成者收到 t 个部分签名后，合成签名 R：

$$R = \left(\sum_{i=1}^{t} R_i^0 \bmod D\right) \bmod q \tag{11-12}$$

则消息 M 的签名为 $\left(M, z, R_i^0\right)$。

6) 验证签名

验证者根据组公钥 pk，通过如下等式来验证签名的有效性。

$$g^R \equiv z^{M \cdot z} \cdot \mathrm{pk} \bmod p \tag{11-13}$$

若验证通过，则签名 $\left(M, z, R_i^0\right)$ 有效。

2. 私钥更新

针对成员个人私钥，若恶意攻击者有足够的时间进行持续攻击，则有可能窃取成员的个人私钥，依次类推，直至获得 t 个成员的个人私钥，便可进行伪造产生签名，这种攻击机制称为移动攻击。而防止移动攻击的最有效的办法就是定期更新私钥。为保证历史签名信息的有效性，需确保组公钥不会随私钥的动态更新而变化。

私钥的动态更新能够确保攻击者即使获得了 T 时刻某个参与成员的个人私钥，也无法获得 $T-1$ 时刻该成员的个人私钥，同时也不能伪造 $T+1$ 时刻的私钥。这确保了攻击者即使知晓了 T 时刻某成员的个人私钥，也无法篡改该成员的历史签名信息，更不能伪造未来即将产生的签名。因此，该私钥更新机制使本节的签名方案具有强前向安全性，可以用于抵御移动攻击。

假设私钥的更新周期为 T，则更新过程如下。

参与成员 Q_i 随机选取整数 N_i^T，满足初始条件。首先，计算更新因子：

$$L_{ij}^{T}=L_{ij}^{(T-2)}+N_{i}^{T}q \bmod d_{j} \tag{11-14}$$

并将 L_{ij}^{T} 发送给 Q_j，广播 $g^{L_{ij}^{(T-2)}}$ 和 $g^{N_i^T}$ 。

其次，Q_i 计算并验证 ω_i^T、φ_{ij}^T，验证如下：

$$\omega_i^T=g^{L_{ij}^{(T-2)}+N_i^T q} \bmod p$$

$$\tau_{ij}^T=\left(L_{ij}^{(T-2)}+N_i^T q-L_{ij}^T\right)\Big/d_j$$

$$\varphi_{ij}^T=g^{\tau_{ij}^T} \bmod p$$

并广播 ω_i^T、φ_{ij}^T 。

最后，当 Q_j 收到 Q_i 发送的 L_{ij}^T，以及 ω_i^T、φ_{ij}^T 后，根据广播 $g^{L_{ij}^{(T-2)}}$ 、$g^{N_i^T}$ ，通过以下等式验证 ω_i^T 和 L_{ij}^T：

$$g^{L_{ij}^{(T-2)}}\cdot\left(g^{N_i^T}\right)^q \bmod p=\omega_i^T$$

$$\left\{\left(g^{L_{ij}^T} \bmod p\right)\left[(\varphi_{ij}^T)^{d_j} \bmod p\right]\right\} \bmod p=\omega_i^T$$

若 Q_j 在 $T-2$ 时段的私钥为 $H_j^{(T-2)}$，则 T 时段的私钥为

$$H_j^T=H_j^{(T-2)}+\sum_{i=1}^{n}L_{ij}^T \bmod d_j \tag{11-15}$$

更新后的新私钥依然按照上述过程进行签名和验证。在整个更新过程中组公钥保持不变，故更新前的历史签名仍然有效。

3. 成员加入和撤销

1) 成员加入

假设有新成员 Q_{n+1} 要加入系统参与签名，则由任意 t 个老成员相互协作为新加入成员计算伪私钥，并将其发送给新成员。新成员收到来自老成员的 t 份伪私钥后计算个人私钥。其加入过程如下。

首先，新成员 Q_{n+1} 选取模数 d_{n+1} 并公开，d_{n+1} 需满足初始条件。

其次，任意 t 个老成员协助新加入成员 Q_{n+1} 为其计算伪私钥。Q_i 随机选取 t 个随机数 $\lambda_{ij}\in Z_p\ (j=1,2,\cdots,t)$，$Q_i$ 计算 $\lambda_i=\sum_{j=1}^{t}\lambda_{ij} \bmod p$，并将 λ_{ij} 发送给 Q_j，Q_j 收到 λ_{ij} 后由以下等式计算 λ_j'：

$$\lambda_j'=\sum_{i=1}^{t}\lambda_{ij} \bmod p$$

然后，由每个老成员 Q_j 计算伪私钥：

$$H'_j = \left(\frac{D}{d_j} e_j H_j^T \bmod D \right) \bmod d_{n+1} + (\lambda_j - \lambda'_j) d_{n+1} \tag{11-16}$$

并将 H'_j 发送给 Q_{n+1}。

最后，Q_{n+1} 计算个人私钥。当 Q_{n+1} 收到来自其他 t 个老成员的伪私钥 H'_i 后，计算个人私钥：

$$H_{n+1}^T = \left(\sum_{i=1}^{t} H'_i \bmod D \right) \bmod d_{n+1} \tag{11-17}$$

在新成员 Q_{n+1} 加入的整个过程中，系统中的公私钥对以及其他参与成员的个人私钥均未发生变化，因此新成员的加入对整个签名过程没有任何影响。

2) 成员撤销

和成员加入一样，成员的撤销也必须要确保组公钥和组私钥不发生变化。该过程主要通过重新构建其余成员的秘密份额，并更新个人私钥信息，使被删除成员的秘密份额及个人私钥无效，从而无法参与未来即将产生的签名。在方案未来的更新及签名周期中，其他成员将不再接收被删除成员的任何信息，同时也不再为该被删除成员分发信息。

假设在第 T 个周期有某成员 Q_k 要离开，则其他 $n-1$ 个成员需重新构建自己的秘密份额，其过程如下。

$Q_i(i \neq k)$ 随机选取 $N_i^{T'}$，并为其他 $n-2$ 个成员计算 $L_{ij}^{T'}$：

$$L_{ij}^{T'} = L_{ij}^{(T-1)} + N_i^{T'} q \bmod p \tag{11-18}$$

保留 $L_{ij}^{T'}$，并将 $L_{ij}^{T'}$ 发送给 $Q_i(i \neq k)$，同时广播 $g^{L_{ij}^{(T-1)}}$ 和 $g^{N_i^{T'}}$。

Q_i 根据收到的 $L_{ij}^{T'}$ 和广播 $g^{L_{ij}^{(T-1)}}$、$g^{N_i^{T'}}$，通过下式计算验证信息的正确性。

$$\omega_i^{T'} = g^{L_{ij}^{(T-1)} + N_i^{T'} q} \bmod p$$

$$\tau_{ij}^{T'} = \left(L_{ij}^{(T-1)} + N_i^{T'} q - L_{ij}^{T'} \right) \Big/ d_j$$

$$\varphi_{ij}^{T'} = g^{\tau_{ij}^{T'}} \bmod p$$

并广播 $\omega_i^{T'}$ 和 $\varphi_{ij}^{T'}$。

然后，其他成员计算自己的新私钥。Q_j 收到 $\omega_i^{T'}$ 和 $\varphi_{ij}^{T'}$ 后，由以下等式验证其正确性：

$$g^{L_{ij}^{(T-1)}} \cdot g^{N_i^{T'} q} \bmod p = \omega_i^{T'}$$

$$\left\{ \left(g^{L_{ij}^{T'}} \bmod p \right) \left[(\varphi_{ij}^{T'})^{d_j} \bmod p \right] \right\} \bmod p = \omega_i^{T'}$$

若验证通过，则 Q_j 计算个人新私钥：

$$H_j^{T'} = \sum_{i=1}^{n} L_{ij}^{T'} \bmod d_j, \quad j \neq k \tag{11-19}$$

至此，其他 $n-1$ 个成员的个人私钥已重新构建，而要离开的成员 Q_k 不执行此过程，其原有秘密份额失效，不能再参与签名过程，则成员 Q_k 被删除。

目前已有的门限签名方案大部分只解决了成员加入问题，而没有解决成员退出问题。而一些允许成员退出的算法，大都需要可信中心进行统一管理和删除，不能避免可信中心权威欺诈的可能性。本节的签名方案无须可信中心统一管理，考虑并设计了成员退出机制，并确保了成员加入和退出时系统公钥和私钥保持不变，仍可验证历史签名，降低了更新代价，提升了系统可用性和效率。

11.3　签 名 分 析

11.3.1　正确性分析

定理 11-1　成员 Q_j 收到其他成员 $Q_i(i=1,2,\cdots,n,i\neq j)$ 的子秘密 α_i^0 和整数 N_i^0 时，通过等式(11-7)来验证信息来源的真实可靠性，确保信息未被篡改。

证明：

$$
\begin{aligned}
g^{\alpha_i^0}\cdot\left(g^{N_i^0}\right)^q \bmod p &= g^{\alpha_i^0}\cdot g^{N_i^0 q} \bmod p \\
&= g^{\left(\alpha_i^0+N_i^0 q\right)} \bmod p \\
&= \omega_i^0
\end{aligned}
$$

通过证明发现等式(11-7)验证成立，则证明信息可信，接收 Q_i 发送的信息。

定理 11-2　成员 Q_j 收到其他 $n-1$ 个成员发来的秘密份额 L_{ij}^0 后，需鉴别秘密份额是否可信，即需证明等式(11-8)成立。

证明：

由式(11-6)，即

$$\varphi_{ij}^0 = g^{\tau_{ij}^0} \bmod p$$

可得

$$\left\{\left(g^{L_{ij}^0} \bmod p\right)\left[(\varphi_{ij}^0)^{d_j} \bmod p\right]\right\} \bmod p=\left\{\left(g^{L_{ij}^0} \bmod p\right)\left[\left(g^{\tau_{ij}^0} \bmod p\right)^{d_j} \bmod p\right]\right\} \bmod p$$

又由式(11-5)，即

$$\tau_{ij}^0 = \frac{\alpha_i^0 + N_i^0 q - L_{ij}^0}{d_j}$$

可得

$$\left\{\left(g^{L_{ij}^0} \bmod p\right)\left[\left(\varphi_{ij}^0\right)^{d_j} \bmod p\right]\right\} \bmod p = \left[\left(g^{L_{ij}^0} \bmod p\right)\left(g^{\alpha_i^0+N_i^0 q-L_{ij}^0/d_j} \bmod p\right)^{d_j} \bmod p\right] \bmod p$$

$$= \left[\left(g^{L_{ij}^0} \bmod p\right)\left(g^{\alpha_i^0+N_i^0 q-L_{ij}^0}\right) \bmod p\right] \bmod p$$

$$= \left(g^{L_{ij}^0+\alpha_i^0+N_i^0 q-L_{ij}^0} \bmod p\right) \bmod p$$

$$= g^{\alpha_i^0+N_i^0 q} \bmod p$$

$$= \omega_i^0$$

验证通过，等式(11-8)成立，则证明成员 Q_j 收到的秘密份额真实可信，可接收。

若成员 Q_i 发送的信息真实可信，则式(11-7)和式(11-8)一定成立。反之，如果验证等式不成立，则说明成员信息不可信，不接收该成员发送的信息。

定理 11-3　由部分签名合成的最终签名需由验证等式(11-13)进行验证，即需要证明等式 (11-13)成立。

证明：由式(11-3)和式(11-9)，成员私钥为

$$H_i^0 = \sum_{i=1}^{n} L_{ij}^0 \bmod d_i$$

$$= \sum_{i=1}^{n}\left(\alpha_i^0 + N_i^0 q\right) \bmod d_i, \quad i = 1, 2, \cdots, n$$

令

$$G = \sum_{i=1}^{n}\left(\alpha_i^0 + N_i^0 q\right)$$

则

$$H_i^0 = G \bmod d_i, \quad i = 1, 2, \cdots, n \tag{11-20}$$

根据中国剩余定理，解同余方程组：

$$\begin{cases} H_1^0 \equiv G \bmod d_1 \\ H_2^0 \equiv G \bmod d_2 \\ \quad\vdots \\ H_t^0 \equiv G \bmod d_t \end{cases}$$

得唯一解：

$$G = \sum_{i=1}^{t} \frac{D}{d_i} e_i H_i^0 \bmod D \tag{11-21}$$

因此，有

$$H_i^0 = \left[\left(\sum_{i=1}^{t} \frac{D}{d_i} e_i H_i^0\right) \bmod D\right] \bmod d_i$$

令

$$V_i^0 = \frac{D}{d_i} e_i H_i^0 \bmod D$$

则

$$G = \sum_{i=1}^{t} V_i^0 \bmod D$$

当$t > 2$时，可知：

$$M \cdot z \cdot \sum_{i=1}^{t} x_i + G < D$$

由式(11-11)和式(11-12)有

$$\begin{aligned} R &= \left(\sum_{i=1}^{t} R_i^0 \bmod D \right) \bmod q \\ &= \left[\sum_{i=1}^{t} \left(M \cdot z \cdot x_i + V_i^0 \bmod D \right) \bmod D \right] \bmod q \\ &= \left[\left(M \cdot z \cdot \sum_{i=1}^{t} h_i + G \right) \bmod D \right] \bmod q \\ &= \left(M \cdot z \cdot \sum_{i=1}^{t} h_i + G \right) \bmod q \end{aligned}$$

因此

$$R = \left(M \cdot z \cdot \sum_{i=1}^{t} h_i + R \right) \bmod q$$

则有

$$\begin{aligned} g^R &\equiv g^{\left(M \cdot z \cdot \sum_{i=1}^{t} h_i + R \right) \bmod q} \\ &\equiv g^{M \cdot z \cdot \sum_{i=1}^{t} x_i + \sum_{i=1}^{t} \alpha_i^0 \bmod q} \end{aligned}$$

故有

$$g^R \equiv z^{M \cdot z} \cdot \mathrm{pk} \bmod p$$

通过验证可得等式(11-13)成立，故签名信息真实可信。由部分签名合成的最终签名有效，可接受该签名。

定理 11-4　更新后的私钥仍可通过签名过程产生签名，并且该签名依然可以通过验证等式(11-13)进行验证，即需证明更新后的私钥产生的签名有效。

证明：

$$
\begin{aligned}
H_j^T &= H_j^{(T-2)} + \sum_{i=1}^{n} L_{ij}^T \bmod d_j \\
&= H_j^{(T-3)} + \sum_{i=1}^{n} L_{ij}^{(T-2)} \bmod d_j + \sum_{i=1}^{n} L_{ij}^T \bmod d_j \\
&= \cdots \\
&= H_j^0 + \sum_{i=1}^{n} L_{ij}^0 \bmod d_j + \cdots + \sum_{i=1}^{n} L_{ij}^T \bmod d_j \\
&= H_j^0 + \sum_{i=1}^{n}\left(\sum_{r=1}^{T} L_{ij}^r\right) \bmod d_j \\
&= \sum_{i=1}^{n}\left(\alpha_i^0 + N_i^0 q\right) + \sum_{i=1}^{n}\left(\sum_{r=1}^{T} L_{ij}^{(T-2)} + N_i^T\right) \bmod d_j \\
&= \sum_{i=1}^{n}\left(\alpha_i^0 + \sum_{r=1}^{T} N_i^r q\right) + \sum_{i=1}^{n}\sum_{r=1}^{T-1} L_{ij}^{(T-2)} \bmod d_j \\
&= \sum_{i=1}^{n}\left(\alpha_i^0 + \sum_{r=1}^{T} N_i^r q\right) + \sum_{i=1}^{n}\sum_{r=1}^{T-2}\left(\alpha_i^0 + N_i^r q\right) \bmod d_j \\
&= 2\sum_{i=1}^{n}\left(\alpha_i^0 + \sum_{r=1}^{T-2} N_i^r q\right) + N_i^T q \bmod d_j,\ \ j = 1,2,\cdots,n
\end{aligned}
$$

令

$$
G^T = \frac{1}{2}\sum_{i=1}^{n}\left(\alpha_i^0 + \sum_{r=1}^{T} N_i^r q\right) + \sum_{i=1}^{n}\sum_{r=1}^{T-2}\left(\alpha_i^0 + N_i^r q\right) \bmod d_j
$$

则

$$
H_j^T = 2G^T \bmod d_j,\ \ j = 1,2,\cdots,n
$$

根据中国剩余定理，解同余方程组：

$$
\begin{cases}
H_1^T \equiv 2G^T \bmod d_1 \\
H_2^T \equiv 2G^T \bmod d_2 \\
\qquad \vdots \\
H_t^T \equiv 2G^T \bmod d_t
\end{cases}
$$

得唯一解：

$$
G^T = \frac{1}{2}\sum_{i=1}^{t}\frac{D}{d_i} e_i H_i^T \bmod D
$$

令

$$
V_i^T = \frac{D}{d_i} e_i H_i^T \bmod D
$$

则

$$G^T = \frac{1}{2}\sum_{i=1}^{t} V_i^T \bmod D$$

由式(11-1)、式(11-2)和式(11-14)可知：

$$\begin{aligned}
G^T &= \frac{1}{2}\left[\sum_{i=1}^{n}\left(\alpha_i^0 + \sum_{r=1}^{T} N_i^r q\right) + \sum_{i=1}^{n}\sum_{r=1}^{T-2}\left(\alpha_i^r + N_i^r q\right)\right] \\
&\leqslant \frac{1}{2}\left\{\sum_{i=1}^{n}\left[\alpha_i^0 + q\cdot\left(\frac{N}{2_q^2}-1\right)\Big/ n\right] + \sum_{i=1}^{n}\sum_{r=1}^{T-2}\left[\alpha_i^0 + q\cdot\left(\frac{N}{2_q^2}-1\right)\Big/ n\right]\right\} \\
&\leqslant \frac{1}{2}\left\{n\cdot\left[\frac{q}{n} + q\cdot\left(\frac{N}{2_q^2}-1\right)\Big/ n\right] + n\cdot\left[\frac{q}{n} + q\cdot\left(\frac{N}{2_q^2}-1\right)\Big/ n\right]\right\} \\
&\leqslant \frac{1}{2}\cdot 2\cdot n\cdot\left[\frac{q}{n} + q\cdot\left(\frac{N}{q^2}-1\right)\Big/ n\right] \\
&\leqslant \left[q + q\cdot\left(\frac{N}{q^2}-1\right)\right] \\
&\leqslant \frac{N}{q}
\end{aligned}$$

当$t > 2$时，有

$$M\cdot z\cdot\sum_{i}^{t} x_i + G^T \leqslant D$$

根据式(11-12)和式(11-13)，有

$$\begin{aligned}
R &= \left(\sum_{i=1}^{t} R_i^0 \bmod D\right) \bmod q \\
&= \left(\sum_{i=1}^{t} M\cdot z\cdot x_i + K_i^0 \bmod D\right) \bmod q \\
&= \left[\left(M\cdot z\cdot\sum_{i=1}^{t} x_i + G^T\right) \bmod D\right] \bmod q \\
&= \left[\left(M\cdot z\cdot\sum_{i=1}^{t} x_i + G^T\right)\right] \bmod q
\end{aligned}$$

由式(11-21)有

$$G^T = \frac{1}{2}\left[\sum_{i=1}^{n}\left(\alpha_i^0 + \sum_{r=1}^{T} N_i^r q\right) + \sum_{i=1}^{n}\sum_{r=1}^{T-2}\left(\alpha_i^0 + N_i^r q\right) \bmod d_j\right] = \sum_{i=1}^{n}\alpha_i^0 \bmod q$$

所以，有

$$R=\left(M\cdot z\cdot\sum_{i=1}^{t}x_i+\sum_{i=1}^{n}\alpha_i^0\right)\bmod q$$

$$g^R\equiv g^{\left(M\cdot z\cdot\sum_{i=1}^{t}x_i+\sum_{i=1}^{n}\alpha_i^0\right)\bmod q}$$

$$\equiv z^{M\cdot z}\cdot\text{pk}\bmod p$$

通过证明，可得等式(11-13)成立，所以更新后的新私钥可以产生签名，新私钥有效。

定理 11-5　在新成员加入时，产生的新私钥即等式(11-17)，需通过原私钥等式(11-15)验证新加入成员私钥的有效性，即验证新加入成员私钥的有效性。

证明：

$$
\begin{aligned}
H_{n+1}^T&=\left(\sum_{i=1}^{t}H_i'\bmod D\right)\bmod d_{n+1}\\
&=\left\{\sum_{i}^{t}\left[\left(\frac{D}{d_i}e_iH_i^T\bmod D\right)\bmod d_{n+1}+(\varepsilon_i-\varepsilon_i')d_{n+1}\right]\bmod D\right\}\bmod d_{n+1}\\
&=\left\{\left[\sum_{i=1}^{t}\left(\frac{D}{d_i}e_iH_i^T\bmod D\right)\bmod d_{n+1}+\sum_{i=1}^{t}\varepsilon_id_{n+1}-\sum_{i=1}^{t}\varepsilon_i'd_{n+1}\right]\bmod D\right\}\bmod d_{n+1}\\
&=\left\{\left[\sum_{i=1}^{t}\left(\frac{D}{d_i}e_iH_i^T\bmod D\right)\bmod d_{n+1}+\sum_{i=1}^{t}\varepsilon_id_{n+1}-\sum_{i=1}^{t}\sum_{j=1}^{t}\varepsilon_{ij}d_{n+1}\right]\bmod D\right\}\bmod d_{n+1}\\
&=\left[\sum_{i=1}^{t}\left(\frac{D}{d_i}e_iH_i^T\bmod D\right)\bmod d_{n+1}+\left(\sum_{i=1}^{t}\varepsilon_id_{n+1}-\sum_{i=1}^{t}\varepsilon_id_{n+1}\right)\bmod D\right]\bmod d_{n+1}\\
&=\sum_{i=1}^{t}\left(\frac{D}{d_i}e_iH_i^T\bmod D\right)\bmod d_{n+1}
\end{aligned}
$$

由式(11-20)和式(11-21)可知，原成员私钥：

$$H_j^T=G^T\bmod d_j=\left(\frac{1}{2}\sum_{i=1}^{t}\frac{D}{d_i}e_iH_i^T\bmod D\right)\bmod d_j$$

与新加入成员的个人私钥 H_{n+1}^T 同构，可以构成同余方程组，且只有唯一解。因此新加入成员的个人私钥有效，即等式(11-17)成立。

定理 11-6　当有成员退出时，其他成员则更新自己的秘密份额和个人私钥，而更新后的新私钥依然能够参与签名，即验证等式(11-19)成立。

当有成员退出时，其他成员需更新个人私钥，而要退出的成员则不再执行此过程，其退出过程和更新过程相似，故证明过程与定理 11-4 类同，此处不再展开论述。

11.3.2　安全性分析

本章方案设计的强前向安全性的动态门限签名方案，确保了方案同时具有前向和后向安全。即使有攻击者窃取了某一周期某成员的个人私钥也不能伪造此周期之前的历史签名和此周期之后即将产生的签名。根据中国剩余定理，至少同时需要t个同余方程组才能进行求解，因此至少需要 t 个成员同时参与才能完成签名，少于t个成员的联合攻击则无效。

1. 前向安全性分析

假设某攻击者窃取了第T个周期成员 Q_j 的私钥：

$$H_j^T = H_j^{(T-2)} + \sum_{i=1}^{n} L_{ij}^T \bmod d_j$$

试图计算 $H_j^{(T-2)}$，则攻击者必须先计算：

$$\sum_{i=1}^{n} L_{ij}^T \bmod d_j$$

而

$$\begin{aligned} L_{ij}^T &= L_{ij}^{(T-2)} + N_i^T q \bmod d_j \\ &= L_{ij}^{(T-3)} + \left(N_i^{(T-2)} + N_i^T\right) q \bmod d_j \\ &= L_{ij}^{(T-4)} + \left(N_i^0 + \cdots + N_i^{(T-2)} + N_i^T\right) q \bmod d_j \\ &= L_{ij}^0 + \sum_{r=1}^{T} \left(N_i^r - N_i^{(T-1)}\right) q \bmod d_j \end{aligned}$$

有

$$\sum_{i=1}^{n} L_{ij}^T \bmod d_j = \sum_{i=1}^{n} \left(L_{ij}^0 + \sum_{r=1}^{T} (N_i^r - N_i^{(T-1)} \right) q \bmod d_j$$

因此，攻击者需在有限时间内，即第T个周期时间段内同时获得所有参与成员的前T个周期随机数 N_i^r 和所有成员的初始秘密份额 L_{ij}^0 才能攻击有效。然而 N_i^r 是由参与成员通过秘密选取获得的，攻击者不可能通过攻击得到，而参与成员的初始秘密份额 $L_{ij}^0 = (\alpha_i^0 + N_i^0 q) \bmod d_j$ 中的随机数 α_i^0、N_i^0 也是由成员秘密选取并保存的，因此攻击者也不可能知晓。

在计算秘密份额时，攻击者可能通过拦截得到广播消息 $g^{\alpha_i^0}$、$g^{N_i^0}$，并试图通过 $g^{\alpha_i^0}$、$g^{N_i^0}$ 计算秘密份额 L_{ij}^0 从而获得相关信息，然而通过 $g^{\alpha_i^0}$、$g^{N_i^0}$ 来计算 α_i^0、N_i^0 是离散对数难题，攻击者很难通过计算得到。

在私钥更新时，攻击者可能会通过拦截得到广播信息 $g^{L_{ij}^{(T-2)}}$，并试图通过计算 $g^{L_{ij}^{(T-2)}}$ 直接得到 $L_{ij}^{(T-2)}$，同样地通过 $g^{L_{ij}^{(T-2)}}$ 计算 $L_{ij}^{(T-2)}$ 仍然是离散对数难题，攻击者在有限时间内很难通过计算得到。

因此，通过以上分析可知，攻击者很难通过第T周期内的私钥计算得到该周期之前的私钥，故方案是前向安全的。

2. 后向安全性分析

若攻击者想通过T周期的私钥伪造该周期之后的私钥也是很难实现的。根据成员私钥$H_j^T = H_j^{(T-2)} + \sum_{i=1}^{n} L_{ij}^T \bmod d_j$，攻击者若要根据当前周期私钥$H_j^T$伪造该周期之后，即$T+1$周期的私钥$H_j^{(T+1)}$，则需要先计算$H_j^{(T-1)}$和$\sum_{i=1}^{n} L_{ij}^{(T+1)}$，而由上述前向安全分析可知，攻击者很难在有限的时间内通过计算得到T周期之前的私钥，即攻击者很难通过计算得到$H_j^{(T-1)}$。同时根据上述分析，攻击者也很难在有限时间内通过计算得到$T+1$周期的秘密份额$\sum_{i=1}^{n} L_{ij}^{(T+1)}$。

因此，攻击者无法获得第$T+1$周期的私钥，也不能伪造$T+1$之后的所有成员私钥。故攻击者很难在有限的时间内获得当前周期之后的私钥，故方案是后向安全的。

3. 不可伪造性分析

不可伪造性是指任意攻击者均不能通过伪造来生成签名信息。本章提出的门限签名方案，不依赖可信中心，成员之间通过相互协作产生签名，有效避免了中心化存在的权威欺诈等问题。

若恶意攻击者Q_i'通过恶意攻击替代合法成员Q_i从而伪造合法成员秘密选取的秘密数，则Q_i'随机选取秘密数$\alpha_i^{T'}$并保存，然而由于$\alpha_i^{T'} \neq \alpha_i^T$，故$\sum_{i=1}^{n} \alpha_i^{T'} \neq \sum_{i=1}^{n} \alpha_i^T$，则在计算组私钥时必然会有$\mathrm{sk}^{T'} = \sum_{i=1}^{n} \alpha_i^{T'} \neq \sum_{i=1}^{n} \alpha_i^T = \mathrm{sk}^T$，由于每个参与成员均保存了一份$\alpha_i^{T'}$，故当组成员发现$Q_i'$发送的信息有误时，则不予接收，故$Q_i'$将无法参与签名，因此$Q_i'$无法伪造成员$Q_i$的秘密信息。

若恶意攻击者Q_i'想通过伪造秘密份额L_{ij}^0来伪造成员私钥，由于秘密份额$L_{ij}^T = \alpha_i^T + N_i^T q \bmod d_j$，在签名验证阶段，当其他参与者接收到$Q_i'$发送的秘密份额后，由验证等式$g^{\alpha_i^T} \cdot g^{N_i^T q} \bmod p = g^{L_{ij}^T}$，很容易验证得到$g^{L_{ij}^{T'}} \neq g^{L_{ij}^T}$，因此信息不匹配，其他参与者不接收$Q_i'$发送的信息，故攻击者无法伪造成员私钥。

此外，恶意攻击者Q_i'可能通过截获其他$n-1$个成员发送的信息L_{ij}^T计算成员私钥，然而由于每个参与成员均保存有L_{ii}^T，故Q_i'无法获得。由于$L_{ij}^T = \left(\alpha_i^T + N_i^T q\right) \bmod d_j$，故$Q_i'$可能通过截获$g^{\alpha_i^T}$和$g^{N_i^T}$，试图通过$g^{\alpha_i^T}$和$g^{N_i^T}$计算出$\alpha_i^T$和$N_i^T$，从而得到$L_{ii}^T$，然而通过

$g^{\alpha_i^T}$ 和 $g^{N_i^T}$ 求解 α_i^T 和 N_i^T 是离散对数困难性问题，故 Q_i' 无法通过求解得到。

由上述分析可知，该方案具有不可伪造性。

11.4　性能分析

本章方案基于离散对数难题，其计算复杂度等价于求解离散对数难题。

表 11-2 是计算复杂度符号定义，表 11-3 是本章方案与徐光宝等(2013)、李成和何明星(2008)、杨旭东(2013)方案的计算复杂度对比情况。以上方案中涉及的运算主要有双线性对、Hash、模幂、模逆、模乘、模加以及模减等运算。与其他运算相比，模加、模减和模乘计算量较小，可忽略不计，因此在此不展开分析。

表 11-2　符号定义

符号	运算	时间复杂度表示
e	对数运算	$o(e(x))$
m	模幂运算	$o((lbn)^k)$
u	模逆运算	$o((lbn)^{-1})$
h	Hash 运算	$o(h(x))$

表 11-3　计算复杂度对比

签名方案	密钥更新阶段	签名生成阶段	签名验证阶段
本章方案	$4o((lbn)^k)+2o(lbn)+o((lbn)^{-1})$	$t\left[o((lbn)^k)+3o(lbn)\right]$	$o((lbn)^k)+o(lbn)$
徐光宝等(2013)方案	$3(t+2)o((lbn)^k)$	$t\left[o(h(x))+4o((lbn)^k+3o(lbn))\right]$	$o(h(x))+4o((lbn)^k)+3o(lbn)$
李成和何明星(2008)方案	$5to((lbn)^k)+2to(lbn)+to((lbn)^{-1})$	$t\left[o(h(x))+2o((lbn)^k)\right]+o(lbn)$	$2o((lbn)^k)+o(lbn)$
杨旭东(2013)方案	$2to((lbn)^k)$	$2to(h(x))+2to((lbn)^k)$ $+to(e(x))+to((lbn)^{-1})$	$t\left[2o(e(x))+o(h(x))+o((lbn)^k)\right]$

签名方案主要针对密钥更新、签名生成和签名验证三个阶段展开，将本章方案和以上三个文献中的方案进行对比分析。其计算复杂度对比结果如表 11-3 所示。

表 11-3 是本章方案与其他具有强前向安全的签名方案计算复杂度的对比结果。通过对比可以发现，本章方案的计算复杂度明显优于其他几个对比方案。

徐光宝等(2013)方案在签名生成过程中引入了双密钥计算，需要计算哈希函数、双密钥等信息，时间消耗较高，增加了计算成本。

李成和何明星(2008)方案基于强 RSA 假设，引入伪随机函数来计算生成因子，该方案私钥演化由两部分私钥的乘积组成，需先计算两部分私钥，再合成最终私钥，从而增加了时间开销，计算复杂度较高。

杨旭东(2013)方案基于双线性对构造了前后向安全的签名算法，方案在签名过程中需双线性对运算和哈希运算，且验证过程需要进行两次双线性对运算，这大大增加了签名系统的计算量，故系统执行效率较低。

本章方案及对比方案中涉及的算法为e、m、u、h，将这些算法在相同操作系统下运行一万次，按时间计算复杂度高低排序为$e>m>u>h$。本章设计的方案主要涉及的运算有模幂和模逆运算。

通过表 11-3 可看出，李成和何明星(2008)方案在密钥更新、签名生成及验证阶段的计算复杂度均高于本章方案。徐光宝等(2013)方案和杨旭东(2013)方案虽然在密钥更新阶段优于本章方案，但在签名生成和验证阶段，本章方案相对较优。徐光宝(2013)需大量的模幂和哈希运算，故执行效率相对较低。杨旭东(2013)方案需要大量的双线性对运算，与模幂和模逆运算相比，双线性对运算的计算复杂度明显较高。

通过上述分析可知，本章方案所涉及的算法与其他方案相比，计算较为简单，计算复杂度相对较低，效率更高。

11.5 本章小结

本章主要介绍了前向安全性理论的基础知识，对其在电子签名方面的实际应用进行了探讨，并围绕该理论详细介绍了一种具有强前向安全的动态门限签名方案。该方案无需可信中心，密钥产生和签名均由参与者之间相互协作产生，使参与者之间具有相互验证的功能。且该方案设计了成员加入和退出机制，能够在组公钥不变前提下解决成员加入和退出问题，并通过周期性动态更新参与成员的个人私钥，使签名系统具有强前向安全性，使系统的安全性得到保障。

习　题

1. 简述强前向安全性的定义及其与前向安全性的区别。
2. 目前基本的数字签名体制都有哪几种？
3. 简述中国剩余定理的证明方法及基本解法，并根据基本解法求解下题：

一个数被 3 除余 1，被 4 除余 2，被 5 除余 4，这个数最小是几？

第 12 章　基于椭圆曲线的签密

椭圆曲线密码学(Elliptic Curve Cryptography，ECC)是基于椭圆曲线数学理论的一种公钥密码学的加密算法。它于 1985 年由 Neal Koblitz 和 Victor Miller 分别提出。与其他密码体制相比，椭圆曲线密码体制的优势在于能够以更小的密钥尺寸满足和其他密码体制相同的安全性要求。较小的密钥尺寸带来了运行速度快、存储空间小、传输带宽要求低等优点，适用于计算能力较低、存储能力不足、带宽受限但又要求高速实现的应用领域，如智能卡、无线通信等。椭圆曲线密码体制具有安全性高、密钥量小、灵活性好的特点，在国内外均受到广泛关注。其缺点是需要花费更长的时间在同等长度密钥下进行加密和解密，但因为相较于其他方法，达到同样安全程度所需的密钥更短，所以它的处理速度也相对较快。

本章将为读者介绍一种基于 ECC 的离散对数困难问题和单向哈希函数逆转的难解性的签密方案，该方案具有可公开验证性和前向安全性。

12.1　背 景 简 介

从公钥密码学的发明到 20 世纪 90 年代，数字签名和加密是密码学的两种最基本的安全技术，其中数字签名可以保证消息的完整性、认证性和不可否认性，而加密用来保障消息的机密性。传统方法是“先签名后加密”，签名和加密功能是分开使用的，但计算量和通信成本是签名和加密的总和。Zheng 提出了一种新的密码原语，称为“签密”，它在逻辑上同时满足了数字签名和公钥加密的功能，同时成本大大低于先签名后加密的要求，节省的成本与安全参数的大小成比例增长。Nayak 介绍了一种新的基于椭圆曲线密码体制的签密方案，该方案的安全性基于椭圆曲线离散对数问题(ECDLP)和 Diffie-Hellman 问题(ECDHP)，该方案满足了保密性、真实性、不可否认性、前向安全性以及不可伪造性等多种安全要求。周克元提出了一种具有公开可验证性和前向安全性的改进方案，并证明了其正确性和安全性。此外，周克元还提出了一种新的基于椭圆曲线的签密方案，该方案具有可公开验证性和前向安全性，在该算法中，模乘的次数达到最小的 4 倍，模逆的次数为 0 倍。Yang 将混合签密技术推广到无证书环境，构造了一个无证书混合签密(PS-CLHS)方案，该方案可证明安全性。并且该方案在随机预言模型中证明了在双线性 Diffie-Hellman 问题和计算 Diffie-Hellman 问题下的不可区分性和不可伪造性。

12.2　基于椭圆曲线的签密构造过程

现有的方案大多不能同时满足公开可验证性和前向安全性。为了解决这一问题，本章基于椭圆曲线密码体制(ECC)中的离散对数问题和单向哈希函数反转的困难性，给出了一种具有前向安全性的可公开验证签密方案。

1. 系统初始化算法

首先，系统选取 E 为有限域 $GF(p)$ 上的椭圆曲线，G 是椭圆曲线 E 的生成元。发送者 A 随机选取一个整数 $x_A \in Z_n^*$ 作为私钥，同时计算公钥 $y_A = x_A G$。接收者 B 选取私钥 $x_B \in Z_n^*$，并得到公钥 $y_B = x_B G$。其中，(E', D') 是安全的加解密方案。

2. 签密算法

当发送者 A 发送消息时，需要对消息 m 进行认证签密，完成消息加密后生成签密文本并发送给 B，具体如下。

(1) 发送者 A 任取 $r \in Z_n^*$，计算：

$$R = rG \tag{12-1}$$

$$K = r y_B = (k, l) \tag{12-2}$$

(2) 发送者 A 利用签密算法生成：

$$c = E'_k(m) \tag{12-3}$$

(3) 发送者 A 计算哈希函数值：

$$e = h(c) \tag{12-4}$$

(4) 发送者 A 计算汉明权重：

$$d = \mathrm{ham}(e) \tag{12-5}$$

$$s = (r + d + x_A) \bmod n \tag{12-6}$$

(5) 发送者 A 将签密文本 (c, R, s) 发送给接收者 B。

3. 解密算法

当接收者 B 发送消息时，需要对签密文本 (c, R, s) 进行解密，完成消息解密后获得消息 m 并验证，具体如下。

(1) 接收者 B 接收到签密文本 (c, R, s)，计算：

$$K = x_B R = (k, l) \tag{12-7}$$

(2) 接收者 B 计算哈希函数值：

$$e = h(c) \tag{12-8}$$

(3) 接收者 B 计算汉明权重：

$$d = \mathrm{ham}(e) \tag{12-9}$$

$$t = (s - d) \bmod n \tag{12-10}$$

(4) 接收者 B 计算并生成明文：

$$m = D'_k(c) \tag{12-11}$$

(5) 接收者 B 验证 $tG - y_A$ 是否与 R 相等，若验证相等，说明签名有效，则 B 接收来自 A 的签密文本 (c,R,s)。

其中，验证签密文本 (c,R,s) 是否有效的正确性证明如下：

$$(s-d)G - y_A = (r+d+x_A-d)G - x_AG = rG = R \tag{12-12}$$

12.3　安全性分析

下面介绍的方案不仅提供了不可伪造性和不可否认性(公开验证)，还提供了前向安全性和抗私钥攻击性。

1. 不可伪造性

不可伪造性确保攻击者无法创建有效的密文。在该方案中，如果没有发送者 A 的私钥，攻击者就无法创建有效的密文 (c,R,s)。如果攻击者想要伪造前一个密文 (c,R,s) 的复制密文 (c',R',s')，关键就是生成正确的 s'。由于 $s = r + d + x_A$，攻击者必须得到随机的 r 和 x_A，这显然是不可能的。如果攻击者想从 $R = rG$ 和 $y_A = x_AG$ 中获得 r 和 x_A，首先必须解决 ECDLP 难题，但这是不可行的。因此，本章介绍的方案满足不可伪造性。

2. 不可否认性

本章方案具有不可否认性，即本章方案具有公开可验证性。当发送者和接收者存在争议时，接收者可以将 (c,R,s) 发送给第三方可信中心，以确认发送者是否发送了原始密文 c。在这个过程中，第三方可信中心可以确定签名是否由发送者生成，因为只有发送者才能使用自己的私钥 x_A 生成正确的签名 s。因此，本章方案满足不可否认性。

同时，在验证阶段，我们验证了密文 c 而不是明文 m，可以确保在不泄露明文的情况下进行验证。因此，本章方案具有公开验证的性质。

3. 前向安全性

本章方案保证如果发送者的私钥被泄露，攻击者无法从密文 (c,R,s) 中恢复原始消息 m。在本章方案中，如果攻击者试图推导出明文 m，则由于 $m = D'_k(c)$，他必须获得密钥 k。推导 k 有以下两种方法。

(1) 由 $K = ry_B = (k,l)$ 可知，攻击者需要获得 r。然而，要从 $R = rG$ 中计算得到 r，攻击者必须首先解决 ECDLP 难题，但这是不可行的。

(2) 由 $K = x_BR = (k,l)$ 可知，攻击者需要获得 x_B。但 x_B 作为接收者 B 的私钥，攻击者无法轻易获得。

综上所述，本章方案提供了前向安全性。

4. 抗私钥攻击性

攻击者想要恢复明文 m，首先要知道密钥 k。获取密钥 k 的途径有两条：第一条途径在前向安全性部分已经描述过。第二条途径需要获得接收者的私钥 x_B，由 $K = x_B R = (k,l)$ 可知，求解私钥 x_B 十分困难。因此，本章方案是抗私钥攻击的方案。

12.4 性能分析

本节将本章所述方案的工作成本与其他方案进行比较，最近能够同时保证前向安全性和可公开验证性两种性质的签密方案是本章方案和周克元(2015)方案。如表 12-1 所示，在签密阶段，周克元方案的模乘次数为 2，本章所提方案为 1。与周克元方案相比，本章方案的模指数和模逆的运算次数均达到最小的 0 次，在签密阶段的模乘次数减少了一次，计算速度显著提高。此外，周克元方案的签名长度为 $5|n|$，本章所提方案的签名长度为 3 $|n|$，签名长度比周克元的方案减少了 $2|n|$。也就是说，本章方案在理论上达到了复杂性的最小值。跟其他方案相比，本章方案的运算量有所减少，并且计算效率的运算速度也有所加快，在应用性上也较为广泛，为签密技术在网络通信等安全领域提供了一定的理论基础。

表 12-1　性能比较(一)

参数	周克元方案		本章方案	
	签密	解密	签密	解密
模指数	0	0	0	0
模逆	0	0	0	0
模乘	2	1	1	1
Hash 函数	1	1	1	1
签密长度	$5\|n\|$		$3\|n\|$	

同时，由于戚明平等(2014)和周克元方案都能够保持前向安全性和可公开验证性。本章也将同戚明平等方案进行比较，如表 12-2 所示，戚明平等方案基于求解椭圆曲线离散对数问题的难度设计，使用了模逆运算和模指数运算，计算成本相对较高、复杂度也相对较高，代价更高，相较于本章方案，不易于对其结果进行推广应用。本章所提方案的模指数与模逆运算 0 次，降低了模乘运算次数，更易进行广泛应用。

表 12-2　性能比较(二)

参数	戚明平等方案		本章方案	
	签密	解密	签密	解密
模指数	3	3	0	0
模逆	1	0	0	0

12.5 本章小结

本章介绍了一种具有前向安全性的可公开验证签密方案，主要基于椭圆曲线密码体制中难以解决的离散对数问题和可逆单向哈希函数问题。在安全性证明过程中，不可伪造性保证了攻击者不能创建有效的密文；在验证阶段验证密文c，而不是明文m，使得本章方案具可公开验证性。并且，如果发送者的私钥遭到破坏，攻击者无法从密文(c,R,s)中恢复原始消息m。通过与周克元方案相比，本章方案的模乘次数在签密阶段减少了一次，计算速率显著提高。此外，相比于周克元方案，本章的签名长度减少了$2|n|$。也就是说，算法复杂性在理论上达到了最小值，使得本章方案具有更高的安全性和更广泛的应用。

习　题

1. 签密是什么?
2. 基于椭圆曲线的签密方案的特点有哪些?
3. 基于椭圆曲线的签密方案的安全性是如何保障的?

第 13 章　多 KGC 的不需要安全通信信道的签密

随着物联网的新兴边缘计算技术飞速发展和在现实生活中日益广泛的应用，边缘设备一次向多个不同的终端设备广播其感测数据时出现了许多的问题，利用多接收者签密方案来保护传输数据是当前解决这个问题的主要方案，传统的方案一般需要维护一个安全的信道来生成用户私钥，会增加经济成本，同时这些方案的系统私钥由单个密钥生成中心(KGC)保管，一旦出现单点故障可能危及整个系统。本章给出了一种无须建立安全通信信道的多接收者签密方案。该方案允许 KGC 通过公共信道发送机密，降低了维护成本，同时利用多个 KGC 来管理系统私钥，并定期更新每个 KGC 的密钥以抵抗高级持久威胁攻击。

13.1　背 景 简 介

物联网的目标是创造一个万物互联的世界，用户通过使用智能手机、智能手表作为终端设备来收集周围的数据，这些数据可以通过公共信道或私人信道传输，供人们对这些数据进行进一步的分析和使用。但是，随着物联网设备数据的飞速增长，海量物联网数据对存储的需求变得日益高昂。云计算技术是存储和处理物联网数据的一种主要方案，具有成本更低、资源重用率高等优点。然而，云和物联网设备之间还存在距离较长、系统效率低下、处理延迟等问题，因此，在物联网边缘节点仍需处理大量数据。

由此，边缘计算技术得以提出，该技术可以在本地存储和处理物联网数据，无须将所有信息都提交给云服务器。边缘计算中的边缘节点负责链接云服务器和物联网设备。这些设备可以初步处理物联网数据，并根据系统命令控制终端设备。在实际生活中，根据使用的场景不同，不同的物联网设备和其边缘设备之间传输的数据也不相同。例如，在智慧城市场景中，光传感器设备可以向其他路灯发送传感数据，对这些路灯设备执行打开或关闭操作，另外，系统管理器可以利用多信道技术将配置传输到特定的路灯，边缘计算环境中的物联网通信网络架构如图 13-1 所示，该架构由三层组成：终端节点层、边缘节点层和云服务层。

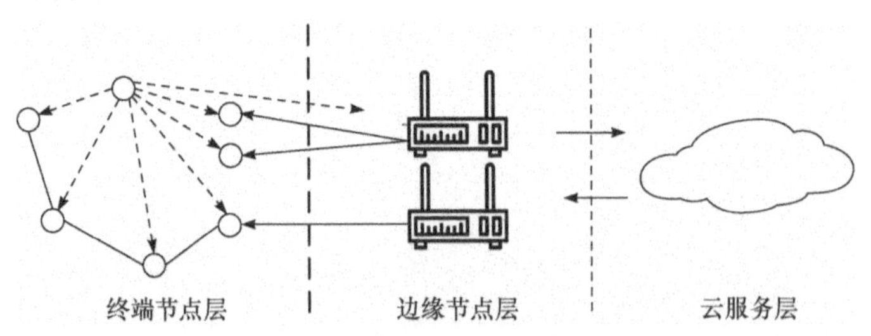

图 13-1　物联网通信网络架构

在边缘计算中，由于效率和成本效益等原因，设备一般通过多信道技术向相应的接收者发送多个不同的消息，而不是采用多个单播信道。然而，当物联网数据通过公共多信道网络传输时，这些数据可能容易受到各种安全攻击，其中两个主要的攻击方式就是数据窃听和数据篡改，因此，传输数据应同时满足机密性和可认证性。为了解决上述两种安全威胁，一般使用加密和数字签名来保护数据，然而，这两种技术操作复杂，计算成本高。所以，当我们使用这两种技术时，需要处理性能问题。

多消息多接收者签密技术(MMSC)是使用户在一个逻辑步骤中执行加密和签名操作。2003 年，Al Riyami 和 Peterson 提出了无证书公钥密码技术(CL-PKC)，允许使用者在密钥生成中心(KGC)的帮助下生成自己的公钥和私钥。在 CL-PKC 技术中，使用者首先生成自己的秘密值，然后使用该秘密值和 KGC 生成的部分私钥综合计算自己的私钥。同时，由于私钥和公钥不再是托管的情况，CL-PKC 技术有效避免了密钥托管问题。受 CL-PKC 启发的无证书 MMSC 方案可以使用户一次向不同的接收者发送不同的消息，并且不需要密钥中心存储和保管这些用户的密钥。在计算能力有限的物联网场景中，无证书 MMSC 方案避免了密钥托管问题，防止了恶意 KGC 伪造公钥，另外，其具有更低的功耗和计算成本。无证书 MMSC 方案是解决物联网中签密问题的有效的数据安全技术。

无证书 MMSC 方案中的私钥由用户和 KGC 共同生成，其不需要证书来保证公钥的真实性，每个参与者都可以通过安全通道从 KGC 获得自己的秘密。但是，该方案在物联网场景中仍可能会受到网络攻击，泄露用户的机密数据，同时，维护安全信道需要额外的计算成本。在这个方案中，KGC 至关重要，它持有系统私钥，这就导致在物联网场景中，由于计算能力有限和安全措施不足，KGC 容易受到网络攻击。如果攻击者在 KGC 上发起高级可持续威胁攻击(APT)并获取系统私钥，用户数据将会被窃取。为了应对这些安全威胁，可以使用多个密钥生成中心技术通过一个秘密共享协议来协同管理系统私钥，在该协议中，系统私钥被分为多个部分，每个部分分别存储在不同的 KGC 中。这样只要不是大部分的 KGC 被攻击，那么攻击者就无法恢复系统私钥。此外，为了抵御 APT 攻击，每个 KGC 都可以定期更新其部分密钥。

本章给出了一种具有多个密钥生成中心的多接收器多消息签密方案(MMSC-MKGC)，通过构建一种可证明安全的签密方案，高效且低维护成本抵御 APT 攻击。

13.2　发 展 现 状

1997 年，第一个签密方案被提出，其可以在单个逻辑步骤中进行信息加密和数字签名。与传统的先签名后加密方案相比，签密技术可以有效地提高总体效率，降低计算成本。最初的签名加密方案是基于公钥基础设施(PKI)实现的。由于 PKI 需要一个证书管理中心来管理公钥，其消耗大量的存储空间和电源，同时，随着参与者数量的增加，PKI 的有效管理变得更加复杂和烦琐。为了解决这些问题，Shamir 引入了基于身份的密码技术(IBC)，在 IBC 中，表示参与者的公开字符串用作其公钥。2018 年，第一个匿名的基于身份的签名加密方案(IBSC)被提出，其使得恶意第三方无法推断参与者的身份。2017 年，Karati 等提出了一种更高效的工业物联网(IIoT)IBSC，IBSC 依赖于私钥生成器(PKG)来生成和管理私钥，这个方案会出现单点故障的问题，随后提出了 CL-PKC 来提高系统的安全性。在 CL-PKC 中，参与者应与 KGC 共同生成其私钥和公钥，由于这些密钥无须托管，CL-PKC 避免了密钥托管问题。

现有的 CL-PKC 方案大多基于椭圆曲线或双线性对。与椭圆曲线运算相比，双线性对运算更耗时，并且增加了计算成本。针对安全通信系统，相关人员也提出了许多基于双线性对运算的无证书方案。为了保护数据的完整性和机密性，Li 等提出了一种签密方案，可适用于区块链场景，Wang 等引入了一种基于双线性对运算的签密算法，该算法利用区块链技术来保护可识别个人信息的数据免遭泄露。然而，这些方案包含颇为耗时的基于配对的操作，无法适应物联网这个资源受限的场景。为了解决基于双线性对运算的无证书方案的问题，Li 等提出了一种没有配对的无证书签密方案，Zhou 等针对该方案给出了相应的攻击策略，并提出了一种新的基于椭圆曲线的签密方案。Li 等设计了一种签密方案，能够抵抗合谋攻击。针对对手通过侧通道攻击收集用户机密的情况，Qin 等提出了一种无证书签密方案来保护机密数据。Cui 等提出了一种公共可验证签密方案，该方案满足保密性、认证性、不可否认性和不可伪造性。

在物联网场景中，个性化服务的需求日益增长，用户往往需要一次向不同的接收者发送许多对应的消息。1999 年，第一个 MMSC 方案被提出，允许发送者通过多信道广播多条消息。2006 年，第一个基于 IBC 的 MMSC 方案被提出，其同时满足保密性和真实性。但是，该方案需要执行双线性对运算来为多个接收者签密消息。之后，Pang 等提出了一种基于椭圆曲线密码(ECC)的匿名无证书 MMSC 方案，在此基础上，又提出了一种基于公钥加密的 MMSC 方案，该方案无须管理这些用户的证书，解决了密钥托管问题。Zhou 等提出了一种 MMSC 方案，其中密文不再包含身份列表来避免用户隐私的泄露。

对于大多数现有的无证书 MMSC 方案，安全通道对于保护参与者的私钥至关重要。但是，在物联网场景中，维护安全信道通常需要额外的计算能力。为此，Pang 等提出了第一个没有安全信道的签密方案，这使得系统更轻量、更安全。然而，该方案还是依靠单个 KGC 来维护系统私钥的，并且其中的 KGC 容易受到 APT 攻击。因此，其在设计多接收者多消息签密方案时，必须保证 KGC 的安全性。

13.3 多 KGC 的不需要安全通信信道的签密构造过程

13.3.1 方案模型

本章给出的多接收者方案的系统框架如图 13-2 所示。该方案主要有三种不同类型的参与者。

KGC：负责为这些参与者生成私钥，并协同管理系统私钥。在现实场景中，攻击者可能会向所有 KGC 发起攻击以获取机密信息。在该方案中，假设攻击者在一个固定的时间段内攻击的 KGC 数量小于特定的阈值 t。当一个新时间段开始时，攻击者会“释放”上一个时间段中受到攻击的 KGC，这意味着攻击者需要重新获得这些被释放的 KGC 中的秘密。

发送者：使用用户的身份信息、私钥信息、接收者的公钥和系统公共参数来生成密文的用户。

接收者：负责接收并解密密文来获取明文信息的用户。

在物联网场景中，接收器或发送器一般是计算能力有限的物联网设备，这是该方案设计时的关键点。发送者需要使用轻量级 MMSC 方案来加密许多不同的消息，然后一次将这些信息发送给相应的接收者。该方案的主要符号列见表 13-1。

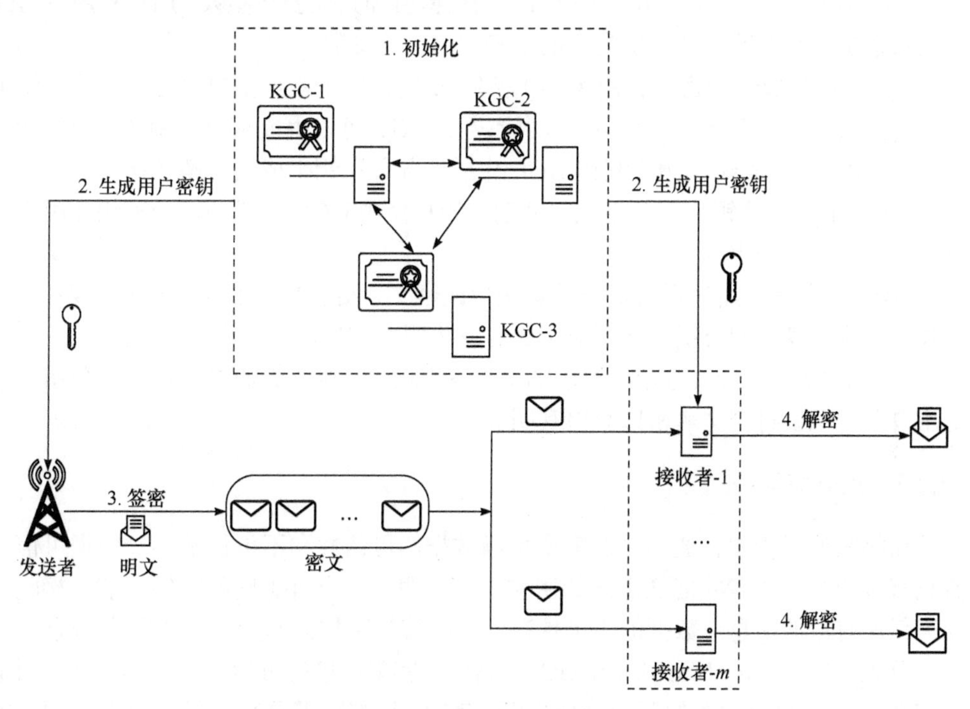

图 13-2　多接收者方案系统框架图

表 13-1　方案的符号表示

符号	说明	符号	说明
λ	安全参数	s	系统私钥
KGC	密钥生成中心	P_{params}	生态公共参数
F_p	有限域	p	大素数
P	F_p 生成参数	sk	用户私钥
KGC_i	第 i 个密钥生成中心	pk	用户公钥
ID	用户身份	ρ	接收者数量
n	KGC 数量	m	明文
s_i	KGC_i 的私钥	t	KGC 阈值
K_i	KGC_i 的公钥		

13.3.2 算法模型

该多接收者方案主要包括以下步骤。

(1) KGC 初始化：主要完成生成系统私钥和公共参数的操作。在输入安全参数后，KGC 生成系统私钥和公钥，以及系统公共参数。然后，KGC 公布系统公共参数和系统公钥，并保留系统私钥。

(2) 用户生成秘密值：用户生成自己的秘密值和其他公共参数。用户利用自己的身份信息和系统公共参数，计算出自己的秘密值和公共参数。

(3) KGC 生成部分密钥：KGC 生成部分私钥，用于用户生成自己的私钥。使用用户标识、公共参数、系统私钥和系统公共参数，KGC 可以生成部分私钥和部分公钥。

(4) 生成用户私钥：用户利用 KGC 生成的部分私钥生成其完整私钥。

(5) 生成用户公钥：用户生成其公钥。用户使用 KGC 生成的部分私钥和用户标识，可以生成用户的公钥。

(6) 明文加密：用户运行对应的算法生成密文。发送方利用自己的用户身份、私钥和接收方的用户身份和公钥，运行对应的算法将明文信息加密为密文。

(7) 密文解密：接收方运行对应的算法获取明文。接收方通过发送者的公钥和用户身份用自己的私钥将密文解密以获得其明文。

13.3.3 安全模型

在物联网场景中，通信系统需要保障数据的可信性和不可伪造性。数据可信性意味着只有授权的接收者才能从发送的密文中获取明文。没有正确的密钥，非法接收者无法获得任何有用的信息。数据的不可伪造性意味着签密数据不能被非法用户伪造。

首先，所提出的 MMSC-MKGC 方案可以实现消息的可信性，尤其在针对自适应选择密文攻击(IND-CCA2)的可区分性方面。其次，该方案需要实现不可伪造性。具体而言，针对自适应选择消息攻击(EUF-CMA)存在不可伪造性。

本章提出的签密方案中定义的安全模型使用了两种类型的敌手。第一种类型的敌手被称为 A_{I}，可以替换用户公钥，但 A_{I} 不知道系统私钥。第二种类型的敌手 A_{II} 知道系统私钥和密钥，但不允许替换系统私钥。

为了保密性和不可伪造性，我们定义了四个游戏来描述对手对上述两个安全概念的攻击，并提供了相应的安全定义。

1. 数据机密性

为了实现 IND-CCA2，我们定义了两个游戏来模拟敌手对消息机密性的攻击。这两个游戏描述了挑战者和敌手之间的一系列互动。所提出的 MMSC-MKGC 方案是 IND-CCA2 安全的，因为它满足定义 13-1 和定义 13-2。

游戏 13-1 游戏描述了敌手 A_{I} 和挑战者之间的交互。简单起见，敌手被重新标记为 $A_{\mathrm{I-1}}$。

定义 13-1 对于敌手 $A_{\mathrm{I-1}}$，如果在时间 τ 内赢得上述游戏的优势满足 $\mathrm{Adv}^{\mathrm{IND\text{-}CCA2}}(A_{\mathrm{I-1}}) \leqslant$

ω，该方案可以在游戏 13-1 下实现消息保密性，其中 τ 表示多项式时间，ω 表示可忽略的概率优势。

游戏 13-2　游戏描述了敌手 A_{Π} 和挑战者之间的一组交互。简单起见，敌手被重新标记为 $A_{\Pi\text{-}1}$。

定义 13-2　对于敌手 $A_{\Pi\text{-}1}$，如果在时间 τ 内赢得上述游戏的优势满足 $\text{Adv}^{\text{IND-CCA2}}(A_{\Pi\text{-}1}) \leqslant \omega$，该方案可以在游戏 13-2 下实现消息保密性，其中 τ 表示多项式时间，ω 表示可忽略的概率优势。

2. 数据不可伪造性

为了实现 EUF-CMA，我们定义了两个游戏来模拟对消息不可伪造性的攻击。这些游戏描述了挑战者和敌手之间的一系列互动。建议的 MMSC-MKGC 方案是 EUF-CMA 安全的，因为它满足定义 13-3 和定义 13-4。

游戏 13-3　游戏描述了敌手 A_{I} 和挑战者之间的交互。简单起见，敌手被重新标记为 $A_{\text{I-2}}$。

定义 13-3　对于敌手 $A_{\text{I-2}}$，如果在时间 τ 内赢得上述游戏的优势满足 $\text{Adv}^{\text{EUF-CMA}}(A_{\text{I-2}}) \leqslant \omega$，该方案可以在游戏 13-3 下实现不可伪造性，其中 τ 是多项式时间，ω 表示可忽略的概率优势。

游戏 13-4　游戏描述了敌手 A_{Π} 和挑战者之间的交互。简单起见，敌手被重新标记为 $A_{\Pi\text{-}2}$。

定义 13-4　对于敌手 $A_{\Pi\text{-}2}$，如果在时间 τ 内赢得上述游戏的优势满足 $\text{Adv}^{\text{EUF-CMA}}(A_{\Pi\text{-}2}) \leqslant \omega$，该方案可以在游戏 13-4 下实现不可伪造性，其中 τ 是多项式时间，ω 表示可忽略的概率优势。

13.4　详细方案步骤

下面对本章提出的具有多密钥生成中心的多接收机多消息签名加密方案(MMSC-MKGC)进行详细说明。在该方案中，发送方可以为多个不同的接收者加密多条消息，每个接收者可以解密密文以获得相应的明文，一组 KGC 通过秘密共享协议维护系统私钥。此外，该方案允许参与者通过公共信道提取自己的私钥，以降低维护成本。

1. KGC 初始化

对于给定的安全参数 λ，系统选择五个安全单向哈希函数，即

$$H_1 : G \to Z_p$$

$$H_2 : \{0,1\}^{L_1} \times G \to Z_p$$

$$H_3 : \{0,1\}^{L_1} \times G \times G \to Z_p$$

$$H_4:\{0,1\}^{L_l}\times G\times G\to\{0,1\}^{L_m}$$
$$H_5:\{0,1\}^{L_l}\times G\times\{0,1\}^{L_m}\to Z_p$$

其中，L_l 表示身份长度；L_m 表示明文长度。

选择索引函数 $F^{\rho}(\mathrm{ID})\to\left\{1\leqslant j\leqslant\rho, j\in Z_p^*\right\}$ 表示标识集 $\mathrm{ID}=\left\{\mathrm{ID}_1,\mathrm{ID}_2,\cdots,\mathrm{ID}_\rho\right\}$。该函数将每个用户 ID_i 映射到集合 $\{1,2,\cdots,\rho\}$ 中的唯一值，接收者可以使用该值在消息队列中进行存储或检索。操作 $\oplus$ 定义为 XOP 运算，对于 $\forall M,N\in\{0,1\}^*$，均有 $M\oplus N\oplus M=N^*$。

每个 KGC_i $(1\leqslant i\leqslant n)$ 和 ID_i 需要执行下列操作。

(1) 选择函数 $g_i(x)=a_{i,0}+a_{i,1}x+\cdots+a_{i,t-1}x^{t-1}\bmod p$，每个 $a_{i,j}$ 从 Z_p^* 中随机选择。简单起见，定义 $f_i(x)=a_{i,1}x+\cdots+a_{i,j}x^j+\cdots+a_{i,t-1}x^{t-1}\bmod p$，从而 $g_i(x)=a_{i,0}+f_i(x)\bmod p$。

(2) 计算 $\tau_{i,j}=a_{i,j}P$，$0\leqslant j\leqslant t-1$。

(3) 发送 $\tau_{i,j}$ 到 KGC_ζ，其中 $1\leqslant\zeta\leqslant n$，$\zeta\neq i$。

(4) 计算 $\left\{g_i(\mathrm{ID}_\zeta)\,|\,1\leqslant\zeta\leqslant n\right\}$。

(5) 计算 $\mathfrak{I}_{i,\zeta}=g_i(\mathrm{ID}_\zeta)\oplus H_1(a_{i,0}\tau_{\zeta,0})$，其中 $1\leqslant\zeta\leqslant n$。

(6) 发送 $\mathfrak{I}_{i,\zeta}$ 到 KGC_ζ，其中 $1\leqslant\zeta\leqslant n$，$\zeta\neq i$。

$\mathrm{KGC}_\zeta(1\leqslant\zeta\leqslant n)$ 提取系统私钥的步骤如下。

(1) 计算 $g_i(\mathrm{ID}_\zeta)=\mathfrak{I}_{i,\zeta}\oplus H_1(a_{\zeta,0}\tau_{i,0})$，其中 $1\leqslant i\leqslant n$，$i\neq\zeta$。

(2) 验证公式 $g_i(\mathrm{ID}_\zeta)P=\sum_{\xi=0}^{t-1}(\mathrm{ID}_\zeta^{\xi}\tau_{i,\xi})$ 是否成立，如果验证成功，KGC_ζ 接收 $\mathfrak{I}_{i,\zeta}$；否则拒绝接收。

(3) KGC_ζ 通过计算 $s_\zeta=\sum_{i=1}^{n}g_i(\mathrm{ID}_\zeta)$ 获得其私钥，计算 $K_\zeta=s_\zeta P$ 获得其私钥。

(4) 系统密钥为 $s=\sum_{\xi=1}^{n}a_{\xi,0}$。

系统公共参数为 $P_{\text{params}}=\{P,p,H_1,H_2,H_3,H_4,H_5,F^{\rho},K_\zeta,\oplus\}$。

2. 用户生成秘密值

用户 ID_u 可以通过以下步骤生成秘密值 x_u 和公共值 X_u。

(1) 随机选择一个正整数 $x_u\in Z_p^*$。

(2) 计算 $X_u=x_uP$。

(3) 发送 $\left\langle\mathrm{ID}_u,X_u\right\rangle$ 给 KGC_i $(1\leqslant i\leqslant n)$。

3. KGC 生成部分密钥

KGC_i 收到 $\left\langle\mathrm{ID}_u,X_u\right\rangle$ 后，KGC_i 运行以下步骤来生成其部分私钥。

(1) 随机选择一个正整数 $r_i \in Z_p^*$。

(2) 计算 $Y_i = r_i P$。

(3) 计算 $u_i = r_i + s_i H_2(\mathrm{ID}_u, X_u) + H_3(\mathrm{ID}_u, s_i X_u, Y_i)$。

(4) 发送 $\langle u_i, Y_i \rangle$ 给每一个用户 ID_u。

4. 生成用户私钥

当用户 ID_u 收到消息 $\langle u_i, Y_i \rangle$ 时，用户执行以下操作来获得其私钥。

(1) 验证公式 $u_i P = Y_i + H_2(\mathrm{ID}_u, X_u)K_i + H_3(\mathrm{ID}_u, x_u K_i, Y_i)P$ 是否成立，如果验证成功，则用户 ID_u 接收这些值，否则 ID_u 拒绝它们。

(2) 计算 $w_i = u_i - H_3(\mathrm{ID}_u, x_u K_i, Y_i) = r_i + s_i H_2(\mathrm{ID}_u, X_u)$。

(3) 当用户 ID_u 接收并验证一点数量 t 的 $\langle u_i, Y_i \rangle$ 后，计算 $\delta_\xi = \prod_{\substack{i_1 \leqslant j \leqslant i_t \\ j \neq \xi, j \in I}} \dfrac{\mathrm{ID}_j}{\mathrm{ID}_j - \mathrm{ID}_\xi}$，其中 $\zeta \in \{i_1, i_2, \cdots, i_t\}$。

(4) 用户计算 $y_u = \sum_{\xi=i_1}^{i_t} w_\xi \delta_\xi$，从而获得其私钥 $\mathrm{sk}_u = \langle x_u, y_u \rangle$。

5. 生成用户公钥

用户 ID_u 计算 $Z_u = \sum_{\xi=i_1}^{i_t} \delta_\xi Y_\xi$，从而获得其公钥 $\mathrm{pk}_u = \langle X_u, Z_u \rangle$。

6. 明文加密

发送者 ID_a 对 ρ 个明文消息 $M = \{m_1, m_2, \cdots, m_\rho\}$ 执行以下步骤来生成密文。

(1) 随机选择一个正整数 $\alpha \in Z_q^*$。

(2) 计算 $R = \alpha P$。

(3) 发送方 ID_a 为每一个接收方 ID_b 计算 $J_{R_i} = F^\rho(\mathrm{ID}_b)$，其中 $1 \leqslant J_{R_i} \leqslant \rho$，$1 \leqslant b \leqslant \rho$。

(4) 计算 $Q_b = \alpha\left(X_b + Z_b + H_2(\mathrm{ID}_b, X_b)\sum_{\xi=i_1}^{i_t} \delta_\xi K_\xi\right)$。

(5) 计算 $K_b = H_4(\mathrm{ID}_b, R, Q_b)$。

(6) 发送方 ID_a 计算密文 $c_b = m_b \oplus K_b$，并保存 c_b 到集合 $\widetilde{C}$ 中，即 $\widetilde{C}[J_{R_i}] \leftarrow c_b$。

(7) 发送方 ID_a 计算 $t_b = H_5(\mathrm{ID}_a, R, c_b)$，并保存 t_b 到集合 $\widetilde{T}$ 中，即 $\widetilde{T}[J_{R_i}] \leftarrow t_b$。

(8) 发送方 ID_a 计算 $z_b = \alpha - t_b(x_a + y_a)$，并保存 z_b 到集合 $\widetilde{X}$ 中，即 $\widetilde{X}[J_{R_i}] \leftarrow z_b$。

(9) 发送方 ID_a 发送密文 $C_m = \langle \widetilde{C}, \widetilde{T}, \widetilde{X} \rangle$ 给所有接收方。

7. 密文解密

当接收方 ID_b 接收到 C_m 时，执行以下操作来获得相应的明文。

(1) 接收方 ID_b 计算 $J_{R_i}=F^{\rho}(\mathrm{ID}_b)$，其中 $1\leqslant J_{R_i}\leqslant\rho$。之后，接收方获得 $c_b'\leftarrow\widetilde{C}[J_{R_i}]$，$t_b'\leftarrow\widetilde{T}[J_{R_i}]$，$z_b'\leftarrow\widetilde{X}[J_{R_i}]$。

(2) 计算 $R'=t_b'\left(X_a+Z_a+H_2(\mathrm{ID}_a,X_a)\sum_{\xi=i_1}^{i_t}\delta_\xi K_\xi\right)+z_b'P$。

(3) 计算 $t_b=H_5(\mathrm{ID}_a,R',c_b')$。

(4) 接收方 ID_b 验证等式 $t_b=t_b'$，如果验证失败，接收方 ID_b 拒绝解密密文。

(5) 计算 $Q_b'=(x_b+y_b)R'$。

(6) 计算 $K_b'=H_4(\mathrm{ID}_b,R',Q_b')$。

(7) 接收方 ID_b 可以解密得到明文 $m_b=c_b'\oplus K_b'$。

8. 密钥更新策略

下面描述该方案中的 KGC 的密钥更新策略。如上所述，系统私钥被分成若干个部分密钥，这些部分密钥分布在多个 KGC 中。为了抵御 APT 攻击，每个 KGC 应定期更新其持有的部分密钥。每个 KGC_i $(1\leqslant i\leqslant n)$ 应通过以下步骤更新其密钥。

(1) 重新选择多项式 $f_i(x)=b_{i,1}x+b_{i,2}x^2+\cdots+b_{i,t-1}x^{t-1}$，其中 $b_{i,j}\in Z_p^*(1\leqslant j\leqslant t-1)$，$b_{i,j}$ 是随机选择的值。

(2) 计算 $\tau_{i,j}'=b_{i,j}P$，$1\leqslant j\leqslant t-1$。

(3) 当 KGC_i 持有 n 个 $\tau_{i,j}'$ 时，KGC_i 为每个 KGC_ζ $(1\leqslant\zeta\leqslant n)$ 计算 $f_i(\mathrm{ID}_\zeta)$。

(4) 计算 $\mathfrak{J}_{i,\zeta}'=f_i(\mathrm{ID}_\zeta)\oplus H_1(b_{i,1}\tau_{\zeta,1}')$，其中 $1\leqslant\zeta\leqslant n$。

(5) 发送 $\mathfrak{J}_{i,\zeta}'$ 到 KGC_ζ，其中 $1\leqslant\zeta\leqslant n$，$\zeta\neq i$。

KGC_i 收到来自 KGC_ζ $(1\leqslant\zeta\leqslant n,\zeta\neq i)$ 的消息 $\mathfrak{J}_{i,\zeta}'$ 后，KGC_i 执行以下操作。

(1) 计算 $f_\zeta(\mathrm{ID}_i)=\mathfrak{J}_{\zeta,i}'\oplus H_1(b_{i,1}\tau_{\zeta,1}')$。

(2) 验证 $f_\zeta(\mathrm{ID}_i)P=\sum_{\xi=1}^{t-1}(\mathrm{ID}_i{}^{\xi}\tau_{\zeta,1}')$，如果验证失败，$\mathrm{KGC}_\zeta$ 拒绝接收该消息。

(3) 为 KGC_i 计算私钥 $s_i'=s_i+\sum_{\xi=1}^{n}f_\xi(\mathrm{ID}_i)$。

该方案中的 KGC 负责生成用户公钥和私钥。如果所有的 KGC 都失败，现有的参与者将无法完成密钥更新步骤，其他用户将无法再加入系统。即便如此，现有参与者仍然可以正常执行信息加密步骤和信息解密步骤。需要注意的是，在这个方案中，KGC 的单点故障概率相对较低，并且系统安全仍然可以得到保证。

13.5　签密过程分析

13.5.1　正确性证明

定理 13-1　在初始化阶段，使用的 $g_i(\mathrm{ID}_\zeta)P=\sum_{\xi=0}^{t-1}(\mathrm{ID}_\zeta{}^{\xi}\tau_{i,\xi})$ 验证方程成立。

证明：当 KGC_ζ 收到来自 KGC_i 的 $\mathfrak{I}_{i,\zeta}$ 后，KGC_ζ 可以得到 $g_i(\mathrm{ID}_\zeta)$，并且验证等式 $g_i(\mathrm{ID}_\zeta)=\mathfrak{I}_{i,\zeta}\oplus H_1(a_{\zeta,0}\tau_{i,0})$。通过 $\tau_{i,0}=a_{i,0}P$ 和 $g_i(x)=a_{i,0}+a_{i,1}x+\cdots+a_{i,t-1}x^{t-1}$，可以得到

$$
\begin{aligned}
g_i(\mathrm{ID}_\zeta)P&=\left(a_{i,0}+a_{i,1}\mathrm{ID}_\zeta+\cdots+a_{i,t-1}\mathrm{ID}_\zeta{}^{t-1}\right)P\\
&=a_{i,0}P+\mathrm{ID}_\zeta a_{i,1}P+\cdots+\mathrm{ID}_\zeta{}^{t-1}a_{i,t-1}P\\
&=\tau_{i,0}+\mathrm{ID}_\zeta\tau_{i,1}+\cdots+\mathrm{ID}_\zeta{}^{t-1}\tau_{i,t-1}\\
&=\sum_{\xi=0}^{t-1}(\mathrm{ID}_\zeta{}^{\xi}\tau_{i,\xi})
\end{aligned}
$$

定理 13-2　在生成密钥阶段，当用户 ID_u 接收到 $\langle u_i,Y_i\rangle$，还需要证明验证方程 $u_iP=Y_i+H_2(\mathrm{ID}_u,X_u)K_i+H_3(\mathrm{ID}_u,x_uK_i,Y_i)P$ 的正确性。

证明：通过 $K_i=s_iP$，$X_u=x_uP$，可以得到 $s_iX_u=s_ix_uP=x_us_iP=x_uK_i$ 通过 $u_i=r_i+s_iH_2(\mathrm{ID}_u,X_u)+H_3(\mathrm{ID}_u,s_iX_u,Y_i)$，$s_iX_u=x_uK_i$，$Y_i=r_iP$ 可以计算得到

$$
\begin{aligned}
u_iP&=(r_i+s_iH_2(\mathrm{ID}_u,X_u)+H_3(\mathrm{ID}_u,s_iX_u,Y_i))P\\
&=r_iP+s_iH_2(\mathrm{ID}_u,X_u)P+H_3(\mathrm{ID}_u,s_iX_u,Y_i)P\\
&=Y_i+H_2(\mathrm{ID}_u,X_u)K_i+H_3(\mathrm{ID}_u,x_uK_i,Y_i)P
\end{aligned}
$$

定理 13-3　对于用户 ID_u 的私钥 $\mathrm{SK}_i=\langle x_i,y_i\rangle$，等式 $y_i=\sum_{\xi=i_1}^{i_t}\delta_\xi r_\xi+sH_2(\mathrm{ID}_u,X_u)$ 成立。

证明：对于 $\mathrm{KGC}_i\ (1\leqslant i\leqslant n)$ 和 ID_i，可以通过 $g_i(x)=a_{i,0}+a_{i,1}x+\cdots+a_{i,t-1}x^{t-1}$ 得到集合 $\{g_1(\mathrm{ID}_1),g_2(\mathrm{ID}_2),\cdots,g_n(\mathrm{ID}_n)\}$，其中 $g_i(\mathrm{ID}_i)=a_{i,0}+a_{i,1}\mathrm{ID}_i+\cdots+a_{i,t-1}\mathrm{ID}_i^{t-1}$。

通过 KGC_i 的 $s_i=\sum_{\zeta=1}^{n}g_\zeta(\mathrm{ID}_i)$，用户可以得到 $s_i=a_{1,0}+a_{2,0}+\cdots+a_{n,0}+(a_{1,1}+a_{2,1}+\cdots+a_{n,1})\mathrm{ID}_i+\cdots+(a_{1,t-1}+a_{2,t-1}+\cdots+a_{n,t-1})\mathrm{ID}_i^{t-1}$，那么就有

$$
\begin{aligned}
\mathscr{R}(x)&=a_{1,0}+a_{2,0}+\cdots+a_{n,0}+(a_{1,1}+a_{2,1}+\cdots+a_{n,1})x+\cdots+(a_{1,t-1}+a_{2,t-1}+\cdots+a_{n,t-1})x^{t-1}\\
&=m_0+m_1x+\cdots+m_{t-1}x^{t-1}
\end{aligned}
$$

因为 $\mathscr{R}(x)$ 是 $t-1$ 阶多项式，可以计算 m_i 和 t 个 $\{\mathrm{ID}_i,s_i\}$，当用户 ID_u 收集一组 $\{\langle u_{i_1},Y_{i_1}\rangle,\langle u_{i_2},Y_{i_2}\rangle,\cdots,\langle u_{i_t},Y_{i_t}\rangle\}$ 时，用户可以通过 $w_i=u_i-H_3(\mathrm{ID}_u,x_uK_i,Y_i)$ 获得 w_i 中的 t 组。由于 $w_i=r_i+s_iH_2(\mathrm{ID}_u,X_u)$，用户可以获得 $y_i=\sum_{\xi=i_1}^{i_t}w_\xi\delta_\xi=\sum_{\xi=i_1}^{i_t}\left[r_\xi+s_\xi H_2(\mathrm{ID}_u,X_u)\right]\delta_\xi=$

$\sum_{\xi=i_1}^{i_t}\delta_\xi r_\xi+\sum_{\xi=i_1}^{i_t}s_\xi\delta_\xi H_2(\mathrm{ID}_u,X_u)=\sum_{\xi=i_1}^{i_t}\delta_\xi r_\xi+sH_2(\mathrm{ID}_u,X_u)$。

同时，由于 $\delta_\xi=\prod_{\substack{i_1\leqslant j\leqslant i_t\\ j\neq\xi,j\in I}}\frac{\mathrm{ID}_j}{\mathrm{ID}_j-\mathrm{ID}_\xi}$，$s=\sum_{\xi=1}^{n}a_{\xi,0}$，用户可以得到 $\sum_{\xi=i_1}^{i_t}s_\xi\delta_\xi=s$，以及根据拉格朗日插值定理得到 $y_i=\sum_{\xi=i_1}^{i_t}\delta_\xi r_\xi+\sum_{\xi=i_1}^{i_t}s_\xi\delta_\xi H_2(\mathrm{ID}_u,X_u)$。

定理 13-4　当接收者收到密文时，验证方程 $t_b'=t_b=H_5(\mathrm{ID}_a,R',c_b')$ 成立，接收者可以通过解密阶段获得正确的明文。

证明： 收件人 ID_b 得到 $c_b'\leftarrow\widetilde{C}[J_{R_i}]$，$t_b'\leftarrow\widetilde{T}[J_{R_i}]$，$z_b'\leftarrow\widetilde{X}[J_{R_i}]$，通过 $z_b=\alpha-t_b(x_a+y_a)$，接收者可以计算 $z_bP=\alpha P-t_b(x_a+y_a)P=R-t_b(X_a+y_aP)$，通过 $y_i=\sum_{\xi=i_1}^{i_t}\delta_\xi r_\xi+\sum_{\xi=i_1}^{i_t}s_\xi\delta_\xi H_2(\mathrm{ID}_u,X_u)$，$Y_i=r_iG$，$Z_i=\sum_{\xi=i_1}^{i_t}\delta_\xi Y_\xi$，$K_\zeta=s_\zeta G$，接收者可以计算 $z_bP=R-t_b\left(X_a+Z_a+H_2(\mathrm{ID}_a,X_a)\sum_{\xi=i_1}^{i_t}\delta_\xi K_\xi\right)$，$R=z_bG+t_b\left(X_a+Z_a+H_2(\mathrm{ID}_a,X_a)\sum_{\xi=i_1}^{i_t}\delta_\xi K_\xi\right)=R'$ 和 $t_b'=t_b=H_5(\mathrm{ID}_a,R',c_b')$。

利用 $Q_b'=(x_b+y_b)R'=(x_b+y_b)R$，接收者可以得到 $Q_b'=(x_b+y_b)R'=\alpha(x_b+y_b)P=\alpha\left(x_b+\sum_{\xi=i_1}^{i_t}\delta_\xi r_\xi+H_2(\mathrm{ID}_b,HT_b)\sum_{\xi=i_1}^{i_t}\delta_\xi s_\xi\right)P=\alpha\left(X_b+Z_b+H_2(\mathrm{ID}_b,X_b)\sum_{\xi=i_1}^{i_t}\delta_\xi K_\xi\right)=Q_b$，以及 $K_b'=H_4(\mathrm{ID}_b,R',Q_b')=H_4(\mathrm{ID}_b,R,Q_b)=K_b$，通过计算 $c_b'\oplus K_b'=c_b\oplus K_b=m_b$，接收方可以获得明文 m_b。

定理 13-5　在密钥更新阶段，系统密钥 s 不会改变。

证明： 在初始化阶段之后，可以得到系统密钥 $s=\sum_{\xi=1}^{n}a_{\xi,0}=\sum_{\xi=1}^{n}g_\xi(0)$，之后，每个 KGC_i 需要更新其持有的部分系统密钥 $s_i'=s_i+\sum_{\xi=1}^{n}f_\xi(\mathrm{ID}_i)$。

通过 $s_i=\sum_{\zeta=1}^{n}g_\zeta(\mathrm{ID}_i)$，可以得到

$$
\begin{aligned}
s_i'&=\sum_{\zeta=1}^{n}g_\zeta(\mathrm{ID}_i)+\sum_{\xi=1}^{n}f_\xi(\mathrm{ID}_i)\\
&=a_{1,0}+\cdots+a_{n,0}+(a_{1,1}+\cdots+a_{n,1}+b_{1,1}+\cdots+b_{n,1})\mathrm{ID}_i+\cdots\\
&\quad+(a_{1,t-1}+\cdots+a_{n,t-1}+b_{1,t-1}+\cdots+b_{n,t-1})\mathrm{ID}_i^{t-1}
\end{aligned}
$$

$$\begin{aligned}\mathcal{R}'(x) &= a_{1,0}+\cdots+a_{n,0}+(a_{1,1}+\cdots+a_{n,1}+b_{1,1}+\cdots+b_{n,1})x+\cdots \\ &\quad +(a_{1,t-1}+\cdots+a_{n,t-1}+b_{1,t-1}+\cdots+b_{n,t-1})x^{t-1} \\ &= m_0+m_1'x+\cdots+m_{t-1}'x^{t-1}\end{aligned}$$

由于$\mathcal{R}(x)$是$t-1$阶多项式，也可以利用t个$\{\mathrm{ID}_i, s_i'\}$重建$\mathcal{R}(x)$，并且新的系统密钥为$s'=\sum_{\xi=1}^{n} a_{\xi,0}=s$。根据以上分析，系统密钥$s$在密钥更新阶段不会改变。

13.5.2　安全性分析

根据 13.3.3 节中描述的安全模型，本节将证明本章方案的机密性和不可伪造性。由于系统私钥为$s=\sum_{\xi=1}^{n} a_{\xi,0}$，并且在更新密钥阶段不会更改，假设系统公钥为$P_0=sP$，并且$P_0$不会改变。

1. 机密性分析

定理 13-6　在随机预言机模型中，只要 CDH 难题不存在多项式算法，本章方案就可以实行 IND-CCA2 保护。

证明：通过引理 13-1 和引理 13-2 来证明。

引理 13-1　如果对手$A_{\text{I-1}}$能够以不可忽略的优势ω在多项式时间内赢得游戏 13-1(敌手$A_{\text{I-1}}$可以对$H_i(i=2,\cdots,5)$执行最多q_i次查询、ξ次公钥查询、ζ次解密查询)，则挑战者C可以在多项式时间内解决 CDH 问题，具有不可忽略的优势：

$$\mathrm{Adv}^{\text{IND-CCA2}}(A_{\text{I-1}}) \geqslant \omega\left(1-\frac{\varepsilon}{p}\right)\left(1-\frac{\xi}{p}\right)\prod_{i=2}^{5}\left(1-\frac{q_i^2}{p}\right)$$

证明：如果敌手$A_{\text{I-1}}$在游戏 13-1 中以不可忽略的优势ω成功，则挑战者C可以解决 CDH 问题。即挑战者C将敌手$A_{\text{I-1}}$和挑战者C之间的交互过程作为解决 CDH 问题的子问题。

首先，挑战者 C 运行初始化步骤以获取系统公共参数$P_{\text{params}}=\{P,p,H_1,H_2,H_3,H_4,H_5,F^{\rho},K_{\zeta},\oplus\}$和$P_0=aP$。之后，挑战者$C$将$P_{\text{params}}$和$P_0$发送给敌手$A_{\text{I-1}}$。敌手$A_{\text{I-1}}$并不知道系统私钥$a$。然后，敌手$A_{\text{I-1}}$选择一组身份信息$L^*=\{\mathrm{ID}_1,\mathrm{ID}_2,\cdots,\mathrm{ID}_n\}$发送给挑战者$C$。通过$L_2$、$L_3$、$L_4$、$L_5$、$L_{\text{sk}}$、$L_{\text{pk}}$追踪$H_2$、$H_3$、$H_4$、$H_5$，以及公钥生成阶段和解密阶段的查询响应，另外，所有列表的初始值为空。

H_2查询：当挑战者C从敌手$A_{\text{I-1}}$接收到$H_2(\mathrm{ID}_i,X_i)$查询后，如果$\langle \mathrm{ID}_i,X_i\rangle\in L_2$，挑战者 C 发送h_2作为对敌手$A_{\text{I-1}}$的响应信息。否则挑战者 C 随机选择一个$h_2\in Z_p^*$，满足$\langle \mathrm{ID}_i,X_i,h_2\rangle\notin L_2$。挑战者$C$将$h_2$发送给敌手$A_{\text{I-1}}$。之后，挑战者$C$将$\langle \mathrm{ID}_i,X_i,h_2\rangle$添加到$L_2$中。

H_3 查询：当挑战者 C 从敌手 $A_{\text{I-1}}$ 接收到 $H_3(\mathrm{ID}_i,X_i,Y_i,h_3)$ 查询后，如果

$\langle \mathrm{ID}_i, X_i, Y_i, h_3 \rangle \in L_3$，挑战者 C 发送 h_3 作为对敌手 $A_{\text{I-1}}$ 的响应信息。否则挑战者 C 随机选择一个 $h_3 \in Z_p^*$，满足 $\langle \mathrm{ID}_i, X_i, Y_i, h_3 \rangle \notin L_3$，将 $\langle \mathrm{ID}_i, X_i, Y_i, h_3 \rangle$ 添加到 L_3 中。之后，挑战者 C 将 h_3 发送给敌手 $A_{\text{I-1}}$。

H_4 查询：当挑战者 C 从敌手 $A_{\text{I-1}}$ 接收到 $H_4(\mathrm{ID}_i, R, Q)$ 查询后，如果 $\langle \mathrm{ID}_i, R, Q_i, h_4 \rangle \in L_4$，挑战者 C 发送 h_4 作为对敌手 $A_{\text{I-1}}$ 的响应信息。否则挑战者 C 随机选择一个 h_4，满足 $\langle \mathrm{ID}_i, R, Q_i, h_4 \rangle \in L_4$，挑战者 C 将 h_4 发送给敌手 $A_{\text{I-1}}$。之后，挑战者 C 将 $\langle \mathrm{ID}_i, R, Q_i, h_4 \rangle$ 添加到 L_4 中。

H_5 查询：当挑战者 C 从敌手 $A_{\text{I-1}}$ 接收到 $H_5(\mathrm{ID}_i, R, c, h_5)$ 查询后，如果 $\langle \mathrm{ID}_i, R, c, h_5 \rangle \in L_5$，挑战者 C 发送 h_5 作为对敌手 $A_{\text{I-1}}$ 的响应信息。否则挑战者 C 随机选择一个 $h_5 \in Z_p^*$，满足 $\langle \mathrm{ID}_i, R, c, h_5 \rangle \notin L_5$，挑战者 C 将 h_5 发送给敌手 $A_{\text{I-1}}$。之后，挑战者 C 将 $\langle \mathrm{ID}_i, R, c, h_5 \rangle$ 添加到 L_5 中。

公钥生成查询：当挑战者 C 从敌手 $A_{\text{I-1}}$ 接收到用户 ID_i 的公钥生成查询后，挑战者 C 搜索列表 L_{pk} 以检查 $\langle \mathrm{ID}_i, X_i, Z_i \rangle$ 是否存在。如果成立，挑战者 C 返回公钥 $\mathrm{PK}_i = \langle X_i, Z_i \rangle$ 给敌手 $A_{\text{I-1}}$。否则，挑战者 C 随机选择 $x_i \in Z_p^*$，$y_i \in Z_p^*$ 并计算 $X_i = x_i P$ 和 $w_i = r_i + s_i H_2(\mathrm{ID}_i, X_i)$。由于 $y_i = \sum_{\xi=i_1}^{i_t} w_\xi \delta_\xi$，挑战者 C 可以得到 $Z_i = y_i P - H_2(\mathrm{ID}_i, X_i) P_0$。之后，挑战者 C 执行以下操作。

如果 $\mathrm{ID}_i = \mathrm{ID}_j^*, j \in \{1, 2, \cdots, n\}$，挑战者 C 设置 $\mathrm{sk}_i = \perp$ 并且 $\mathrm{pk}_i = \langle X_i, Z_i \rangle$。之后，挑战者 C 更新列表 L_{pk} 中的元组 $\langle \mathrm{ID}_i, X_i, Z_i \rangle$ 和列表 L_{sk} 中的元组 $\langle \mathrm{ID}_i, \perp, \perp \rangle$。

如果 $\mathrm{ID}_i \neq \mathrm{ID}_j^*, j \in \{1, 2, \cdots, n\}$，挑战者 C 设置 $\mathrm{sk}_i = \langle x_i, y_i \rangle$ 并且 $\mathrm{pk}_i = \langle X_i, Z_i \rangle$。之后，挑战者 C 更新列表 L_{pk} 中的元组 $\langle \mathrm{ID}_i, X_i, Z_i \rangle$ 和列表 L_{sk} 中的元组 $\langle \mathrm{ID}_i, x_i, y_i \rangle$。

私钥生成查询：当挑战者 C 从敌手 $A_{\text{I-1}}$ 收到用户 ID_i 的私钥生成查询时，挑战者 C 搜索列表 L_{pk} 以检查 $\langle \mathrm{ID}_i, X_i, Z_i \rangle$ 是否存在。如果存在，挑战者 C 将私钥 $\mathrm{sk}_i = \langle x_i, y_i \rangle$ 发送给敌手 $A_{\text{I-1}}$。否则，挑战者 C 将执行公钥生成查询以获得 $\langle x_i, y_i \rangle$，并发送给敌手 $A_{\text{I-1}}$。

公钥更新查询：敌手 $A_{\text{I-1}}$ 为用户 ID_i 选择一个新的公钥 pk_i，并要求挑战者 C 用新的值 pk_i' 替换用户 ID_i 的 pk_i。挑战者 C 用 $\langle \mathrm{ID}_i, \mathrm{pk}_i' \rangle$ 更新列表 L_{pk}。

加密查询：发送者标记为 ID_s，收件人被标记为 $L^* = \{\mathrm{ID}_1, \mathrm{ID}_2, \cdots, \mathrm{ID}_n\}$，敌手 $A_{\text{I-1}}$ 要求挑战者 C 执行加密查询。首先，挑战者 C 检查两个元组 $\langle \mathrm{ID}_s, X_s, Z_s \rangle$ 和 $\langle \mathrm{ID}_b, x_b, y_b \rangle$ 是否存在于列表 L_{pk} 中，以及元组 $\langle \mathrm{ID}_s, X_s, Z_s \rangle$ 是否存在于列表 L_{sk} 中。如果不存在，挑战者 C 对 ID_s 和 ID_b 执行公钥生成查询，并对 ID_s 执行私钥生成查询。对于明文 m，挑战者 C 执行以下操作。

(1) 随机选择一个正整数 $\alpha \in Z_p^*$，并计算 $R = \alpha P$。

(2) 对于接收者 $\mathrm{ID}_b \in L^*$，挑战者 C 计算 $Q_b = \alpha\left(X_b + Z_b + H_2(\mathrm{ID}_b, X_b)\sum_{\xi=i_1}^{i_t}\delta_\xi K_\xi\right)$，$K_b = H_4(\mathrm{ID}_b, R, Q_b)$，$c_b = m_b \oplus K_b$，$t_b = H_5(\mathrm{ID}_a, R, c_b)$，$z_b = \alpha - t_b(x_a + y_a)$，挑战者 C 获得接收者 ID_b 的密文 $\langle c_b, t_b, z_b\rangle$。

(3) 挑战者 C 将密文 $C_m = \{\langle c_1, t_2, z_3\rangle, \cdots, \langle c_n, t_n, z_n\rangle\}$ 发送给敌手 $A_{\text{I-1}}$。

解密查询： 敌手 $A_{\text{I-1}}$ 向挑战者 C 发送密文 C_m 之后，挑战者 C 执行解密查询。假设当前的收件人 ID_b 需要解密密文 $\langle c_b, t_b, z_b\rangle$，则挑战者 C 执行以下操作。

(1) 挑战者 C 检查 $\langle \mathrm{ID}_i, X_i, h_2\rangle$ 是否存在于列表 L_2 中。如果不存在，挑战者 C 输出“挑战失败”，并中止游戏。否则，挑战者 C 可以得到 $\langle \mathrm{ID}_i, X_i\rangle$。

(2) 挑战者 C 在列表 L_3 中查找 $\langle \mathrm{ID}_i, X_i, Y_i, h_3\rangle$。如果不存在，挑战者 C 输出“挑战失败”，并中止游戏。否则，挑战者 C 可以得到 $\langle \mathrm{ID}_i, X_i, Y_i\rangle$。

(3) 挑战者 C 检查术语 c_b 是否存在于列表 L_3 中。如果不存在，挑战者 C 输出“挑战失败”，并中止游戏。否则，挑战者将得到 $\langle \mathrm{ID}_i, R, c_b, h_5\rangle$。

(4) 挑战者 C 在列表 L_4 中搜索 $\langle \mathrm{ID}_i, R, Q, K_b\rangle$。如果不存在，挑战者 C 输出“挑战失败”，并中止游戏。否则，挑战者用 $m_b = c_b \oplus k_b$ 获得明文。

挑战： 敌手 $A_{\text{I-1}}$ 选择了两个长度相同的明文消息 $\{m_0, m_1\}$ 和两个身份 $\{\mathrm{ID}_s, \mathrm{ID}_b\}$。敌手将上述条件发送给挑战者 C。然后，挑战者 C 随机选择一个值 $\kappa \in \{0,1\}$，并通过以下操作计算 m_k 的密文。

(1) 挑战者 C 对用户 ID_b 执行公钥生成查询，计算 $R_b = b(N_b + X_b)$，$B_b = X_b + Z_b$ 和 $Q_b = bB_b$，其中 $N_b = Z_b + lP_0$。

(2) 计算 $K_b = H_4(\mathrm{ID}_b, R, Q_b)$ 和 $c_b = m_k \oplus K_b$。

(3) 选择 $t_b, z_b \in Z_p^*$。

(4) 挑战者 C 将密文 $\langle c_b, t_b, z_b\rangle$ 发送给敌手。

输出： 在输出阶段，敌手 $A_{\text{I-1}}$ 要求挑战者 C 执行查询阶段中的操作。但是，挑战者 C 不能对已替换公钥的用户进行秘密值生成操作。另外，挑战者 C 不能对密文执行解密查询。

猜测： 输出一个猜测值 $\kappa' \in \{0,1\}$。如果 $\kappa' = \kappa$，敌手输出 $abP = l^{-1}(R_b - Q_b)$ 作为 CDHP 的结果。否则，敌手 $A_{\text{I-1}}$ 挑战失败，挑战者 C 输出“挑战失败”。

综上所述，H_i 查询的成功概率 q_i 分别为 $\left(1-\frac{q^2}{p}\right)^{q^2}$、$\left(1-\frac{q^3}{p}\right)^{q^3}$、$\left(1-\frac{q^4}{p}\right)^{q^4}$、$\left(1-\frac{q^5}{p}\right)^{q^5}$。公钥生成查询 ξ 的成功概率为 $1-\frac{\xi}{p}$。解密查询的成功概率为 $1-\frac{\varsigma}{p}$。由于 $\left(1-\frac{q_i}{p}\right)^{q_i} \geqslant 1-\frac{q_i^2}{p}, (i=2,\cdots,5)$，如果敌手 $A_{\text{I-1}}$ 能够在多项式时间内以不可忽略的优势 ω 赢

得上述游戏，则挑战者 C 可以在多项式时间内以不可忽略的优势解决 CDH 问题，即

$$\mathrm{Adv}^{\text{IND-CCA2}}(A_{\text{I-1}})=\prod_{i=2}^{5}\left(1-\frac{q_i}{p}\right)^{q_i}\left(1-\frac{\varsigma}{p}\right)\left(1-\frac{\xi}{p}\right)\omega \geqslant \omega\left(1-\frac{\varsigma}{p}\right)\left(1-\frac{\xi}{p}\right)\prod_{i=2}^{5}\left(1-\frac{q_i^2}{p}\right)$$

引理 13-2 如果敌手 $A_{\text{II-1}}$ 可以在多项式时间内以不可忽略的优势 ω 赢得游戏 13-2(敌手 $A_{\text{II-1}}$ 最多可以执行 q_i 次 $H_i(i=2,\cdots,5)$ 查询、ξ 次公钥生成查询、ζ 次解密查询)，挑战者 C 可以在多项式时间内以不可忽略的优势解决 CDH 问题，即

$$\mathrm{Adv}^{\text{IND-CCA2}}(A_{\text{II-1}})\geqslant \omega\left(1-\frac{\varsigma}{p}\right)\left(1-\frac{\xi}{p}\right)\prod_{i=2}^{5}\left(1-\frac{q_i^2}{p}\right)$$

证明：这个证明与引理 13-1 相同。

2. 不可伪造性分析

定理 13-7 在随机预言机模型中，只要 CDH 难题不存在多项式算法，本章方案就可以是 EUF-CMA 安全的。

证明：通过引理 13-3 和引理 13-4 证明这个定理。

引理 13-3 如果敌手 $A_{\text{I-2}}$ 可以在多项式时间内以不可忽视的优势 ω 赢得游戏 13-3(敌手 $A_{\text{I-2}}$ 最多可以执行 q_i 次 $H_i(i=2,\cdots,5)$ 查询、ξ 次公钥生成查询、ρ 次加密查询)，挑战者 C 可以在多项式时间内以不可忽视的优势解决 CDH 问题，即

$$\mathrm{Adv}^{\text{EUF-CMA}}(A_{\text{I-2}})\geqslant \omega\left(1-\frac{\xi}{p}\right)\left(1-\frac{\rho}{p}\right)\prod_{i=2}^{5}\left(1-\frac{q_i^2}{p}\right)$$

证明：如果敌手 $A_{\text{I-2}}$ 在第三场比赛中以不可忽视的优势 ω 取得成功，那么挑战者 C 就可以解决 CDH 问题。这意味着挑战者 C 应该以 $\langle abP,aP,bP\rangle$ 作为结果。

首先，挑战者 C 运行初始化步骤，以获得系统的公共参数 $P_0=aP$，$P_{\text{params}}=\{P,p,H_1,H_2,H_3,H_4,H_5,F^{\rho},K_{\zeta},\oplus\}$，这些信息都将被发送到敌手 $A_{\text{I-2}}$。敌手 $A_{\text{I-2}}$ 不知道系统的私钥 s。敌手 $A_{\text{I-2}}$ 选择身份集 $L^*=\{\mathrm{ID}_1,\mathrm{ID}_2,\cdots,\mathrm{ID}_n\}$，挑战者 C 持有引理 13-1 中所述的列表 L_2、L_3、L_4、L_5、L_{sk}、L_{pk}。

在查询阶段，敌手 $A_{\text{I-2}}$ 执行 H_2、H_3、H_4、H_5，私钥生成、公钥生成、密钥更新，加密和解密等查询操作，如引理 13-1 所述。

伪造：对于发送者 ID_a 和接收者 L^*，计算 $R_b=b(X_b+Z_b)$ 和 $Q_b=b(X_b+Z_b+lP_0)$。

敌手 $A_{\text{I-2}}$ 可以执行在查询阶段引理 13-1 中定义的操作，但不能对明文执行加密查询。如果敌手 $A_{\text{I-2}}$ 成功地伪造了密文 $\langle c_b',t_b',z_b'\rangle$，这两个方程 $Q_b=(x_b+y_b)R_b$ 和 $t_b=t_b'$ 成立，而挑战者 C 可以计算 $abP=l^{-1}(Q_b-R_b)$，作为 CDH 问题的结果。

综上所述，$H_i(i=2,\cdots,5)$ 查询成功的概率 q_i 分别为 $\left(1-\frac{q^2}{p}\right)^{q^2}$、$\left(1-\frac{q^3}{p}\right)^{q^3}$、

$\left(1-\frac{q^4}{p}\right)^{q^4}$、$\left(1-\frac{q^5}{p}\right)^{q^5}$。公钥生成查询 ξ 成功的概率为 $1-\frac{\xi}{p}$。加密查询成功的概率为 $1-\frac{\rho}{p}$，从而可以得到 $\left(1-\frac{q_i}{p}\right)^{q_i} \geqslant 1-\frac{q_i^2}{p}$，$i=2,\cdots,5$。

如果敌手 $A_{\text{I-2}}$ 能够在多项式时间内以不可忽略的优势 ω 赢得上述游戏，则挑战者 C 可以在多项式时间内以不可忽略的优势解决 CDH 问题，即

$$\mathrm{Adv}^{\text{EUF-CMA}}(A_{\text{I-2}}) \geqslant \omega\left(1-\frac{\xi}{p}\right)\left(1-\frac{\rho}{p}\right)\prod_{i=2}^{5}\left(1-\frac{q_i^2}{p}\right)$$

引理 13-4　如果敌手 $A_{\text{II-2}}$ 能在多项式时间内以不可忽视的优势 ω 赢得游戏 13-4(敌手 $A_{\text{II-2}}$ 最多可以执行 q_i 次 $H_i(i=2,\cdots,5)$ 查询、ξ 次公钥生成查询、ρ 次加密查询)，挑战者 C 可以在多项式时间内以不可忽视的优势解决 CDH 问题，即

$$A\mathrm{dv}^{\text{EUF-CMA}}(A_{\text{II-2}}) \geqslant \omega\left(1-\frac{\xi}{p}\right)\left(1-\frac{\rho}{p}\right)\prod_{i=2}^{5}\left(1-\frac{q_i^2}{p}\right)$$

证明：这个证明与引理 13-3 相同。

3. KGC 安全分析

一个被破坏的 KGC 是一个安全漏洞，敌手可以通过它获取系统密钥。敌手甚至可以通过多个被破坏的 KGC 发动更严重的共谋攻击，为了保证本章方案中 KGC 的安全性，每个 $\mathrm{KGC}_i(1 \leqslant i \leqslant n)$ 应该周期性地更新其密钥。当一个参与者生成其私钥时，必须从这些 KGC 中获取至少 t 个部分密钥。基于 13.3.3 节中的假设，本章方案中获取 t 个不同周期的部分密钥的敌手不能重建系统私钥 s。

本节假设 t 个 KGC 在两个连续的周期中被破坏。敌手可以获得 t 个 s_i，其中 $\left\{s_1^{\varphi}, s_2^{\varphi}, \cdots, s_v^{\varphi}\right\}$ 是在 φ 周期内获得的，$\{s_{v+1}^{\varphi+1}, \cdots, s_t^{\varphi+1}\}$ 是在 $\varphi+1$ 周期内获得的。

首先，每个 KGC_i 重新选择一个新的多项式 $f_i(x)=b_{i,1}x+b_{i,2}x^2+\cdots+b_{i,t-1}x^{t-1} \bmod p$，并更新其部分密钥 $s_i' = s_i + \sum_{\xi=1}^{n} f_{\xi}(\mathrm{ID}_i)$。因为系统私钥 s 在更新密钥阶段不会改变，可以得到 $s^{\varphi} = s^{\varphi+1} = \sum_{\xi=1}^{t} s_{\xi}^{\varphi} \prod_{1 \leqslant j \leqslant t, j \neq \xi} \frac{\mathrm{ID}_j}{\mathrm{ID}_j - \mathrm{ID}_{\xi}} = \sum_{\xi=1}^{t} s_{\xi}^{\varphi+1} \prod_{1 \leqslant j \leqslant t, j \neq \xi} \frac{\mathrm{ID}_j}{\mathrm{ID}_j - \mathrm{ID}_{\xi}}$。

根据拉格朗日插值定理，可以计算得到

$$\sum_{\xi=1}^{v} s_\xi^\varphi \prod_{1\leqslant j\leqslant t, j\neq\xi} \frac{\mathrm{ID}_j}{\mathrm{ID}_j-\mathrm{ID}_\xi} + \sum_{\xi=v+1}^{t} s_\xi^{\varphi+1} \prod_{1\leqslant j\leqslant t, j\neq\xi} \frac{\mathrm{ID}_j}{\mathrm{ID}_j-\mathrm{ID}_\xi}$$
$$= \sum_{\xi=1}^{v} s_\xi^\varphi \prod_{1\leqslant j\leqslant t, j\neq\xi} \frac{\mathrm{ID}_j}{\mathrm{ID}_j-\mathrm{ID}_\xi} + \sum_{\xi=v+1}^{t} \left(s_\xi^\varphi + \sum_{i=1}^{n} f_i(\mathrm{ID}_\xi)\right) \prod_{1\leqslant j\leqslant t, j\neq\xi} \frac{\mathrm{ID}_j}{\mathrm{ID}_j-\mathrm{ID}_\xi}$$
$$= \sum_{\xi=1}^{t} s_\xi^\varphi \prod_{1\leqslant j\leqslant t, j\neq\xi} \frac{\mathrm{ID}_j}{\mathrm{ID}_j-\mathrm{ID}_\xi} + \sum_{\xi=v+1}^{t} \sum_{i=1}^{n} f_i(\mathrm{ID}_\xi) \prod_{1\leqslant j\leqslant t, j\neq\xi} \frac{\mathrm{ID}_j}{\mathrm{ID}_j-\mathrm{ID}_\xi}$$
$$= s + \sum_{\xi=v+1}^{t} \sum_{i=1}^{n} f_i(\mathrm{ID}_\xi) \prod_{1\leqslant j\leqslant t, j\neq\xi} \frac{\mathrm{ID}_j}{\mathrm{ID}_j-\mathrm{ID}_\xi}$$

$$s = \sum_{\xi=1}^{v} s_\xi^\varphi \prod_{1\leqslant j\leqslant t, j\neq\xi} \frac{\mathrm{ID}_j}{\mathrm{ID}_j-\mathrm{ID}_\xi} + \sum_{\xi=v+1}^{t} s_\xi^{\varphi+1} \prod_{1\leqslant j\leqslant t, j\neq\xi} \frac{\mathrm{ID}_j}{\mathrm{ID}_j-\mathrm{ID}_\xi} - \sum_{\xi=v+1}^{t} \sum_{i=1}^{n} f_i(\mathrm{ID}_\xi) \prod_{1\leqslant j\leqslant t, j\neq\xi} \frac{\mathrm{ID}_j}{\mathrm{ID}_j-\mathrm{ID}_\xi}$$

如果敌手试图从 $\{s_1^\varphi, s_2^\varphi, \cdots, s_v^\varphi, s_{v+1}^{\varphi+1}, \cdots, s_t^{\varphi+1}\}$ 中获得系统私钥 s，其需要获得 $\left\{\sum_{i=1}^{n} f_i(\mathrm{ID}_{v+1}), \sum_{i=1}^{n} f_i(\mathrm{ID}_{v+2}), \cdots, \sum_{i=1}^{n} f_i(\mathrm{ID}_t)\right\}$。由于每部分密钥都在周期性更新，敌手无法计算 $f_i(\mathrm{ID}_j)(i=1,2,\cdots,n)$ 以获得系统私钥 s，即只要少于 t 个 KGC 在同一周期内受到攻击，本章方案的安全性就可以得到保证。

13.6 性能分析

13.6.1 功能比较

表 13-2 给出了部分方案的安全属性对比。为了比较密文长度，本章定义了以下符号：L_m 表示明文长度，$|G_p|$ 表示阶为 p 的循环群 G 中元素的长度，$|Z_p^*|$ 表示 Z_p^* 中整数的长度，$|\mathrm{ID}|$ 表示身份标识的长度，n 表示接收者的数量。

表 13-2 部分方案的安全属性对比

方案	保密性	不可伪造性	无安全通道	抗 KGC 攻击	密文长度
Cong 等(2019)方案	是	是	否	否	$(3n+2)\lvert Z_p^*\rvert+nL_m$
Zhou 等(2017)方案	是	是	否	否	$\lvert Z_p^*\rvert+nL_m+(n+1)\lvert G_p\rvert$
Pang 等(2019)方案	是	是	否	否	$(n+2)\lvert Z_p^*\rvert+nL_m+\lvert G_p\rvert+\lvert\mathrm{ID}\rvert$
Qiu 等(2019)方案	是	是	否	否	$(2n+2)\lvert Z_p^*\rvert+nL_m+\lvert G_p\rvert$
Pang 等(2019)方案	是	是	是	否	$(n+2)\lvert Z_p^*\rvert+nL_m+\lvert G_p\rvert+n\lvert\mathrm{ID}\rvert$
本章方案	是	是	是	是	$2n\lvert Z_p^*\rvert+nL_m$

在表 13-2 中，给出了过去三年中提出的部分典型的基于椭圆曲线密码方案的比较。所有方案都具有保密性和不可伪造性，并且可以同时向相应的接收者发送多条消息。本节将不考虑基于双线性对运算的方案，因为双线性对运算需要的算力过高，随着数据规

模的提升，这些方案的通信效率低，不适合用于资源受限的物联网环境。

这些多消息多接收器签密方案基本都需要维护一个安全的信道来交换秘密信息。此外，这些方案也无法抵抗对关键服务器的网络攻击。本章方案和 Pang 等方案都不需要在发送时建立安全信道秘密信息，可以降低维护成本。此外，本章给出的方案可以应对 KGC 的攻击。本章给出方案的密文长度等于或小于其他方案的密文长度，这意味着本章给出的方案对存储更友好。

13.6.2　计算复杂性分析

为了分析计算复杂性，表 13-3 定义了一些符号来表示不同操作的执行时间。表 13-3 中未列出的操作将不在此处讨论，这些操作花费的时间很少，可以忽略不计。加密步骤和解密步骤的计算复杂性比较如表 13-4 所示。

表 13-3　方案的符号表示.

符号	定义	说明
T_m	模乘运算	×
T_e	模幂运算	$T_e \approx 240T_m$
T_b	双线性对运算	$T_b \approx 87T_m$
T_{pm}	点乘运算	$T_{pm} \approx 29T_m$
T_{inv}	模逆运算	$T_{\text{inv}} \approx 11.6T_m$
$T_{\text{enc}} / T_{\text{dec}}$	加密/解密操作	×

表 13-4　计算复杂性的比较

方案	加密	解密
Pang 等方案	$(n+2)T_{pm}+T_{\text{inv}}+T_{\text{enc}} \approx (29n+69.6)T_m+T_{\text{enc}}$	$4T_{pm} \approx 116T_m+T_{\text{dec}}$
Cong 等方案	$(3n+2)T_m+nT_{\text{enc}} \approx (58n+29)T_m+T_{\text{enc}}$	$4T_{pm}+(n-1)T_m+T_{\text{dec}} \approx (115+n)T_m+T_{\text{dec}}$
Zhou 等方案	$(2n+1)T_{pm}+(5n^2-n)T_m/2+T_{\text{inv}}+nT_{\text{enc}}$ $\approx (2.5n^2+57.5n+40.6)T_m+nT_{\text{enc}}$	$4T_{pm}+T_{\text{dec}} \approx 116T_m+T_{\text{dec}}$
Pang 等方案	$(n+1)T_m+(3n+1)T_{pm}+T_{\text{inv}} \approx (88n+41.6)T_m$	$5T_{pm} \approx 145T_m$
Qiu 等方案	$(n+1)T_{pm}+T_{\text{inv}}+T_{\text{enc}} \approx (29n+40.6)T_m+T_{\text{enc}}$	$3T_{pm}+(n-1)T_m+T_{\text{dec}} \approx (86+n)T_m+T_{\text{dec}}$
本章方案	$nT_m+(2n+1)T_{pm} \approx (59n+29)T_m$	$4T_{pm} \approx 116T_m$

在加密步骤中，其他的方案需要执行对称加密操作来加密一条消息。本章给出的方案可以一步完成加密和签名。此外，本章给出的方案比其他方案具有更低的计算成本。在签名加密步骤中，随着接收者数量的增加，本章给出的方案具有更多的安全属性，如表 13-2 所示。在解密步骤中，其他方案和本章给出的方案呈现出类似的计算复杂性。

13.6.3　实验分析

通过在计算机上仿真本章给出的方案来讨论该方案的性能。

计算机配置如下：CPU，Intel(R)Core(TM)i5-7500 3.40GHz；RAM，8.00GB；存储，128GB SSD ITB SATA；OS，Windows 7，64 位；IDE，MyEclipse.5。此外，还需要 Java 1.7 和 JPBC 2.0.0。本章选用 Koblitz 椭圆曲线 Secp256k1 的参数，其中 p 和 q 的大小均为 256 位。Secp256k1 在有限域上优化了参数，可以减少对存储和带宽的要求。

由于本章给出的方案中，KGC 的数量会影响初始化阶段和用户密钥生成阶段，简单起见，用户密钥生成阶段称为 KeyGen 阶段，包括四个步骤：生成秘密值(SetSecret)、生成部分密钥(ExtractPk)、生成用户私钥(SetPrik)、生成用户公钥(SetPubk)。图 13-3 给出了超过阈值 t 的执行时间，图 13-4 描述了 KGC 数量的执行时间，其中发送者数量和接收者数量均设置为 1。该测试被重复 100 次以获得平均结果，并且不考虑网络延迟，只关注执行时间。

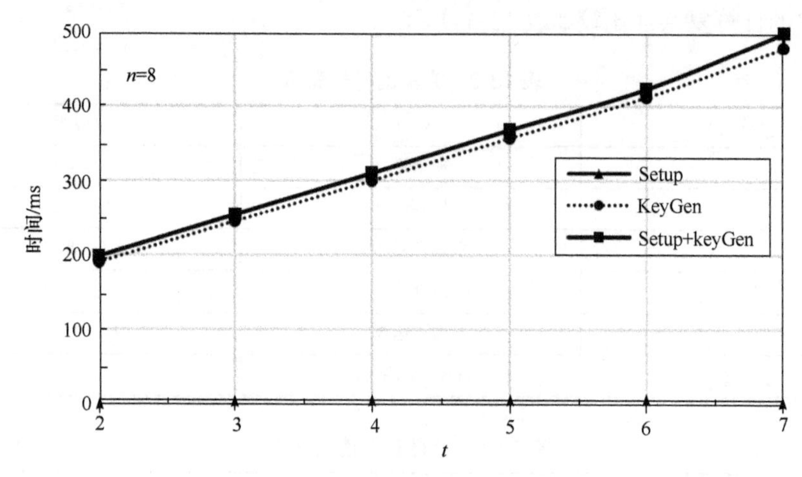

图 13-3　在阈值 t 增加时的执行时间

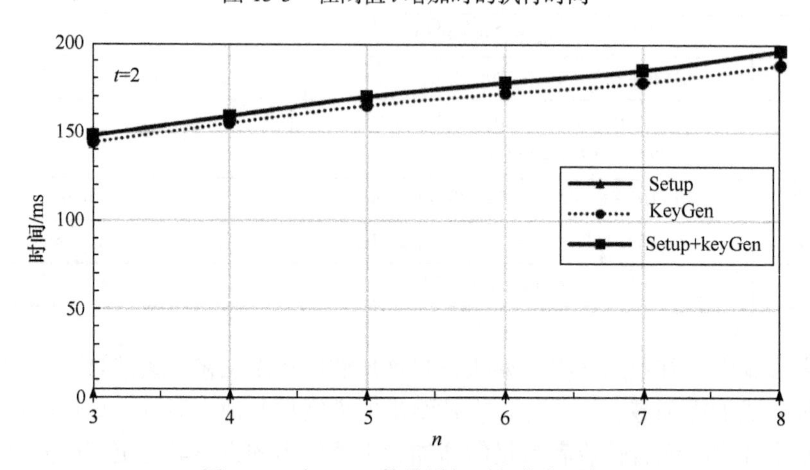

图 13-4　在 KGC 数量增加时的执行时间

如图 13-3 和图 13-4 所示，随着 n 和 t 的增加，初始化(Setup)阶段和 KeyGen 阶段的时间消耗也会增加。这是因为多项式 $g_i(x)$ 的阶数等于阈值 t，参与者需要收集 t 部分密钥来得到私钥。此外，每个 KGC 需要收集 $n-1$ 个 $g_i(j)$ 来合成其秘密值 s_j。在 KeyGen 阶段，接收者需要从 KGC 收集t部分密钥来计算其私钥，因此该阶段比初始化阶段需要更高的时间开销。

本章还将该方案与其他两种签密方案进行了比较。Cong 等方案是一种有效且可证明安全的多接收器签密方案。Pang 等方案同样不需要安全信道来生成用户私钥。对这两种方案主要关注其执行时间，而不是接收者的数量。KGC 数量n设置为 3，阈值t设置为 2。每个测试将重复 100 次以获得平均结果。图 13-5 给出了加密步骤的执行时间与接收者数量的关系，图 13-6 描述了解密步骤执行的时间与接收者数量之间的关系。

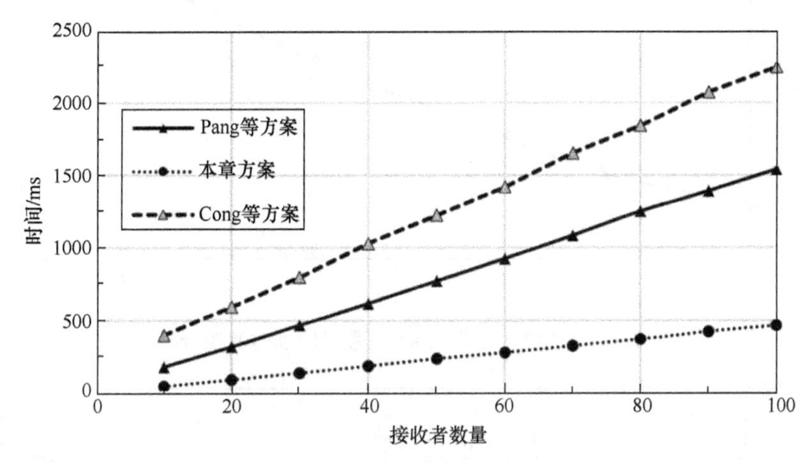

图 13-5 加密步骤的执行时间

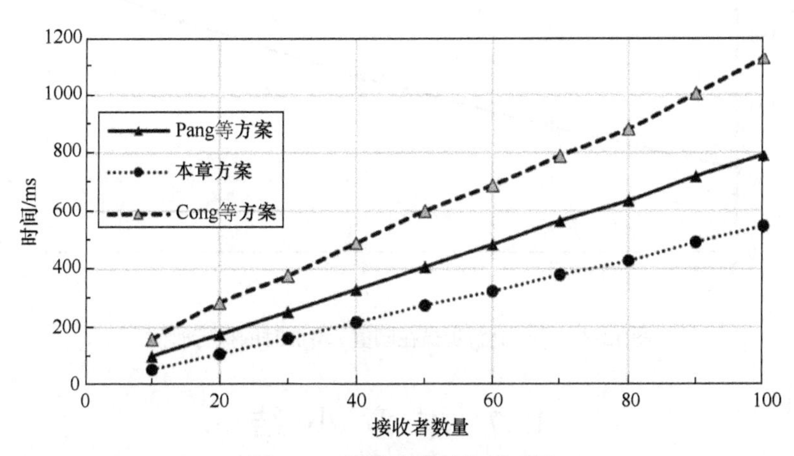

图 13-6 解密步骤的执行时间

从图 13-5 和图 13-6 中可以看出，随着接收者数量的增加，所有三种方案的执行时间在加密步骤和解密步骤中线性增加。在加密步骤中，本章方案的发送者为单个接收者加密消息大约需要 5ms，在 Pang 等方案中大约需要 20ms，而在 Cong 等方案中大约需要 20ms。在解密步骤中，本章方案的每个接收者解密消息大约需要 5ms，在 Pang 等方案中大约需要 8ms，在 Cong 等方案中约需要 20ms。可以看到，其他方案比本章方案消耗更多的时间。因为这两个方案依赖于第三方系统来加密消息方案，而本章方案是通过轻量级的 XOR 运算实现的。

维护多个 KGC 将消耗更多的计算和网络资源，尤其是在密钥更新步骤中，根据密钥更新阶段的 KGC 数量 n 和阈值 t 来评估执行时间，如图 13-7 和图 13-8 所示。可以看到，执行时间随 n 和 t 线性增加，与 n 相比，t 对执行时间的影响更明显。在选择 KGC 数量 n 和阈值 t 时，必须在成本、安全性和效率之间取得适当的平衡。

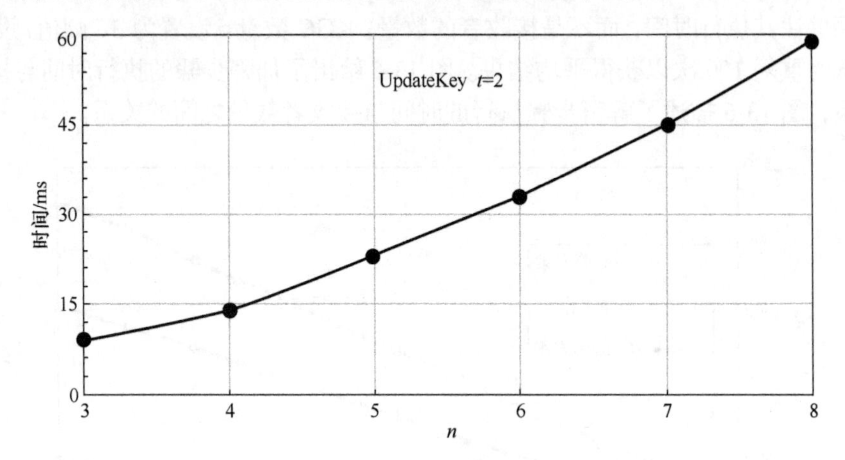

图 13-7　密钥更新步骤在 KGC 数量增加时的执行时间

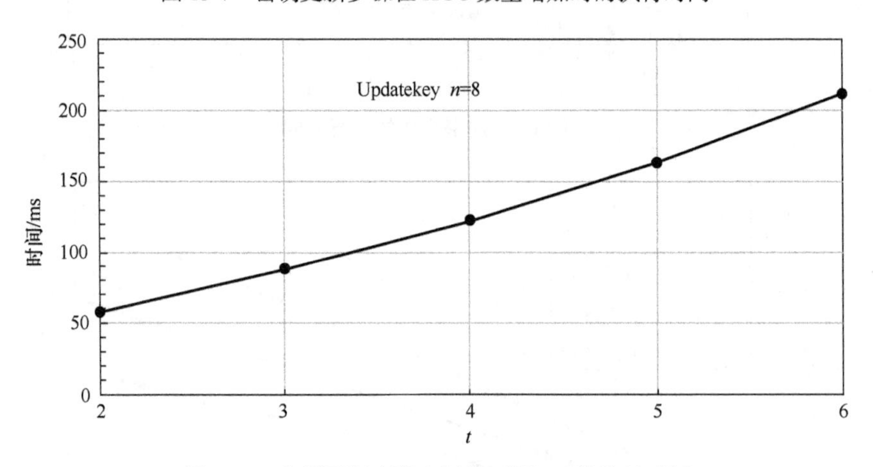

图 13-8　密钥更新步骤在阈值 t 增加时的执行时间

13.7　本章小结

本章主要介绍了物联网中的签密技术，通过提出一种基于椭圆曲线密码技术的多接收者多消息签密模型，构造了具体的实现方案，并给出了相应的安全性证明。在本章方案中，一方面，系统私钥被分成若干个部分并分别存储在多个 KGC 中，通过每个 KGC 定期更新并共享，以抵御 APT 攻击。另一方面，基于计算 Diffie-Hellman 问题和离散对数问题，在随机预言模型中分析了新方案的保密性和不可伪造性。最后，仿真实验表明，本章方案具有较短的密文长度和较高的效率，能够满足计算能力弱、能量供应有限的低端计算设备的要求。因此，它适合在物联网边缘架构环境中使用。

习　　题

1. 类比安全性分析中引理 13-1 的证明完成引理 13-2 的证明。
2. 简述本章给出的多接收者多消息签密模型。
3. 如何保证边缘架构中签密方案的安全性?

参考文献

曹阳, 2015. 基于秘密共享的数字签名方案. 重庆邮电大学学报(自然科学版), 27(3): 418-421.

程亚歌, 胡明生, 公备, 等, 2020. 具有强前向安全性的动态门限签名方案. 计算机工程与应用, 56(5): 125-134.

党佳莉, 俞惠芳, 2015. 使用中国剩余定理的群签名方案. 计算机工程, 41(2): 113-116.

李成, 何明星, 2008. 一个前向和后向安全的数字签名方案. 武汉大学学报(理学版), 54(5): 557-560.

戚明平, 陈建华, 何德彪, 2014. 具有前向安全性的可公开验证的签密方案. 计算机应用研究, 31(10): 3093.

尚光龙, 曾雪松, 2017. 一个无可信中心的门限群签名方案. 河北北方学院学报(自然科学版), 33(5): 4-8.

王斌, 李建华, 2003. 无可信中心的(t,n)门限签名方案. 计算机学报, 26(11): 1581-1584.

徐甫, 2016. 基于多项式秘密共享的前摄性门限 RSA 签名方案. 电子与信息学报, 38(9): 2280-2286.

徐光宝, 姜东焕, 梁向前, 2013. 一种强前向安全的数字签名方案. 计算机工程, 39(9): 167-169.

杨旭东, 2013. 基于改进的可验证的强前向安全环签名方案研究. 计算机应用与软件, 30(4): 319-322.

杨阳, 朱晓玲, 丁凉, 2015. 基于中国剩余定理的无可信中心可验证秘密共享研究. 计算机工程, 41(2): 122-128.

俞惠芳, 杨波, 2015. 可证安全的无证书混合签密. 计算机学报, 38(4): 804-813.

周克元, 2015. 公开验证和前向安全数字签密方案的分析和改进. 西北师范大学学报(自然科学版), 51(6): 50-53.

CONG P, HUA C J, S O M, et al., 2019. Efficient and provably secure multi-receiver signcryption scheme for multicast communication in edge computing[J]. IEEE internet of things journal, 5(4): 2904-2914.

FENG T, LIANG Y X, 2012. Proven secure certificateless blind proxy re-signature. Journal of communications, 33(Z1): 58-78.

HU X M, YANG Y C, LIU Y, 2011. Security analysis and improvement of a blind proxy re-signature scheme based on standard model. Small microcomputer system, 2(10): 2008-2011.

KAYA K, SELUK A A, 2008. A verifiable secret sharing scheme based on the Chinese remainder theorem// International conference on cryptology in India. Berlin: Springer-Verlag.

LI H Y, YANG X D, 2014. One-way variable threshold proxy re-signature scheme under standard model. applied soft computing, 12: 307-310.

NAYAK B, 2017. A secure ID-based signcryption scheme based on elliptic curve cryptography. International journal of computational intelligence studies, 6(2/3): 150-156.

PANG L J, KOV M, WEI M M, et al., 2019. Anonymous certificateless multi-receiver signcryption scheme without secure channel. IEEE access, 7(1): 84091-84106.

PANG L J, WEI M M, LI H, 2019. Efficient and anonymous certificateless multimessage and multi-receiver signcryption scheme based on ECC. IEEE access, 7(1): 24511-24526.

PENG C, CHEN J, OBAIDAT M S, et al., 2019. Efficient and provably secure multi-receiver signcryption scheme for multicast communication in edge computing. IEEE internet of things journal, 5(4): 2904-2914.

QIU J Y, FANK, ZHANG K, et al., 2019. An efficient multi-message and multi-receiver signcryption scheme for heterogeneous smart mobile JoT. IEEE access, 7(1): 180205-180217.

SHEN W T, QIN J, YU J, et al., 2019. Enabling identity-based integrity auditing and data sharing with sensitive information hiding for secure cloud storage. IEEE transaction on information forensics and security, 14(2): 331-346.

WANG L P, HU M S, JIA Z J, et al., 2018. A signature scheme applying on blockchain voting scene based on Chinese remainder theorem. Application research of computers, 29(1): 1-8.

YANG D X, WANG F C, 2011. Flexible threshold proxy re-signature schemes. Chinese journal of electronics, 20(4): 691-696.

YANG X D, CHEN C L, YANG P, et al., 2018. Partially blind proxy re-signature scheme. Journal of communications, 39(2): 67-72.

YANG X D, LI Y N, GAO G J, et al., 2016. Sever-aided verification proxy re-signature scheme in the standard model. Journal of electronics and information technology, 38(5): 1151-1157.

ZHENG Y L, 1997. Digital signcryption or how to achieve cost (signature & encryption) ≪ cost (signature) + cost (encryption)//Annual international cryptology conference. Berlin: Springer-Verlag: 165-179.

ZHOU Y W, YANG B, ZHANG W Z, 2017. Multi-receiver and multi-message of certificateless signcryption scheme. Chinese Journal of Computers, 40(7): 1714-1724.

